Energia Elétrica e Sustentabilidade

Aspectos tecnológicos, socioambientais e legais

2ª edição

Revisada e atualizada

Energia Elétrica e Sustentabilidade

Aspectos tecnológicos, socioambientais e legais

2ª edição

Revisada e atualizada

LINEU BELICO DOS REIS
ELDIS CAMARGO SANTOS

Este livro contempla as regras do Acordo Ortográfico da Língua Portuguesa de 1990, que entrou em vigor no Brasil.

PROJETO GRÁFICO E CAPA
Nelson Mielnik e Sylvia Mielnik

FOTOS DA CAPA
Ana Maria Silva Hosaka e Opção Brasil Imagens

DIAGRAMAÇÃO
Luargraf Serviços Gráficos Ltda.

COORDENAÇÃO EDITORIAL
Lira Editorial

PRODUÇÃO EDITORIAL
Editor gestor: Walter Luiz Coutinho
Editora: Ana Maria Silva Hosaka
Produção editorial: Marília Courbassier Paris
Renata Mello
Rodrigo de Oliveira Silva

Dados Internacionais de Catalogação na Publicação (CIP)
(Câmara Brasileira do Livro, SP, Brasil)

Reis, Lineu Belico dos
Energia elétrica e sustentabilidade: aspectos tecnológicos, socioambientais e legais/ Lineu Belico dos Reis, Eldis Camargo Santos. – 2ª ed. Barueri, SP: Manole, 2014. – (Coleção ambiental)

Apoio: "Universidade de São Paulo".

Bibliografia.
ISBN 978-85-204-3722-3

1. Desenvolvimento sustentável 2. Energia elétrica – Aspectos ambientais 3. Energia elétrica - Aspectos sociais 4. Energia elétrica - Leis e legislação 5. Meio ambiente 6. Política energética I. Santos, Eldis Camargo. II. Título. III. Série.

13-13109 CDD-333.793215

Índices para catálogo sistemático:
1. Energia elétrica e desenvolvimento sustentável: Economia 333.793215

1ª edição – 2006
2ª edição – 2014

Editora Manole Ltda.
Avenida Ceci, 672 – Tamboré
06460-120 – Barueri – SP – Brasil
Fone: (11) 4196-6000 – Fax: (11) 4196-6021
www.manole.com.br
info@manole.com.br

Impresso no Brasil
Printed in Brazil

Sumário

Capítulo 2

Apresentação

Este livro apresenta as principais questões associadas à orientação da energia elétrica para um modelo sustentável de desenvolvimento, com ênfase em aspectos ambientais, tecnológicos, legais e de planejamento, com vistas a colaborar, de forma simples e organizada, na construção de uma base para reflexões e aperfeiçoamento dos diversos tipos de profissionais interessados e envolvidos com o tema.

Elaborado com base nas experiências dos autores em projetos multidisciplinares e como docentes da área, o livro aborda questões de grande interesse dos projetos de energia elétrica, principalmente no que se refere à sua inserção ambiental e à construção de um modelo sustentável de desenvolvimento.

Com esses objetivos, a questão energética, no âmbito da sustentabilidade, é enfocada inicialmente, estabelecendo as bases que orientam todo o restante do livro.

Em seguida, aborda-se o cenário tecnológico e socioambiental da indústria de energia elétrica, partindo da visão global dessa indústria e orientando-se para um tratamento mais detalhado de suas principais áreas: geração, transmissão e distribuição. Para cada uma dessas áreas, apresentam-se o cenário tecnológico presente e os principais aspectos socioambientais. Para as áreas de geração e transmissão, são apresentados quadros sintéticos dos impactos ambientais, resgatando, com alguma atualização, informações de trabalhos importantes, desenvolvidos na década de 1980, no âmbito da Eletrobrás.

A legislação atual aplicável ao setor, com ênfase à ambiental, é apresentada a seguir, buscando ressaltar os aspectos mais importantes a serem considerados para que a questão ambiental possa ser tratada de forma equilibrada e objetiva, assim como orientada para um modelo sustentável de desenvolvimento.

Métodos e metodologias de planejamento energético, já disponíveis e orientados para a construção da sustentabilidade, são então enfocados, ilustrando a possibilidade de ações integradas e participativas e indicando as dificuldades associadas, dentre as quais a necessidade de um enfoque multidisciplinar. Nesse contexto, são apresentados os aspectos fundamentais do planejamento integrado de recursos, da avaliação de custos completos e da mensuração de externalidades, com vistas a suscitar reflexões e estabelecer uma base para aperfeiçoamento e incorporação das mais diferentes visões.

Finalizando, enfoca-se a energia elétrica para o desenvolvimento sustentável, enfatizando os principais aspectos abordados no livro, sugerindo opções, propondo reflexões e apresentando dúvidas, buscando, enfim, colaborar com a tão complexa construção da sustentabilidade.

É importante salientar que o cenário global da energia elétrica no âmbito da sustentabilidade, aqui enfocado, reforça a necessidade de uma visão integrada multi e interdisciplinar, impondo um desafio adicional ao setor energético, que ainda tem muito a fazer nesse sentido, além de aprimorar as ações que vêm sendo desenvolvidas mais recentemente em razão da legislação ambiental. Ressalta-se aqui o setor energético, pois ele é o foco central deste livro. Mas isso não dispensa os outros setores envolvidos, como o ambiental, o econômico, o político e o social, pois apenas a visão integrada não basta, há de se partir para a ação integrada, fundamental para o encaminhamento prático da questão. Isso expande o desafio aqui proposto para a necessidade de quebrar paradigmas de fragmentação do saber e da ação isolada, que têm raízes até mesmo culturais e educacionais.

Nesse contexto de visão integrada e sustentabilidade, este livro pretende dar uma contribuição pequena, mas de grande potencial catalisador: se conseguir causar as devidas reflexões e a busca por maior aprofundamento e espírito de trabalho em grupo multi e interdisciplinar, no mínimo, já estará cumprindo o seu papel. Além disso, este trabalho tem como objetivo informar e orientar o público em geral sobre questões que a organização fragmentada da sociedade teima em separar, mas que devem ser consideradas como um todo pelo indivíduo consciente de sua cidadania e de seus direitos e deveres de ser humano, que é o que todos somos, antes de qualquer profissão ou espírito de grupo.

Introdução à segunda edição

Este livro enfoca a Engenharia Elétrica sob a ótica do Desenvolvimento Sustentável, enfatizando os principais aspectos tecnológicos, socioambientais e legais pertinentes e apresenta as bases de uma abordagem integrada com vistas à sustentabilidade.

Nesse contexto, busca balancear pontos de vista práticos e conceituais, salientar os principais aspectos a serem considerados, facilitar o entendimento global da questão e contribuir para a interação harmoniosa e interdisciplinar dos diversos tipos de profissionais envolvidos no assunto.

De certa forma, o livro é o resultado de trabalhos e experiências desenvolvidos pelos autores, ao longo desses últimos anos, em um processo continuado de facilitar uma abordagem aberta e participativa das questões envolvidas no tema. Resultado que vem sendo sedimentado principalmente por meio de convivência com os mais diferentes atores desse cenário, em projetos, estudos e cursos multidisciplinares, ações judiciais, audiências públicas, projetos sociais, os quais, cada um de seu modo, também fortaleceram a necessidade de se estabelecer passos efetivos de prática do Desenvolvimento Sustentável, entre os quais se insere a própria abordagem aberta e participativa. E, a partir do lançamento da primeira edição, por meio das interações criativas e desafiadoras que os autores viveram nos diversos cursos e palestras que tiveram o livro como fonte básica de referência e em suas atividades profissionais orientadas à sustentabilidade, em um cenário dinâmico de constantes ajustes, aperfeiçoamentos e expectativas frustadas.

Assim, considerando a definição mais simples de sustentabilidade, a das Nações Unidas, segundo a qual "uma sociedade sustentável satisfaz as necessidades do presente sem sacrificar a capacidade de futuras gerações satisfazerem suas próprias necessidades", uma pequena reflexão permite verificar que, dentre os diversos requisitos da construção de uma sociedade sustentável, salienta-se a necessidade da mudança de certas convenções de hoje e da reversão de certos hábitos e até mesmo tendências. Necessidade que vem sendo fortalecida ao longo do tempo pelos fatos que têm ocorrido, sem, no entanto, sensibilizar grande parte dos atores sociais, principalmente aqueles que, em geral focados em visão predominantemente econômica, consideram que somente têm a perder com o encaminhamento para a sustentabilidade.

Necessidade de modificações que deve se assentar no incentivo a ações, trabalhos e pensamentos multi e interdisciplinares, na divulgação aberta e acessível dos assuntos envolvidos, na abertura ao diálogo, no reconhecimento de limitações e dúvidas, no desejo e necessidade de interagir, enfim. Que, para os autores, desembocou na organização deste livro, que, agora em sua segunda edição, tem se solidificado como contribuição e convite ao debate continuado e tão necessário das questões socioambientais e da sustentabilidade, assim como à elaboração de outros trabalhos correlatos, na busca de fortalecer um fórum, virtual ou não, aberto e participativo, voltado a construir práticas de Desenvolvimento Sustentável.

Certamente é preciso enfatizar novamente, o que, de certa forma, é inerente ao processo de cultivo da sustentabilidade, que os autores têm plena consciência das limitações de uma participação isolada sua, ou da de quem quer que seja, no cenário considerado. Assim como da característica dinâmica do tema abordado, sempre em constante evolução. Dessa forma, recomendam, para melhor acompanhamento e aprofundamento em qualquer dos temas abordados, que se recorra a bibliografia sugerida e aos trabalhos e desenvolvimentos que estão sendo produzidos continuamente sobre esses assuntos.

O livro inicia por uma breve apresentação do cenário atual da energia elétrica no âmbito do desenvolvimento sustentável, visando delinear os aspectos básicos que orientam o desenvolvimento do livro.

O capítulo seguinte dedicado aos aspectos tecnológicos e socioambientais, inicialmente introduz o leitor não afeito com o assunto à cadeia da industria da energia elétrica, com ênfase à sua interação com o meio ambiente. Em seguida aborda, em um nível adequado de profundidade e de forma organizada e prática as principais questões ambientais relacionadas com a geração, transmissão e distribuição e apresenta o que se considera um conjunto mínimo de informações necessárias para que o leitor possa se situar e atuar adequadamente no cenário ambiental dos projetos de energia elétrica.

Em continuação, são enfocados os aspectos legais, com ênfase ao arcabouço de leis ambientais que apresentam relação com a energia em seus diversos aspectos. São abordadas as legislações federal, estadual e municipal; suas interfaces e relações; enfoca-se a questão do direito difuso; assim como outras questões relevantes que, de uma forma ou outra, irão influenciar os atores do setor energético no que se relaciona com o meio ambiente.

O planejamento (e a gestão) integrado da energia elétrica para um desenvolvimento sustentável é enfocado a seguir com a apresentação de procedimentos e métodos de avaliação integrada e participativa, os quais permitem a abordagem dos projetos de energia elétrica de uma forma completa, considerando os aspectos técnicos, econômicos, socioambientais e políticos. São enfatizados aspectos básicos de um cenário formado pelo planejamento energético, pela matriz energética e por políticas relacionadas com a energia, assim como são apresentados métodos de planejamento (e gestão) que incorporam processos participativos de decisão e podem servir como pontos de apoio para o estabelecimento de políticas e estratégias de longo prazo, relacionadas com o desenvolvimento sustentável.

Finalmente apresenta-se, com base nos desenvolvimentos efetuados nos diversos capítulos, um conjunto de constatações e recomendações que contribuirão para a construção de um sistema de energia elétrica sintonizado com os princípios do Desenvolvimento Sustentável.

Como pode ser visto, a segunda edição segue a mesma organização da anterior, mas incorporando, como apresentado anteriormente nesta introdução, fatos e experências que deram aos autores mais certezas da importância do seu papel como participantes de busca fundamental para o futuro de nossa terra e da humanidade.

Energia elétrica e desenvolvimento sustentável

1

Para se estabelecer um panorama geral da energia elétrica no âmbito da sustentabilidade, a partir do qual o assunto poderá ser aprofundado em seus diversos aspectos, é preciso ressaltar a importância da eletricidade na vida atual e seu papel fundamental na busca da harmonia ambiental necessária à construção do desenvolvimento sustentável.

O acesso à energia elétrica é hoje requisito básico de cidadania e, sem ele, o indivíduo fica marginalizado do que se entende por desenvolvimento. Nesse aspecto, levar eletricidade a aproximadamente dois bilhões de pessoas que ainda não têm acesso a ela é um dos maiores desafios globais do século XXI, o que demonstra uma distância ainda enorme das condições de sustentabilidade. Nesse cenário mundial, pode-se dizer que o Brasil se encontra melhor proporcionalmente, pois estima-se que de doze a vinte milhões de brasileiros não têm acesso à energia elétrica. No entanto, isso significa que o desafio brasileiro apenas parece ser mais fácil de resolver. É importante salientar que, mesmo assim, a questão não evolui satisfatoriamente. Os diversos governos brasileiros, federal e estaduais, têm anunciado, ao longo do tempo, programas com nomes similares para solucionar essa questão, sem obter sucesso real. Atualmente, está em andamento o programa "Luz para Todos". Essa forte relação entre energia elétrica e inclusão social dos indivíduos é um exemplo dos efeitos sociais da eletricidade e de seu papel na construção do desenvolvimento.

Para ser oferecida nas formas e nos momentos em que se deseja sua utilização, a eletricidade demanda uma grande indústria, que engloba diversos atores e componentes, em uma cadeia que vai desde a captura dos recursos naturais necessários para sua produção até a destinação final dos diversos componentes, equipamentos e eletrodomésticos que fornecem os serviços elétricos. Trata-se de uma cadeia enorme, que gera empregos e desenvolvimento, mas que afeta o meio ambiente das mais diversas formas. Essa significativa interação ambiental, além dos aspectos sociais já citados, ressalta a grande importância da energia elétrica na construção do denominado desenvolvimento sustentável.

Para reconhecer o relevante papel da eletricidade na construção de um modelo sustentável de desenvolvimento, pode-se considerar também como a questão energética influenciou e continua influenciado a busca da sustentabilidade por diversos motivos, dentre os quais podem ser ressaltados:

- O suprimento eficiente e universal de energia é considerado condição básica para o desenvolvimento econômico, independentemente do conceito que se utilize para desenvolvimento. Nesse contexto, o acesso de cada ser humano a uma quantidade mínima de bens energéticos que se adapte aos atendimentos de suas necessidades básicas deve ser considerado um requisito da sustentabilidade. Esse requisito tem sido enfatizado em todas as ações e discussões relacionadas com desenvolvimento sustentável desde a Conferência de Estocolmo, em 1972. Portanto, é natural que a questão energética, em um cenário que também incorpora outros setores de infraestrutura, tais como transporte, águas, saneamento e telecomunicações, deva fazer parte da preocupação estratégica de qualquer país.
- Vários desastres ecológicos e sociais das últimas décadas têm relação íntima com atividades associadas à energia, o que ressalta a necessidade e a importância de um enfoque adequado e sério da inserção ambiental do setor energético na busca do desenvolvimento sustentável.

Nos últimos anos, a questão energética assumiu posição central na agenda ambiental global, sobretudo em função do aquecimento global que conduziu às negociações da convenção do clima, consubstanciadas principalmente no Protocolo de Kyoto. Isso porque a atual matriz energética mundial ainda depende, em quase 80%, de combustíveis fósseis, cuja queima contribui para o rápido aumento da concentração de "gases estufa" na atmosfera e, consequentemente, elevação da temperatura da Terra. Maior eficiência energética e a transição para uso maciço de recursos primários renováveis têm sido ressaltadas como soluções a serem buscadas no contexto de um modelo de desenvolvimento sustentável.

Para que o setor energético torne-se parte desse padrão, é necessária uma abordagem global e integrada, que inclui o desenvolvimento e a adoção de inovações e incrementos tecnológicos e a introdução de um enfoque integrado dos aspectos econômicos, ecológicos, políticos, científicos e sociais. Em um cenário mais amplo, para que sejam estabelecidas bases concretas do desenvolvimento sustentável, é preciso um tratamento integrado da energia no contexto geral da infraestrutura, que também inclui saneamento, transporte e telecomunicação, entre outros setores. No caso do Brasil, onde há preponderância da geração hidrelétrica, deve-se considerar especificamente a forte interação da energia elétrica com a questão da água, preocupação prioritária da humanidade neste começo de século.

Dessa forma, é necessário um debate integrado e abrangente da energia que aborde tanto questões setoriais específicas como as relacionadas com infraestrutura, meio ambiente e sustentabilidade.

Esse quadro exige que se estabeleçam estratégias adequadas para a evolução do setor de energia elétrica que busquem privilegiar todos os aspectos citados, em particular a inserção socioambiental dos projetos. Essas estratégias deverão considerar principalmente as questões éticas e o tratamento integrado dos aspectos econômicos, legais, tecnológicos e socioambientais. Além disso, esse planejamento deverá se assentar nas relações da energia no contexto da infraestrutura com o meio ambiente e com o desenvolvimento, considerando as particularidades da indústria da energia elétrica.

ENERGIA E INFRAESTRUTURA PARA O DESENVOLVIMENTO

Entende-se como infraestrutura o conjunto básico de bens e serviços disponibilizados ao ser humano para integrá-lo socialmente, criando condições de acesso ao denominado desenvolvimento e buscando estabelecer melhoras no campo da saúde e do bem-estar social, por meio de crescimento equilibrado da economia e da produção, com consequente redução da pobreza, do analfabetismo, da mortalidade infantil etc.

A infraestrutura tem um componente sinérgico muito forte com o meio ambiente (podendo ser bem ou mal utilizada), e sua provisão está intimamente ligada a interesses políticos e econômicos, dependendo de fatores que estão muito além da questão técnica e da necessidade social.

Diferentes argumentos e números podem ser apresentados para demonstrar a importância da infraestrutura na vida da Terra. De acordo com dados não propriamente atuais, mas, que, se atualizados, certamente demonstrarão situação mais crítica, os países em desenvolvimento têm investido cerca de US$ 200 bilhões por ano em infraestrutura. Não obstante a quantia e o consequente aumento na disponibilidade de infraestrutura, hoje aproximadamente um bilhão de pessoas não têm acesso à água limpa; e dois bilhões, à eletricidade. Além disso, há a percepção de que boa parte destes investimentos não chega ao seu destino, assim como muito do que já foi feito se apresenta com estruturas ineficientes ou inadequadas, representando grande soma de capital desperdiçado, principalmente nos setores de água, energia e transporte em geral.

Segundo dados do Banco Mundial, nos países em desenvolvimento, a participação dos governantes nos projetos de infraestrutura raramente é menor que 30%; na maior parte das vezes, corresponde a cerca de 70%. Mas, em razão de investimentos anteriores mal alocados ou ajustes orçamentários indispensáveis, os governos desses países têm tido a sua capacidade de investimento nessa área bastante reduzida.

Dessa forma, a busca de parcerias públicas com o setor privado tem sido apontada como caminho para garantir esses investimentos sem prejuízo para o crescimento.

Dos diversos componentes da infraestrutura que podem ser considerados para o desenvolvimento de determinada região, ressaltam-se a energia, as telecomunicações, o transporte, a água e o saneamento básico, incluindo o tratamento de resíduos. Tais componentes são responsáveis por mais de 90% dos investimentos feitos no setor pelos países em desenvolvimento.

Os principais elementos da infraestrutura apresentam forte sinergia e significativa interdependência, cujo tratamento adequado e integrado no âmbito dos projetos resultará em grandes benefícios econômicos e socioambientais.

Nesse contexto, é importante buscar uma associação sustentável da infraestrutura com o meio ambiente, caso contrário, os benefícios podem ser suplantados pelas consequências adversas da degradação ambiental. Por exemplo, um crescimento mal gerenciado no componente transporte pode aumentar a poluição atmosférica e diminuir os benefícios de uma política de saúde pública.

A implantação de determinado elemento pode ser consistente com a preservação ambiental e o desenvolvimento sustentável, desde que bem projetada e administrada. Assim, a interação entre as diversas partes da infraestrutura e o meio ambiente é bastante complexa, dadas as características muito particulares de cada uma e do local onde se desenvolvem os projetos.

A seguir, será apresentada uma visão sucinta dessas interações, estabelecendo uma base para maiores reflexões e aprofundamento.

ÁGUA E SANEAMENTO

O saneamento básico é um dos componentes mais importantes da infraestrutura no que concerne ao meio ambiente, pois uma coleta de esgotos eficiente, seguida de adequado tratamento, tem forte impacto nas condições de sustentabilidade de grandes cidades, principalmente quanto ao aumento da população, e consequentemente de efluentes. A coleta sem o posterior tratamento, no entanto, pode causar a contaminação de lençóis freáticos e poluição de rios, com degradação da água para abastecimento, sem contar os impactos negativos no lazer, na pesca e na irrigação. Além disso, também pode contribuir para o aumento de enchentes e reduzir os benefícios em saúde associados aos investimentos em água. A situação na qual não há sequer a coleta resulta em problemas gravíssimos de saúde pública.

Na área rural, a questão relativa ao saneamento é ainda mais séria, muitas vezes por causa da contaminação por resíduos de criações e do uso da água para irrigação, que, se realizada de forma inadequada, pode acarretar a salinização do solo, contribuindo para a destruição deste, pois a terra salinizada dificulta a germinação de sementes e o desenvolvimento das plantas, podendo levá-las à morte. Ademais, a água aplicada em excesso retorna para os córregos, rios ou os lençóis freáticos, carregando sedimentos e resíduos de agroquímicos provenientes da erosão, e que contêm nitrogênio e fósforo que podem desencadear processos de eutrofização.

Podem ocorrer também o assoreamento e a contaminação dos córregos e rios pela erosão dos solos. Fertilizantes e agrotóxicos, utilizados em grandes quantidades, são acrescidos à água, que contaminam os depósitos e lençóis subterrâneos, comprometendo os mananciais a jusante. O uso indiscriminado da irrigação também reduz a disponibilidade de água para o uso da população, das atividades industriais e até mesmo para a produção de energia elétrica.

ENERGIA E, EM SEU ÂMBITO, A ENERGIA ELÉTRICA

Dos diferentes componentes da infraestrutura, a energia é a que talvez apresente a maior gama de impactos ao meio ambiente. Neste contexto, que envolve aplicação de outras formas de energia no setor de transporte, na indústria, no ambiente construído (cidades e edificações), insere-se a energia elétrica, afetando significativamente o meio ambiente em toda a sua cadeia, desde a geração até o consumo, passando pelos sistemas de transmissão e de distribuição.

A importância da sinergia e da interação da energia elétrica com os demais elementos da infraestrutura está ressaltada ao longo deste livro. Apenas para dar uma ideia das inter-relações, podem ser lembradas a energia elétrica consumida pelas bombas dos sistemas de esgoto, irrigação e abastecimento de água; a geração hidrelétrica; a produção de energia elétrica a partir dos resíduos (lixo, por exemplo); a energia (também elétrica) utilizada no setor de transportes; a importância da eletricidade para viabilizar os sistemas de telecomunicação.

Lixo

Os resíduos sólidos representam sérios riscos à saúde. Um tratamento incorreto do lixo residencial pode, por exemplo, provocar o aparecimento de mosquitos transmissores de doenças e contaminar de maneira significativa o solo e os reservatórios naturais de água.

O lixo industrial tóxico também representa uma séria ameaça ao meio ambiente, pois seu armazenamento incorreto pode implicar grave contaminação do solo e da água, representando riscos à população e aos animais.

Quando o lixo é incinerado, uma atenção especial deve ser dada aos efluentes aéreos, que devem ser devidamente filtrados e tratados antes da sua liberação na atmosfera.

Uma política correta de coleta e tratamento do lixo pode evitar tais problemas, tornando-se, assim, uma forma de garantir a absorção do crescimento do lixo sem danos significativos ao meio ambiente.

No Brasil, a Política Nacional de Resíduos Sólidos (PNRS), aprovada em julho de 2010, tem mobilizado diversos atores, além dos governos federal, estaduais e municipais, para implementar o que está previsto na Lei nacional n. 12.305, sancionada em 5 de agosto de 2010.

Transporte

Os veículos com motores de combustão, baseados na utilização de derivados do petróleo, são os maiores responsáveis por efluentes aéreos tóxicos nas grandes cidades e por 95% da contaminação aérea por chumbo. Sua contribuição para o efeito estufa é significativa, além da emissão de monóxido de carbono que, em grandes concentrações, provoca graves problemas respiratórios, sobretudo em idosos e crianças. Tais problemas acarretam custos sociais elevados, relacionados principalmente à saúde pública. Uma estimativa efetuada em Bangcoc, uma cidade com seis milhões de habitantes, indicou que uma redução de 20% na poluição aérea produziria benefícios anuais entre US$ 100 e US$ 400 *per capita*.

O desenvolvimento da infraestrutura de transportes deve basear-se em política racional de controle de congestionamentos, de transporte coletivo de massa, aliado a um plano de incentivo ao uso de veículos mais eficientes e menos poluentes, além do estímulo ao uso de combustíveis limpos.

Telecomunicações

As telecomunicações são o componente da infraestrutura que apresenta os menores impactos ambientais diretos, que são, inclusive, de difícil determinação. Sua estrutura é, geralmente, menor e menos impactante que as demais, como, por exemplo, a utilização de postes ou a construção de antenas para transmissão.

O impacto socioambiental pode ser bastante positivo se a estrutura de telecomunicação for utilizada para garantir o acesso à informação por parte da população, o que pode ser associado a um trabalho de conscientização das responsabilidades ambientais do indivíduo, representando um eficiente meio de conservação ambiental.

ENERGIA E MEIO AMBIENTE

Até a Idade Média, o homem, utilizando-se dos recursos energéticos disponíveis na natureza, conseguiu satisfazer suas necessidades sem alterar de forma significativa o meio ambiente. Havia um consumo moderado de energia, o comércio entre os povos era pequeno e a infraestrutura para transporte de bens limitava-se a algumas regiões.

A partir de então, alguns episódios de agressão ao meio ambiente começaram a surgir. A introdução da indústria de manufaturados, intensificando a capacidade de produção e expansão das trocas, trouxe maiores necessidades de energia térmica, até então obtida somente pela utilização de madeira, o que começou a provocar a sua escassez em algumas regiões e também o aparecimento de problemas respiratórios decorrentes da emissão dos produtos da combustão em locais onde a queima da madeira era intensa.

A utilização abundante do carvão mineral, possibilitada principalmente pelo aparecimento da máquina a vapor no começo do século XIX, resultou em grande aumento do consumo de energia e, consequentemente, dos impactos ambientais associados. A adição a esse cenário do petróleo e da eletricidade obtida por transformação da energia térmica veio a consolidar, no século XX, uma economia mundial fortemente baseada em combustíveis fósseis.

A partir da Segunda Guerra Mundial, as atividades econômicas em franca expansão em vários países e a necessidade de reconstrução dos países destruídos pela guerra provocaram a aceleração e um aumento considerável no consumo de energia e, como consequência, a exploração maciça dos recursos naturais, principalmente carvão mineral e petróleo.

Na década de 1950, foram registrados inúmeros relatos de problemas ambientais, e estudos científicos foram revelando os desequilíbrios geofísicos e ecológicos causados pela exploração e pelo uso descontrolado dos recursos naturais. Em seu processo de "desenvolvimento", a humanidade tem se apropriado cada vez mais e de forma desordenada dos recursos naturais, deixando marcas concretas no espaço: edificações, pontes, estradas, usinas, refinarias, portos, plantações, favelas nos morros, carbono na atmosfera, esgotos nos rios, crescimento descontrolado de áreas urbanas etc.

Nos últimos anos, a temática ambiental tem estado no centro das discussões dos diversos segmentos da sociedade; inúmeros problemas ambientais são visíveis por qualquer indivíduo em seu dia a dia, embora a maioria ainda não tenha consciência deles.

Nesse contexto, o setor energético produz impactos em toda a sua cadeia de processamento e transformação, desde a captura de recursos naturais, básicos para seus processos de produção, até seus usos finais por variados tipos de consumidores. Do ponto de vista global, a energia tem participação significativa em importantes problemas ambientais da atualidade, como se apresenta brevemente a seguir.

Aquecimento global

O aquecimento global ou aumento do efeito estufa é o resultado do aumento da temperatura na baixa atmosfera, que é normalmente aquecida pela entrada de radiação da alta atmosfera (do Sol), da qual uma parte é normalmente refletida pela superfície da Terra. A presença de dióxido de carbono (CO_2) e outros "gases estufa", como o metano (CH_4), o dióxido de nitrogênio (NO_2) etc., em níveis adequados na atmosfera reflete a radiação infravermelha, associada à reflexão terrestre, resultando no efeito estufa que ajuda a manter a temperatura da baixa atmosfera na faixa normal necessária para manter a vida no planeta. Assim, o efeito estufa, em níveis adequados, é fundamentalmente benéfico e necessário para a vida. Há algumas décadas, detectou-se que esse efeito aumenta quando ocorre maior produção dos "gases estufa", decorrente de ações antropogênicas. O aumento da concentração desses gases na atmosfera provoca, entre as possíveis consequências, um aumento da temperatura global acima do aceitável para a vida no planeta, o que pode levar ao degelo de calotas polares, à elevação do nível dos oceanos e a outras significativas mudanças climáticas regionais.

O Painel Intergovernamental da Mudança do Clima (*Intergovernmental Panel on Climate Change* – IPCC) estima que a temperatura global deva aumentar entre 1,5 e 4,5°C com a duplicação da concentração de dióxido de carbono relativa aos níveis existentes no período pré-industrial. Dadas as tendências atuais, isso poderia ocorrer na primeira metade deste século.

Para orientar qualquer raciocínio sobre o efeito desse aumento de temperatura, é importante lembrar que 2°C a mais nos níveis atuais corresponde ao aumento que a Terra experimentou nos últimos dez mil anos, e que 5°C seria mais do que a Terra experimentou nos últimos três milhões de anos. Isso serve para ressaltar a relevância desse problema ambiental para o planeta.

A Tabela 1.1 mostra os principais gases de efeito estufa e a distribuição de sua contribuição para o aquecimento global.

O aquecimento global tem sido, ao longo do tempo, uma das principais questões discutidas na agenda ambiental global com resultado consubstanciado no famoso Protocolo de Kyoto, cuja implementação efetiva tem apresentado diversas dificuldades, principalmente aquela criada pela não adesão dos Estados Unidos, responsável pela produção de mais de 35% dos "gases estufa" no ano de referência do Protocolo (1990).

Tabela 1.1 - Principais gases de efeito estufa.

Gás	Principais fontes	Contribuição para o aquecimento global
Dióxido de carbono (CO_2)	Combustíveis fósseis Desflorestamento Fabricação de cimento	84%
Metano (CH_4)	Produção de óleo e gás natural Mineração de carvão Combustíveis fósseis (queima) Agricultura Descarte de lixo	11%
Óxido nítrico (N_2O)	Queima de combustíveis fósseis Queima de biomassa Agricultura (uso de fertilizantes)	5%
Clorofluorcarbono (CFCs) e HFCs e HCFCs	Usos industriais	-
Outros gases: CO, NO_x e HCs	-	-

Fonte: Lazarus et al. (1995).

Esse protocolo visa a redução global da produção de "gases estufa", tomando como referência a situação de 1990. Para ser implementado, deveria ser ratificado pelos países responsáveis por mais de 55% da produção desses gases naquele momento. Com a posição adotada pelos Estados Unidos, a efetivação do Protocolo foi arrastada até o final de 2004, quando o anúncio da ratificação e assinatura do Protocolo pela Rússia (produtora de 17% dos "gases estufa") resultou em trâmites para sua implementação efetiva no início de 2005. Esse fato provocou uma grande expectativa para os países em desenvolvimento, decorrente da esperada aceleração do mercado de créditos de carbono no âmbito dos Mecanismos de Desenvolvimento Limpo (MDL), segundo os quais, o país que exceder sua cota de "gases estufa" (em geral, país desenvolvido) poderá "comprar" o direito a esse excesso por meio de investimentos em projetos que "reduzam" esses gases nos países que estão abaixo de sua cota.

Diversos projetos que se enquadraram nos requisitos desse mercado foram realizados há algum tempo, e havia a expectativa de que uma ratificação "definitiva" do Protocolo resultasse em novo grande aumento e no fortalecimento desse tipo de parcerias, acenando com vultosos investimentos nos países menos desenvolvidos. No Brasil, houve diversos projetos viabilizados por esse meio, no denominado Mercado de Carbono, que hoje apresenta uma grande descontinuidade e é considerado, por muitos, como encerrado.

Isso porque há diversas questões a serem consideradas com relação ao aquecimento global, muitas das quais se salientaram na 10ª Reunião das Partes da Convenção sobre Mudanças Climáticas ao final de 2004, em Buenos Aires. Além de argumentos que questionavam o fato quase consensual de que as emissões dos "gases estufa" gerados por atividades humanas contribuem fortemente para as mudanças, não se conseguem negociar caminhos para uma redução acentuada dessas emissões por causa de visões estritamente econômicas que impedem compromissos e transformações na matriz energética e nas atividades produtivas que mais geram emissões.

Houve pouco avanço em Buenos Aires e o ponto mais discutido foi a convocação de um seminário em 2005 para debater o que fazer depois de 2012, quando se encerram os compromissos assumidos pelos países industrializados em Kyoto de reduzir suas emissões em 5,2% sobre os níveis de 1990, os quais, na verdade, já foram muito ultrapassados nesses anos decorridos até a efetiva implementação do Protocolo.

Houve resistência das mais diversas partes, além dos Estados Unidos. O G-77 (do qual, além do Brasil, a China e a Índia, grandes emissores, também fazem parte) não aceitou discutir metas para países em desenvolvimento. A Arábia Saudita pretende ser compensada por qualquer redução no consumo de petróleo. Só a Europa parece estar aberta para discutir novas metas de redução.

Planos de transferência de recursos e de tecnologia dos países mais ricos para os outros não evoluíram. Os poucos progressos ocorreram principalmente na área do MDL, para permitir que países industrializados financiem projetos agroflorestais nos países em desenvolvimento e descontem de seu balanço de emissões o carbono "sequestrado" nesses planejamentos.

O quadro de desastres climáticos apresentado em Buenos Aires pelo IPCC e pela Organização Meteorológica Mundial (OMM) foi assustador e ressaltou problemas e responsabilidades do Brasil. A substituição "abrupta e irreversível" da floresta por savanas na Amazônia foi incluída entre as possibilidades ("alto risco") das próximas décadas.

Verificou-se que o Brasil ocupava o sexto lugar entre os maiores emissores (mais de um bilhão de toneladas de dióxido de carbono em 1994), com cerca de 3% do total de emissões. A causa principal está no desmatamento, em queimadas e mudanças no uso do solo na Amazônia (75% do total). Mas o país não aceita discutir metas, sob o argumento de que a responsabilidade maior é dos países industrializados, que contribuíram muito mais para a concentração e continuam emitindo mais gases.

Debateu-se também sobre o pagamento de compensações por redução do desmatamento de florestas tropicais (Brasil e Indonésia respondem por 80% do total), mas qualquer consenso pareceu estar muito longe de ser atingido.

Entre os dias 26 de novembro a 7 de dezembro de 2012, ocorreu a 18ª Conferência das Partes (COP – 18), na cidade de Doha, no Catar. Segundo o Programa das Nações Unidas para o Meio Ambiente (Pnuma), registrou-se que a estimativa de emissões globais de "gases estufa" em 2010 foi pelo menos 14% maior do que deveria ser registrado em 2020, para que a elevação da temperatura global pudesse ser menor que 2°C. O Brasil, nesta rodada, mostrou uma posição desconfortável com o aumento expressivo de 27% das emissões correntes de desmatamento, conforme apontou recente estudo do Instituto do Homem e Meio Ambiente da Amazônia (Imazon – www.imazon.org.br).

Talvez a grande esperança nessa área seja mesmo chamar a atenção da sociedade para o que já está acontecendo e para os riscos que se corre, esperando que ela seja capaz de pressionar os governos e os setores econômicos para que mudem seu comportamento.

Deve-se comentar aqui também que a grande ênfase nessa discussão tem tido influência significativamente negativa sobre a questão da sustentabilidade. Isso porque pode criar, ou está sendo usada para criar, uma ideia irreal de que o aquecimento global é o ponto principal e fundamental da construção de um modelo sustentável de desenvolvimento, o que não é verdade. O aquecimento global é apenas um dos aspectos (não sendo nem mesmo o mais importante) no âmbito bem mais complexo e diversificado da sustentabilidade.

USO E DEGRADAÇÃO DO SOLO E DA TERRA

Em um estudo da Organização das Nações Unidas (ONU), cujos resultados foram apresentados em 1992, procurou-se identificar, por meio de pesquisas e avaliações globais, as tendências e as causas da degradação do solo.

Os resultados que, do ponto de vista qualitativo, hoje não devem apresentar um cenário muito diferente, são mostrados na Tabela 1.2, e indicam que a maior causa da degradação do solo, em âmbito global, pode ser a sua utilização para pastagem, o que corrobora a ideia de que o uso da madeira como combustível é apenas um entre os muitos fatores que podem resultar na degradação do solo; em geral, é o menos importante.

Alguns usos energéticos dos recursos naturais podem resultar em problemas expressivos, como no caso das grandes hidrelétricas, cujos impactos ambientais são notórios e amplamente discutidos. A utilização da biomassa em larga escala também tem abalos regionais no uso da água e do solo.

Além dessas, outras fontes energéticas causam iguais e consideráveis impactos na água e no solo, como a produção de derivados do petróleo e de gás natural, que pode causar distúrbios em ecossistemas sensíveis, consumir recursos aquáticos e produzir resíduos decorrentes dos processos de prospecção e extração. A exploração do carvão mineral também pode degradar grandes áreas.

Essa é uma questão complexa que envolve diversos fatores, principalmente de características regionais ou locais. Assim, as soluções ficam basicamente a cargo de cada país, apresentando no seu âmbito uma grande discrepância de cenários, que dependem de fatores culturais, econômicos, legais, políticos, entre outros. No Brasil, por exemplo, a legislação ambiental indica quadro de atuação diversificada e muitas vezes conflitante em níveis federal, estaduais e municipais.

DEPOSIÇÃO ÁCIDA

A deposição ácida ocorre quando componentes químicos, em especial os óxidos de nitrogênio e enxofre (NO_x e SO_x), reagem na atmosfera com o oxigênio e gotas de água e formam os ácidos nítrico e sulfúrico (HNO_3 e H_2SO_4). Sob certas condições, as gotículas resultantes condensam-se e caem sob forma de chuva, neve ou neblina, causando impactos ambientais indesejados. Esse fenômeno é mais conhecido como "chuva ácida", cujos efeitos variam consideravelmente com a vegetação, o tipo de solo e as condições climáticas em uma dada área. No ecossistema terrestre, as consequências podem ser vistas em florestas, nas quais a chuva ácida causa crescimento deficiente das árvores e resulta em morte da floresta. No ecossistema aquático, os efeitos são sentidos em lagos que se tornam ácidos, ocasionando a morte de peixes e outros seres aquáticos.

Tabela 1.2 – Níveis e causas de degradação do solo por região.

	Total de área degradada (milhões ha) [área verde]	Superexploração da madeira combustível	Conversão da terra e desmatamento	Uso intensivo de pastagens	Atividade agrícola	Industrialização
África	494 [22%]	13%	14%	49%	24%	–
Europa	219 [23%]	–	38%	23%	29%	9%
Ásia	747 [20%]	6%	40%	26%	27%	–
Oceania	103 [13%]	–	12%	80%	8%	–
América do Norte	96 [5%]	–	4%	30%	66%	–
América Central	93 [25%]	18%	22%	15%	45%	–
América Latina	243 [14%]	5%	41%	28%	26%	–
Mundo	1.964 [17%]	7%	30%	35%	28%	1%

Fonte: World Resources (1992-1993).

Embora a deposição ácida possa ser um fenômeno local, particularmente em áreas urbanas e em áreas próximas à fonte de emissões, a extensão das áreas de espalhamento dos gases ácidos torna a chuva ácida um problema regional, e pode atravessar até mesmo fronteiras nacionais. A chuva ácida insere-se na questão global da poluição atmosférica, cujo tratamento ainda apresenta grandes desafios, sobretudo nos países em desenvolvimento, em razão da inexistência ou aplicação apenas parcial de legislação ambiental.

POLUIÇÃO DE ÁGUAS SUBTERRÂNEAS E DE SUPERFÍCIES

A poluição das águas pode ser classificada dentro de, no mínimo, sete categorias principais em razão do seu agente causador mais proeminente:

- Excesso de nutrientes provenientes de esgoto e erosão do solo, que podem causar aumento de algas e eventual diminuição do oxigênio da água.
- Agentes patogênicos presentes no esgoto, difundindo doenças.
- Metais pesados e compostos orgânicos sintéticos oriundos de indústrias, mineração e agricultura.
- Poluição térmica, que pode alterar a química e a estrutura de ecossistemas aquáticos.
- Acidificação.
- Sólidos suspensos e dissolvidos.
- Poluição radioativa.

A produção e o consumo de energia estão mais intimamente associados com as cinco últimas categorias. Como exemplo, podem-se citar as usinas termoelétricas e nucleares que, no processo de condensação do ciclo a vapor, geralmente utilizam água de superfície (extraída de rio, lago ou mar) para retirar calor do ciclo. Os efeitos adversos da poluição térmica aquática resultante incluem baixos níveis de oxigênio dissolvido na água, estresse nos organismos aquáticos e potenciais mudanças na distribuição de espécies, cadeias alimentares e comportamentos reprodutivos.

A formação de reservatórios altera o curso da água de lótico para lêntico, afetando a vazão, com consequências adversas sobre a jusante da usina hidrelétrica (UHE). Até hoje se discute a competência para tratar da vazão ecológica que provém dessa alteração.

Por outra via, a montante, pode trazer modificações adversas para atividades sociais, derivadas do remanso. É o que vem acontecendo na UHE Jirau, onde há reclamações por parte da Bolívia, em razão da atividade pesqueira de pequenos ribeirinhos.

RESÍDUOS SÓLIDOS E PERIGOSOS

Como as áreas urbanas em todo o mundo continuam crescendo rapidamente, o descarte e a disposição de resíduos sólidos tornam-se cada vez mais problemáticos. Embora a porção total produzida pelo setor energético seja geralmente pequena, ela pode incluir materiais perigosos e radioativos que requerem um manejo especial.

Os resíduos sólidos relacionados com a energia são primariamente gerados pela mineração e exploração, além da queima de combustíveis. Alguns são metais pesados que provocam sérias consequências à saúde humana.

Outras fontes que geram resíduos sólidos são a prospecção/extração de óleo e gás, as usinas energéticas que queimam óleo, o combustível nuclear e, em maior proporção, o carvão mineral.

POLUIÇÃO DO AR URBANO

A poluição urbana é um dos problemas atuais mais visíveis. Grande parte deve-se ao transporte e à produção industrial e é largamente ligada ao uso de energia. A produção de eletricidade a partir de combustíveis fósseis é uma fonte de óxido de enxofre (SO_x), óxido de nitrogênio (NO_x), dióxido de carbono (CO_2), metano (CH_4), monóxido de carbono (CO) e partículas. As quantidades dependerão das características específicas de cada usina e do tipo de combustível usado (gás natural, carvão, óleo, madeira, nuclear etc.). Há também problemas de poluição de interiores por causa das emissões de CO durante atividades domésticas com o uso de determinadas fontes energéticas, principalmente em áreas rurais.

DESFLORESTAMENTO E DESERTIFICAÇÃO

O desflorestamento e a desertificação relacionam-se, respectivamente, com:

- A destruição de florestas decorrente de poluição do ar, urbanização, expansão da agricultura, utilização energética local, exploração de produtos florestais e regeneração inadequada.
- A degradação da terra em áreas áridas, semiáridas e subúmidas secas, por causa do impacto humano adverso relacionado com cultivo e práticas agrícolas inadequadas, bem como com o desflorestamento e a utilização energética. O desflorestamento tem influência também no aquecimento global, já que as florestas possuem grande poder de absorção dos "gases estufa".

O tratamento dessas questões, de caráter mais regional do que global, expõe os mesmos desafios e dificuldades apresentados para a questão da deposição ácida e do uso e degradação do solo e da terra.

DEGRADAÇÃO MARINHA E COSTEIRA

A poluição de lagos e rios é causada por materiais poluentes descarregados nos cursos de água e na atmosfera, os quais representam aproximadamente 75% desse tipo de degradação. O restante vem de navegação, mineração e produção de petróleo. Boa parte dessa degradação está associada com a energia, como no caso da poluição causada por escape de combustíveis dos sistemas de acionamento dos meios de transporte e no caso mais crítico de vazamento de petróleo, em geral, durante o transporte para fins energéticos. Notadamente, essas atividades acontecem próximas a estuários, ocorrendo deterioração de forma imediata nos manguezais.

ALAGAMENTO DE ÁREAS TERRESTRES

O alagamento de áreas terrestres ou a perda de áreas de terra agricultáveis ou de valor histórico, cultural e biológico está relacionado sobretudo ao desenvolvimento de barragens e reservatórios, os quais podem ser criados para a geração de eletricidade. Usinas hidrelétricas, principalmente as de grande porte, inundam áreas de terra e trazem problemas sociais relacionados com reassentamento de populações, entre outros. Por sua importância no cenário da energia elétrica do Brasil, esse assunto será enfocado mais detalhadamente no Capítulo 2.

ENERGIA E DESENVOLVIMENTO

Até o final da década de 1980, o modelo de planejamento energético mundial foi orientado para satisfazer a demanda crescente por energia, sem grandes preocupações com o ambiente e com a depleção dos recursos naturais e adversidades sociais, baseado em estratégias com enfoque na oferta ou no "suprimento". O uso desordenado dos recursos energéticos abundantes resultou em um crescimento econômico mais voltado aos interesses das classes sociais mais altas do que às necessidades da população em geral. Para atender ao conforto e aos interesses financeiros das elites, banqueiros, organizações internacionais de auxílio, industriais, donos de empresas de engenharia e consultoria, entre outros tomadores de decisão da área energética, implantaram grandes projetos de desenvolvimento fortemente intensivos em capitais e, na maioria das vezes, ambientalmente inadequados.

A história da associação entre energia e desenvolvimento mostra que elevados níveis de dependência, desarticulação entre setores energéticos, políticas centralizadoras baseadas unicamente na oferta de energia, inadequação às necessidades fundamentais dos seres humanos e danos ao meio ambiente proporcionaram o crescimento autônomo de alguns setores e países em detrimento de outros, o que resultou nas disparidades sociais entre países e dentro de um mesmo país.

Com relação aos níveis de dependência, a não disponibilidade de um recurso energético por parte de um país ou a falta de domínio tecnológico e condições financeiras para explorar um energético existente submetem esse país à ineficiência no uso da energia e à falta de equidade na distribuição desse precioso insumo. O domínio dos sistemas energéticos (por exemplo, a infraestrutura do petróleo) por empresas multinacionais, os padrões externos muitas vezes copiados e que servem de parâmetros para dimensionar e expandir os sistemas energéticos de países em desenvolvimento, sem levar em consideração as especificidades locais, e os preços exorbitantes atrelados à variação do câmbio relegam uma considerável parcela da população à exclusão social, por não possuir renda suficiente para adquirir os energéticos comercializados e os diversos bens de consumo disponíveis no mercado.

A ênfase unicamente na oferta relegou a segundo plano questões essenciais para o pleno desenvolvimento social e econômico de uma nação, como a distribuição da energia a preços justos a toda população, para que ela possa ter suas necessidades básicas satisfeitas e obter melhorias no seu padrão de vida. Além disso, não houve preocupação com a forma como a energia deveria ser utilizada, o que conduziu o mundo a grandes desperdícios e à exploração intensa dos recursos naturais com danos ao meio ambiente e a custos elevados para a sociedade.

Na organização mundial vigente, a energia pode ser considerada um bem básico para a integração do ser humano ao desenvolvimento, porque, entre outras coisas, proporciona oportunidades e mais alternativas, tanto para a comunidade como para o indivíduo. Sem energia a custo razoável e com a confiabilidade garantida, a economia de uma região não consegue se desenvolver plenamente. O indivíduo e a comunidade também não podem obter adequadamente diversos serviços essenciais para o aumento da qualidade de vida, tais como educação, saneamento, saúde pessoal, lazer e oportunidades de emprego e renda. O acesso à energia em quantidade e qualidade consistentes com um padrão de vida digno e decente é condição básica de cidadania.

A relação do consumo energético com a renda e com o desenvolvimento tem sido bastante discutida, havendo certo consenso de que o acesso de qualquer ser humano a uma determinada quantidade de energia, suficiente para atender ao que se pode chamar de necessidades básicas (de inserção social), é fundamental para resolver os problemas de discrepância social do mundo e permitir maior facilidade e segurança na busca do desenvolvimento sustentável. Diversas análises são efetuadas a fim de associar consumo energético *per capita* com índices de desenvolvimento, sempre utilizando diferentes indicadores, dentre os quais se destacam os componentes do Índice de Desenvolvimento Humano (IDH): PIB *per capita*, taxa de mortalidade infantil, expectativa de vida ao nascer e taxa de analfabetismo. Tem-se falado até mesmo em FIB – Felicidade Interna Bruta (www.visaofuturo.org.br).

Cálculos e estimativas foram e têm sido feitos para determinar o consumo energético *per capita* que permitiria o atendimento das necessidades básicas de todos os seres humanos. O cenário atual mostra grandes disparidades de consumo energético *per capita* entre os países, principalmente entre os desenvolvidos e os em desenvolvimento (incluindo os emergentes). Essas desigualdades seguem praticamente o mesmo padrão da distribuição de renda.

De forma geral, com exceção das modificações geográficas que afetaram a Comunidade dos Estados Independentes (CEI), não houve modificações que pudessem ser consideradas significativas na distribuição relativa do consumo, com referências ao padrão apresentado em 1990, ano base do Protocolo de Kyoto, o qual é reproduzido na Figura 1.1.

Modificações marginais desse panorama, que podem ser encontradas em algumas informações mais recentes, indicam a lentidão com que as transformações ocorrem e a dificuldade em implementar uma solução de ordem global.

Uma análise mais aprofundada dos resultados apresentados na Figura 1.1 permite que se reconheça, além da disparidade na distribuição do consumo da energia e sua relação com o nível de desenvolvimento, a existência de um consumo exagerado na América do Norte (por causa do forte padrão consumista) e na CEI (que representava, em 1990, os países da denominada "Cortina de Ferro", hoje desmantelada), o que pode ser decorrente do uso não eficiente da energia, de grandes investimentos em indústrias de base e

Figura 1.1 – Uso de energia *per capita*, em 1990, em diferentes regiões do mundo.

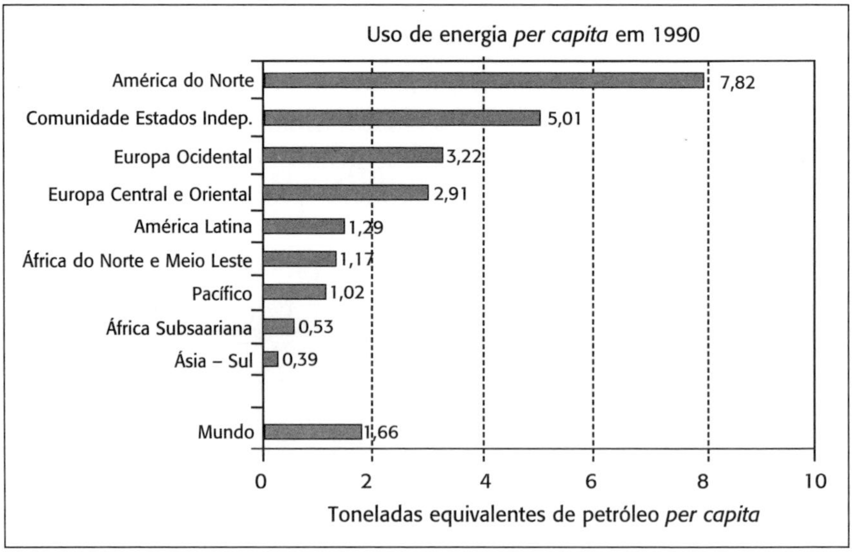

Fonte: Houghton 1997.

da menor preocupação com os aspectos ambientais e de competitividade econômica, em todos os seus sentidos. Há um consenso sobre o fato de que a replicação do padrão da América do Norte deve acelerar a degradação ambiental e a desigualdade entre as nações e levar à exaustão a capacidade de equilíbrio da natureza.

A possibilidade de um mundo mais equilibrado e sustentável, em que o consumo energético *per capita* (bem distribuído) ficasse na faixa dos padrões europeus, parece algo factível, além de poder garantir o atendimento das necessidades básicas de toda a humanidade. Essa, por exemplo, poderia ser a meta buscada em um modelo sustentável de desenvolvimento. Como consequência, acredita-se que graus de desenvolvimento comparáveis aos alcançados até o presente sejam possíveis sem a necessidade de um aumento semelhante na utilização de energia, como se verificou no processo anterior.

Energia elétrica e desenvolvimento sustentável

A energia elétrica deve, certamente, considerar as constatações e recomendações voltadas à construção de um modelo sustentável de desenvolvimento para o setor da energia, estabelecidas com base na avaliação das relações da energia com o meio ambiente e o desenvolvimento, e no conceito de sustentabilidade:

- Diminuição do uso de combustíveis fósseis (carvão, óleo e gás) e maior utilização de tecnologias, combustíveis e recursos renováveis, com o intuito de construir uma matriz energética renovável a longo prazo. Nesse aspecto, o gás natural – o combustível fóssil menos agressivo, do ponto de vista da poluição atmosférica – pode ser considerado uma espécie de ponte na transição de uma matriz energética baseada em combustíveis fósseis para a outra, renovável. Novas tecnologias ainda em desenvolvimento ou em fase de viabilização econômica, voltadas ao melhor desempenho ambiental dos projetos, devem ser sempre consideradas seriamente nesse contexto.
- Aumento da eficiência do setor energético em todo seu ciclo de vida, envolvendo atividades que vão desde a prospecção e utilização dos recursos naturais até a desmontagem dos projetos e seu impacto ao meio ambiente. Esse objetivo certamente extrapola os limites das indústrias

da energia, mas é o que deve ser mantido em mente quando se visualiza a construção de um modelo sustentável de desenvolvimento. No âmbito da energia, o mesmo objetivo pode ser aplicado às cadeias de cada setor, desde a produção até o consumo, orientado a ser consistente com as ações de eficácia do ciclo de vida como um todo. Na área do setor energético, um aspecto importante a ser considerado é a possibilidade de deslocamento de energéticos, por exemplo, em função de cenários internacionais e de desenvolvimentos tecnológicos: houve e haverá momentos em que incentivos a certos tipos de combustíveis serão justificados por estratégias nacionais ou internacionais (como no caso dos carros a álcool no Brasil); além disso, deve-se acompanhar a evolução tecnológica, a curto, médio e longo prazos, a fim de aprimorar a inserção ambiental, por exemplo, a gaseificação do carvão, usinas nucleares eminentemente seguras, células a combustível, fusão nuclear, entre outras.

- Desenvolvimento tecnológico do setor energético na busca de maior eficiência e, sobretudo, de alternativas ambientalmente benéficas ou menos impactantes. Isso engloba toda a gama de atividades associadas ao ciclo de vida do setor energético e também o deslocamento de energéticos, além dos aspectos abordados anteriormente.
- Mudanças nos setores produtivos como um todo, em especial naqueles relacionados com o setor da energia, voltadas principalmente ao desenvolvimento de materiais; aumento de eficiência no uso de materiais, transporte e combustíveis; melhoria das atividades de produção de equipamentos e materiais; aumento da utilização de recursos locais, especialmente nas áreas mais pobres dos países não desenvolvidos, visando ao desenvolvimento sustentável local e à solidificação de uma base para futura inserção no cenário energético global.
- Estabelecimento de políticas energéticas voltadas a favorecer a formação de mercados para as tecnologias ambientalmente benéficas ou de menor impacto ambiental, além de incentivar sua utilização como substitutas das alternativas não sustentáveis. Nesse contexto, podem ser estabelecidas políticas industriais, utilizados subsídios (de forma transparente) e desenvolvida uma política educacional voltada à divulgação das questões aqui enfocadas e à sua inserção na realidade do dia a dia dos cidadãos, os quais ficarão mais aptos a participar das atividades orientadas ao desenvolvimento sustentável e acompanhá-las,

assim como apreciar e avaliar os subsídios transparentes e participar de audiências públicas de forma mais madura e consistente.

Estas recomendações, se utilizadas para orientar linhas estratégicas de planejamento e operação, abrangendo todos os aspectos da questão – técnicos, econômicos, ambientais, sociais e políticos –, certamente permitirão a construção do arcabouço necessário para o desenvolvimento dos projetos de energia de maneira consistente com conceitos, princípios e práticas do desenvolvimento sustentável.

Aspectos tecnológicos e socioambientais

2

O atendimento ao arcabouço legal ambiental existente no país em todas suas extensões e nuanças, certamente, será o primeiro passo necessário para um tratamento adequado dos impactos sociais e ambientais dos projetos de energia.

Já a orientação dos referidos projetos a um modelo sustentável de desenvolvimento deverá apresentar requisitos adicionais, os quais, segundo uma visão otimista, poderão ser incorporados a um arcabouço legal futuro. De certa forma, essas exigências vêm sendo estabelecidas e atendidas aos poucos e de maneira heterogênea no contexto mundial, como resultado de pressões de parte da sociedade, preocupada com o futuro da humanidade. Isso tem ocorrido de forma mais efetiva em países desenvolvidos, nos quais a cultura ecológica já se solidificou, e tem se espalhado pelo mundo por meio de conscientização e ações, principalmente a partir da sociedade civil organizada.

Como será mostrado no Capítulo 4, o cenário metodológico, hoje disponível em âmbito global, permite um tratamento correto e a implementação de processos integrados, multidisciplinares e participativos, o que cria condições para a fácil inclusão de conceitos e indicadores de sustentabilidade, além do estabelecimento de políticas e estratégias ligadas a ela. A introdução, em cada país ou região, dos conceitos e práticas associados a esse cenário é um passo fundamental a ser dado.

Antes disso, no entanto, é preciso entender um pouco mais dos projetos de energia elétrica e de sua inserção ambiental, a fim de identificar os principais aspectos socioambientais que deverão ser enfocados em cada tipo de projeto. Essa identificação permitirá o reconhecimento de um roteiro de análise que garantirá a adequação legal do projeto e a possibilidade de aplicação das metodologias multidisciplinares e participativas citadas anteriormente.

A verificação dos aspectos socioambientais mais importantes envolvidos nos projetos requer conhecimento mínimo das características tecnológicas destes, que apresentam uma forte inter-relação com os impactos na sociedade e no meio ambiente.

Dessa forma, resolveu-se, mesmo com o risco de deixar alguma lacuna, apresentar os aspectos tecnológicos considerados básicos para permitir a todos os leitores melhor conhecimento das razões dos impactos socioambientais associados aos diversos tipos de projetos de energia elétrica. Embora essa postura possa também resultar em um desequilíbrio quase inerente entre as profundidades, segundo as quais são considerados os aspectos tecnológicos, sociais e ambientais, comenta-se que não há intenção nem pretensão de cobrir aqui todas as questões envolvidas no tema, e, sim, estabelecer uma base para ações multidisciplinares. Nesse sentido, maiores aprofundamentos e detalhes, se desejados, podem ser encontrados na vasta bibliografia disponível.

Adotou-se também a postura de dar valor e continuidade ao que já existe com relação ao assunto, buscando evitar qualquer risco de "reinventar a roda". Portanto, procurou-se valorizar trabalhos importantes já efetuados sobre a questão do setor elétrico brasileiro, em especial os documentos elaborados pelo Comitê de Meio Ambiente do Setor Elétrico (Comase) da Eletrobrás na década de 1990, dos quais foram reproduzidos com alguma atualização, como referência básica, quadros sintéticos dos principais impactos, causas e medidas mitigadoras/compensatórias para geração (hidrelétricas e termoelétricas) e transmissão. Quando conveniente, utilizaram-se também informações dos Estudos Prévios de Impacto Ambiental (Epias), dos Relatórios de Impacto ao Meio Ambiente (Rimas) e de outros trabalhos, sempre com o objetivo de ressaltar pontos gerais importantes. As referências usadas encontram-se indicadas na bibliografia para consulta mais específica, caso necessário.

A análise dos aspectos tecnológicos e socioambientais dos projetos de energia elétrica, na verdade, constitui uma tarefa bem diversificada que deve levar em conta as características específicas de cada tipo de projeto, que, de forma geral, podem ser agregadas de acordo com a posição de plano na cadeia de suprimento da energia elétrica, constituída pelas áreas de geração, transmissão e distribuição.

A INDÚSTRIA DA ENERGIA ELÉTRICA

Conforme o exposto, o cenário ideal global a ser considerado na construção do desenvolvimento sustentável deve ser bastante amplo, incluindo as áreas da infraestrutura e outros setores ou subsetores relacionados mais diretamente a ela, tais como fabricantes, empresas de consultoria, construção e montagem, órgãos e instituições governamentais, agências reguladoras, consumidores etc.

Nesse contexto, insere-se como parte do ramo energético a indústria da energia elétrica, ou seja, o conjunto de empresas que formam a cadeia dessa indústria e são responsáveis pela geração, transmissão, distribuição e utilização de energia.

O consumo, que extrapola os limites dessa indústria, não será assunto específico deste livro, embora apresente diversos aspectos de inter-relação e integração com os atores do setor de energia elétrica, tais como as ações e os projetos voltados aos usos finais da eletricidade e à conservação de energia. Desses planos e ações, muitos fazem parte do programa de Pesquisa e Desenvolvimento (P&D) obrigatório nas empresas, cuja elaboração deve ser de acordo com as regras estabelecidas para o setor elétrico e submetida à aprovação e monitoração pela Agência Nacional de Energia Elétrica (Aneel). Entre os projetos, destacam-se o Gerenciamento pelo Lado da Demanda (GLD), a eficiência energética pelo lado do consumo e as ações do Programa de Conservação de Energia Elétrica (Procel), de divulgação educativa, certificação e etiquetagem de equipamentos eficientes. Ações na área de utilização envolvem ainda, entre outros atores, os fabricantes, os consumidores em geral, os órgãos reguladores e os de defesa do consumidor.

Em seu contexto geral, o setor de consumo apresenta uma complexidade muito maior que a indústria de energia elétrica propriamente dita, além de ter um papel preponderante na construção do desenvolvimento sustentável, principalmente por meio de ações relacionadas, por exemplo, ao combate ao desperdício, ao uso racional da energia, às políticas de eficiência energética, às políticas industriais setoriais e à regulação específica orientada à sustentabilidade.

Assim, a cadeia da indústria da energia elétrica, abordada especificamente neste livro, consiste de geração, transmissão e distribuição, cujas características básicas são apresentadas a seguir, assim como uma visão simplificada dos principais impactos ambientais.

A área de geração preocupa-se particularmente com o processo da produção de energia elétrica por meio do uso de diversas tecnologias e fontes primárias. Existe uma grande gama de opções para geração de eletricidade, cada uma delas com propriedades bem distintas no que se refere a dimensionamento, custos e tecnologia. As fontes primárias, associadas aos recursos naturais utilizados nas transformações para produzir energia elétrica, são classificadas em renováveis e não renováveis. Fontes renováveis são mais adequadas a um modelo de desenvolvimento sustentável global, conforme visto. Nesse contexto, assentado nas características globais com ênfase nos problemas relacionados com emissões atmosféricas, e com referência apenas à energia elétrica, o Brasil poderia ser considerado um exemplo se não ocorressem sérios problemas ambientais e sociais associados às grandes hidrelétricas (que são atualmente responsáveis por algo em torno de 90% da geração de energia elétrica no país), entre os quais podem ser citados o alagamento de terras férteis, o afundamento de cidades, sítios históricos, ecológicos e belezas naturais, e o deslocamento de populações e impactos biológicos e geológicos negativos. A geração termoelétrica, em fase de expansão no país, apresenta adversidades gerais associadas à emissão de poluentes atmosféricos, baixa eficiência energética e também impactos ambientais negativos, aliados às necessidades de água para condensação (dependendo da tecnologia utilizada). A geração por meio das chamadas novas fontes renováveis, das quais se destacam as usinas eólicas e as solares fotovoltaicas, encontra-se em fase inicial de aplicação. No caso da energia eólica, há significativa aceleração, por motivos sobretudo econômicos. No caso da energia solar, está em fase de incentivo a projetos pilotos, pois os custos têm se mostrado decrescentes em termos globais.

A transmissão e a distribuição da energia elétrica são, em certos casos, conectadas por meio dos sistemas anteriormente conhecidos como de subtransmissão, e cuja existência como nomenclatura não se mantém no novo modelo do setor elétrico brasileiro, no qual o sistema interligado é formado por dois componentes: a rede básica (para tensões acima ou iguais a 230 kV, compondo a transmissão) e a distribuição (para tensões abaixo de 230 kV), que engloba também quase toda a área anteriormente conhecida por subtransmissão.

A transmissão está normalmente associada ao transporte de blocos significativos de energia a distâncias razoavelmente longas. Pode ser caracterizada de forma bem grosseira, mas elucidativa, pelas linhas de transmissão formadas por torres de grande porte e condutores de grande diâmetro, cruzando longos percursos desde o ponto de geração até os pontos específicos próximos aos grandes centros de consumo da energia elétrica. Na visão socioambiental, a transmissão apresenta, entre outros, problemas relacionados com segurança, interferência de campos elétricos e magnéticos (muitos deles com solução embutida nas próprias práticas de projeto), convivência com a vegetação nas áreas distantes dos grandes centros e com a população (além da vegetação) nos grandes centros, convivência com movimentos comunitários estabelecidos em torno da questão da posse de terras, convivência com práticas agrícolas não saudáveis (queimadas, por exemplo) e pressões ligadas à desilusão da população não atendida ao longo das linhas.

A partir dos pontos limites da transmissão, desenvolvem-se os sistemas atualmente englobados na distribuição, que está associada ao transporte da energia no varejo, ou seja, do ponto de chegada da transmissão até cada consumidor individualizado (incluindo ou não a subtransmissão), seja ele residencial, industrial ou comercial, urbano ou rural. Os sistemas de distribuição apresentam, de modo geral, dificuldades socioambientais similares aos de transmissão, cujas principais diferenças estão relacionadas às dimensões das populações envolvidas e à necessidade de convivência com as áreas densamente povoadas e construídas das megalópoles e grandes cidades. Nesse contexto, a distribuição nas áreas rurais e nos municípios de pequeno porte apresenta características totalmente diferentes das áreas densamente povoadas. Nestas, ressaltam-se questões até mesmo relacionadas à dificuldade de execução de qualquer tipo de trabalho, seja de construção ou de manutenção (principalmente em casos emergenciais, como tempestades, enchentes etc.), por causa, sobretudo do tráfego e da movimentação humana ao redor. No caso específico das linhas subterrâneas (mais caras, mas, muitas vezes, economicamente justificáveis nos grandes centros em razão dos diversos obstáculos de convivência urbana), os problemas são acrescidos pelo desconhecimento do que existe sob a terra no local de trabalho: dutos de água e esgotos, telefonia etc. Mesmo transtornos associados à convivência com a vegetação podem ser mais críticos nos grandes centros, nos quais a poda de árvores apresenta complicadores muitas vezes não encontrados nas pequenas cidades e áreas rurais. Além disso, nos grandes centros, o impacto econômico, tanto na transmissão quanto na distribuição, do custo das áreas necessárias para a construção das subestações e das linhas pode ser decisório no que se refere à tecnologia utilizada, especialmente aquela pertinente a sistemas subterrâneos.

É importante ressaltar que os impactos socioambientais da indústria de energia elétrica aqui enfocada relacionam-se sobretudo com o denominado período de vida útil dos projetos.

Conforme já comentado, um enfoque ideal ainda bastante distante da realidade, mesmo em âmbito global, consideraria análises de ciclo de vida não apenas do projeto em si, mas de todos os seus componentes. Algumas empresas do setor elétrico brasileiro, com visão mais avançada, têm caminhado nessa direção, em geral de forma fragmentada. Há, por exemplo, empresas cada vez mais preocupadas com o desmonte dos projetos do término de sua vida útil (ou da vida útil de seus componentes), que configura uma etapa importante da análise do ciclo de vida.

Deve ser enfatizada a relevância da gestão social ambiental dos projetos durante sua vida útil, ou seja, no contexto da operação, embutindo aí todos os processos de manutenção. Nesse sentido, a grande maioria dos aspectos socioambientais abordados neste livro faz parte das responsabilidades e do dia a dia da empresa, envolvendo posturas adequadas e pró-ativas de todos os funcionários, sejam eles da própria empresa ou terceirizados. A informação e a sensibilização adequadas também são de grande importância, devendo a inserção socioambiental da empresa de energia elétrica fazer parte fundamental da política de capacitação e treinamento do pessoal interno, dos prestadores de serviço e dos usuários e consumidores. Tal sensibilização para o setor energético, e para o setor elétrico como um todo, é de extrema necessidade para a construção da sustentabilidade. Isto porque a gestão e o gerenciamento corretos da operação (e, embutida nela, a manutenção) não têm tido o tratamento prioritário que merecem, como os fatos não param de demonstrar (com diversos desligamentos de grande porte da rede, os apagões, que decorrem de problemas operacionais). Isso, na verdade, tem forte relação com a falta de estratégias de longo prazo e com uma cultura nacional de descaso com a manutenção, praticamente generalizada em todos os setores da vida nacional.

Cada área da cadeia da indústria de energia elétrica tem características organizacionais, técnicas, econômicas e de inserção socioambiental bem específicas, que serão tratadas mais detalhadamente ao longo deste livro. Para facilitar o entendimento, e considerando que muitos dos leitores poderão não estar afeitos às peculiaridades técnicas dos sistemas elétricos, apresenta-se a seguir uma visão sumarizada delas.

Geração de energia elétrica

A geração ou produção de energia elétrica compreende todo o processo de transformação de uma fonte (recurso natural) primária de energia em eletricidade (forma secundária da energia) e é responsável por uma parte bastante significativa dos impactos ambientais, sociais, econômicos e culturais dos sistemas de energia elétrica. Para ilustrar o impacto ambiental negativo de projetos de geração de energia elétrica em âmbito global, basta lembrar sua grande participação na produção mundial dos "gases estufa". No Brasil, como já comentado, a maior parcela da geração é efetuada por grandes hidrelétricas, o que torna o país diferenciado nesse cenário das emissões atmosféricas, mas não o redime ambiental e socialmente, por causa dos sérios problemas associados aos reservatórios desses tipos de usinas, os quais, além disso, também têm sua participação na emissão de "gases estufa" (metano, no caso).

Os principais processos de transformação utilizados para a geração de eletricidade são:

- Transformação de energia mecânica em elétrica por meio do uso de turbinas hidráulicas (movimentadas por quedas d'água, marés) e turbinas eólicas, evoluções tecnológicas dos antigos cata-ventos (movidos pelo vento) para acionar geradores elétricos.
- Transformação direta da energia solar em elétrica por meio de células fotovoltaicas.
- Transformação de energia térmica, produzida por combustão (da energia química), fissão nuclear, energia geotérmica ou pelo sol, em energia mecânica pela utilização de máquinas térmicas (turbinas e motores) que acionarão geradores elétricos.
- Transformação da energia produzida por reações químicas, como no caso das células a combustível (associadas ao ciclo do hidrogênio).

As fontes primárias usadas para a produção da energia elétrica podem ser classificadas em não renováveis e renováveis.

De forma bastante simples, podem ser reconhecidas como fontes não renováveis aquelas que podem esgotar-se um dia, pois são utilizadas com velocidade bem maior que os milhares ou milhões de anos necessários para sua formação. Ou seja, não são repostas pela natureza em velocidade compatível com a de sua utilização pelo ser humano. Nessa categoria, estão os combustíveis derivados de petróleo, o carvão mineral, os combustíveis radioativos (urânio, tório, plutônio etc.) e o gás natural. O emprego atual de tais fontes para produzir eletricidade ocorre principalmente a partir da transformação da fonte primária em energia térmica, por exemplo, por meio de combustão e fissão. A geração elétrica obtida por esse meio é conhecida como geração termoelétrica.

Fontes renováveis são aquelas cuja reposição pela natureza ocorre em período consistente com sua utilização energética (como no caso das águas dos rios, marés, sol, ventos) ou cujo manejo, pelo homem, pode ser efetuado de forma compatível com as necessidades de sua utilização energética (como no caso da biomassa: cana-de-açúcar, florestas energéticas e resíduos animais, humanos e industriais). A maioria dessas fontes apresenta características que permitem modelagens aproximadas (para estudos e análises), estatísticas e estocásticas em períodos compatíveis com a operação das usinas elétricas e bem inferiores à vida útil delas. Tais fontes podem ser usadas para produzir eletricidade, principalmente por meio de usinas hidrelétricas (água), eólicas (vento), solares fotovoltaicas (sol, diretamente) e centrais termoelétricas (biomassa renovável e sol, indiretamente, produzindo vapor).

No contexto das fontes renováveis, as usinas hidrelétricas e a produção de energia a partir da biomassa apresentam um passado histórico bem significativo, assim como o uso da energia eólica para fins energéticos diferentes da energia elétrica. Isso originou novas formas de classificar as outras fontes renováveis para produzir energia elétrica, tais como eólica e solar, que são denominadas novas fontes renováveis ou fontes alternativas, por diversos especialistas e autores.

Mundialmente, os meios de suprimento de energia elétrica, praticados em larga escala nas últimas décadas, utilizam fontes primárias não renováveis, entre as quais predominam o carvão mineral, o combustível nuclear, os derivados do petróleo e o gás natural. A baixa eficiência do emprego desses combustíveis, aliada aos problemas de caráter ambiental, tem resultado em um interesse crescente pela utilização de fontes alternativas. Uma grande barreira à introdução maciça de fontes renováveis, no entanto, é a ênfase nos aspectos econômicos em detrimento dos ambientais, uma vez que a maioria dos combustíveis não renováveis ainda apresenta baixos custos, certamente pela não incorporação dos custos e benefícios das externalidades negativas desta prática (ambientais e sociais) nas análises de viabilidade. Mesmo quando as questões ambientais são levadas em conta, a viabilização das tecnologias renováveis depende da existência, abrangência e, finalmente, da efetiva aplicação da legislação ambiental.

Nesse aspecto, podem-se encontrar grandes diferenças entre as realidades dos países desenvolvidos e não desenvolvidos e entre os países não desenvolvidos entre si. Mesmo os que possuem legislação ambiental adequada (que certamente não são maioria) se deparam com grandes empecilhos para fazê-la cumprir por causa das pressões que ocorrem em um cenário abrangente no qual convivem aspectos econômicos, culturais, sociais e até mesmo antidemocráticos.

No contexto da predominância vigente dos aspectos econômicos, as novas tecnologias renováveis, apesar de apresentarem grande desenvolvimento tecnológico e constante declínio nos seus custos, além de terem se mostrado uma importante prática para reduzir a dependência de combustíveis importados, ainda não alcançaram um patamar capaz de competir globalmente com as tecnologias de fontes não renováveis que já estão bem maduras. Na situação atual, no entanto, as vantagens das novas tecnologias à base de fontes renováveis tornam-nas bastante atrativas, na maioria dos casos, para desenvolvimento de fontes de suprimento descentralizadas e em pequena escala, fundamental para a busca do desenvolvimento sustentável, tanto para os países desenvolvidos como para os que estão em desenvolvimento. Nesse âmbito, destacam-se as centrais que utilizam fontes renováveis locais, que não requerem alta tecnologia para instalação ou técnicos especializados para sua operação. Tais tecnologias mostram-se, assim, particularmente adequadas para países em desenvolvimento, ao mesmo tempo em que se tornam possibilidades bem atraentes para muitos países desenvolvidos que utilizam indústria leve e apresentam baixo índice de poluição.

De qualquer forma, os grandes progressos técnicos das alternativas de geração de energia elétrica a partir de fonte renovável, obtidos durante os últimos anos, largamente impulsionados pelo desenvolvimento da eletrônica, da biotecnologia e da tecnologia de materiais, têm aumentado a competitividade desse tipo de geração e permitido a identificação de nichos de aplicação, mesmo que outros aspectos, além dos econômicos, não tenham grande impacto nos procedimentos decisórios. A gaseificação da biomassa é uma dessas tecnologias que poderão prover eletricidade a custo comparável com a que é produzida por usinas a carvão. A geração eólica de eletricidade está crescendo rapidamente a custo baixo e mostra-se como melhor opção econômica em locais específicos. As usinas hidrelétricas de micro, mini e pequeno porte (pequenas centrais hidrelétricas – PCH) são uma boa opção, economicamente viável e ambientalmente aceitável, para muitas regiões, em diversos países. O custo dos módulos fotovoltaicos tem decrescido significativamente nos últimos anos em razão do progresso tecnológico e da experiência de campo, o que tem garantido sua viabilização em certos projetos e aplicações. Outras soluções são acessíveis para pequenas comunidades, como a utilização do gás proveniente de lixo e resíduos agrícolas e industriais.

A produção de energia renovável pode prover desenvolvimento econômico e oportunidades de emprego, especialmente em áreas rurais. As fontes renováveis, no âmbito de um modelo sustentável, poderão ajudar a reduzir a miséria nessas regiões e aliviar as pressões sociais e econômicas que conduzem à migração urbana.

Finalmente, com relação à geração, é importante comentar sobre a distinção que se faz atualmente entre a de maior porte, em geral conectada aos sistemas de transmissão, e a de pequeno porte, conectada aos sistemas de distribuição. Esse último tipo de geração, que tem sido referenciado na literatura do setor elétrico como geração distribuída (ou geração embutida, menos frequentemente), tem tratamento diferenciado, como será apontado ao longo deste capítulo.

Transmissão e distribuição de energia elétrica

A energia elétrica, da geração até o consumidor, realiza um percurso que pode envolver os sistemas de transmissão e de distribuição. A necessidade da transmissão de energia elétrica ocorre por razões técnicas e econômicas e está associada a várias características que incluem desde a localização da fonte de energia primária até o custo da energia elétrica nos locais de consumo.

A transmissão está associada, em geral, às centrais de geração distantes dos centros de consumo em virtude de sua própria natureza (como no caso de usinas hidrelétricas, que dependem de grandes desníveis em rios, e de usinas termoelétricas a carvão mineral, nas quais, em geral, é mais econômico gerar energia elétrica próximo à mina) e/ou de um fator associado à economia de escala (como no caso de grandes usinas termoelétricas, nas quais o porte da usina pode implicar a necessidade de localização menos privilegiada em relação à carga).

As características básicas dos sistemas de transmissão, dos pontos de vista técnicos e tecnológicos, estão vinculadas às particularidades da energia elétrica gerada, usualmente por meio de geradores elétricos em corrente alternada que operam na frequência nominal da rede elétrica (50 ou 60 Hz, sendo esta última a frequência do sistema brasileiro). Esses geradores são muito mais robustos e baratos que os de corrente contínua, o que privilegia a geração por corrente alternada. Outra família de geradores, também de corrente alternada, tem sido constantemente aprimorada e usada em algumas aplicações; trata-se dos geradores assíncronos a partir de máquinas de indução, visualizados para aplicações de pequeno porte. Entretanto, a grande maioria dos geradores em uso são máquinas síncronas, e a tensão nominal de geração varia, dependendo do porte da máquina, desde algumas centenas de volts até 20 a 25 kV.

Transmitir grandes quantidades de energia nesse reduzido nível de tensão não é econômico à luz da atual tecnologia, pois a necessidade de minimizar as perdas de potência elétrica inerentes ao processo de transmissão implicará a precisão de condutores com bitolas (diâmetros) inimagináveis. Por esse motivo, junto às usinas, subestações elevadoras transformam a tensão para o nível adequado, o qual depende principalmente do montante de potência a transportar e da distância envolvida. Na proximidade das regiões de consumo, subestações transformadoras rebaixam o nível de tensão para um valor intermediário a fim de que ela seja repartida entre vários locais. Esse nível intermediário, anteriormente classificado como subtransmissão, hoje faz parte sobretudo da distribuição; os níveis de tensão iguais ou acima de 230 kV são considerados como de transmissão.

São tensões típicas de transmissão no Brasil os níveis em alta tensão (AT) 230 kV e em extra-alta tensão (EAT) 345 kV, 440 kV, 500 kV e 765 kV (800 kV). Estudos efetuados para emissão de grandes blocos de energia a distâncias muito longas (mais de 1.800 km, para trazer energia da região Norte para a Sudeste) chegaram a considerar o uso dos níveis em ultra-alta tensão (UAT) 1.000 kV e 1.200 kV.

Esses valores das tensões, medidas em kV (quilovolts), são consistentes com normas internacionais e nacionais, as quais se aplicam a toda indústria da energia elétrica, assim como as indústrias associadas e fornecedoras de equipamentos e componentes.

Outro nível de tensão que pode ser encontrado no Brasil está relacionado a um tipo diferente de transmissão, a denominada corrente contínua em alta tensão (CCAT) ou *high voltage direct current* (HVDC). Essa tecnologia torna-se competitiva com relação às tecnologias em corrente alternada para algumas situações específicas: transmissão subterrânea ou submarina, transmissão a distâncias muito longas, interligação de sistemas com frequências diferentes ou com necessidade de rápido controle do fluxo de energia etc.

No Brasil, a tecnologia CCAT tem aplicação no sistema de transmissão de Itaipu, conectando ao sistema sudeste na região de São Paulo (na subestação de Ibiúna) as máquinas da usina de Itaipu pertencentes ao Paraguai (onde a frequência é 50 Hz), perfazendo uma capacidade de transmissão contínua de 6.300 MW (os outros 6.300 MW correspondem às máquinas brasileiras – 60 Hz – e são transmitidos em corrente alternada em 800 kV). Essa aplicação é efetuada em ± 600 kV, que foi a maior tensão operativa da CCAT no mundo até a alguns anos atrás, quando sistemas CCAT em níveis superiores (± 800 kV) entraram em operação e/ou tem sido planejados e construídos em diversos países, como China, Índia, países da África e o Brasil. Deve-se ressaltar que a transmissão CCAT de Itaipu utiliza uma das grandes vantagens dessa tecnologia, que é permitir a interligação de sistemas com frequências distintas: o sistema paraguaio (assim como as máquinas paraguaias de Itaipu) com frequência de 50 Hz (frequência utilizada na Europa e em praticamente toda América do Sul, mas não no Brasil) e o sistema brasileiro, que opera em 60 Hz (frequência também utilizada na América do Norte).

A Figura 2.1 ilustra diferentes componentes da cadeia da indústria de energia elétrica e apresenta o que é chamado de diagrama unifilar de parte de um sistema elétrico de potência. Nesse diagrama, são representadas duas centrais (usinas) geradoras (X e Y) e duas grandes macrorregiões de consumo (M e N). A transmissão é representada pelas linhas entre duas barras (que representam as subestações); as subestações de elevação (TE) e abaixamento (TA) de tensão são demonstradas pelos símbolos de transformadores, e não se representa o sistema de distribuição (D), cujo impacto na transmissão é representado pelo símbolo de uma carga elétrica (flecha). As quatro cargas elétricas na macrorregião N podem corresponder, por exemplo, a quatro cidades diferentes. A figura permite distinguir também outra função realizada pelas linhas (em geral, de transmissão) no sistema elétrico: a de interconexão de sistemas independentes (LI). A função interconexão é executada por linhas de transmissão que não visam apenas a suprir diretamente a carga, mas interligar duas regiões a fim de aumentar a confiabilidade elétrica e energética ou a melhora do desempenho operacional.

Figura 2.1 – Diagrama unifilar de sistema elétrico de potência.

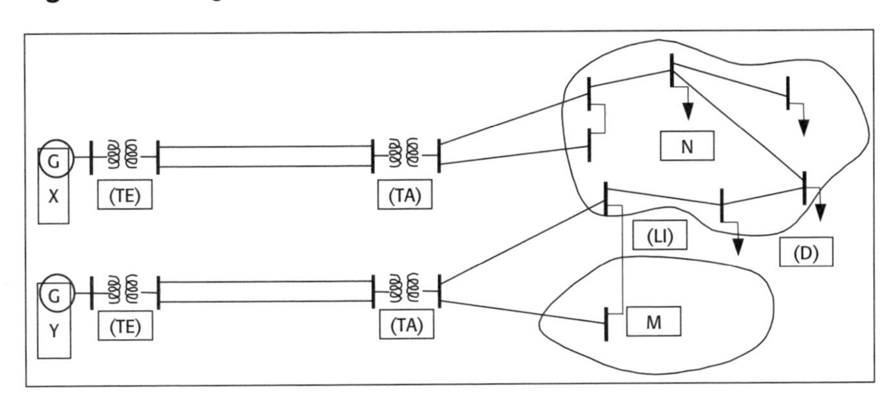

Antes de chegar aos locais de consumo, a não ser em casos muito especiais de grandes consumidores em alta tensão, alimentados diretamente pela transmissão, a energia elétrica passa pelo estágio da distribuição, que engloba os níveis de tensão, anteriormente considerados como subtransmissão ou repartição, e os níveis de distribuição propriamente ditos, que compreendem os circuitos alimentadores dos consumidores residenciais e comerciais/industriais de pequeno porte (rede primária). São tensões típicas de repartição no Brasil os níveis 34,5 kV, 69 kV, 88 kV e 138 kV. Subestações de distribuição reduzem a tensão do nível de repartição para que a energia possa chegar próximo às casas e para permitir o seu uso. As tensões de distribuição vão de 3 a 25 kV (mais usualmente 13,8 kV e 23 kV no Brasil) na rede primária e de 110 a 380 V na rede secundária, à qual estão conectadas as residências.

Em resumo, as linhas, as subestações e os circuitos nos sistemas elétricos podem desempenhar as seguintes funções:

- Transmissão: interliga a geração aos centros de carga.
- Interconexão: transmissão que efetua a interligação entre sistemas independentes.
- Distribuição: rede que interliga a transmissão aos pontos de consumo.

As áreas de transmissão e distribuição apresentam características bem específicas, que fazem seu tratamento ser bastante diferenciado.

De forma geral, podem-se caracterizar os sistemas de transmissão por:

- Altos níveis de tensão (no modelo atual da rede básica, acima de ou igual a 230 kV).

- Gerenciamento de grandes blocos de energia.
- Distância de transporte da ordem de centenas de km (normalmente acima de 100 km no caso do Brasil).
- Sistemas com várias malhas, que interligam blocos de geração (usinas) a regiões de consumo de grande porte (carga elétrica agregada) nos finais ou em pontos bem determinados das linhas, ou sistemas radiais, que conectam usinas isoladas de grande porte às regiões de consumo ou interconectando sistemas independentes.

Por sua vez, os sistemas de distribuição apresentam:

- Baixos níveis de tensão (iguais ou abaixo de 138 kV no novo modelo).
- Gerenciamento de menores blocos de energia.
- Menores distâncias de transporte.
- Sistema predominantemente radial em condições normais, podendo haver malhas para atendimento em emergência, onde cada ramal alimenta um grande número de cargas.

Com base nessas ponderações, descrevem-se a seguir a transmissão e a distribuição de energia elétrica.

Transmissão de energia elétrica

Uma função importante das redes de transmissão é a interligação de sistemas independentes aos subsistemas. Essa função permite a operação interligada do sistema elétrico brasileiro e apresenta grandes vantagens a seu dimensionamento.

Essa interligação possibilita o melhor uso das fontes de geração, pois a rede de transmissão pode ser usada como uma espécie de "circuito hidráulico", permitindo que água seja guardada em certos reservatórios, à custa de esvaziamento de outros, de forma a tirar o melhor partido da diversidade hidrológica sazonal das bacias hidrográficas do país. Isso reduz o custo, aumenta a flexibilidade operativa e a confiabilidade de suprimento e reduz o porte de dimensionamento do sistema, além de propiciar melhor gerenciamento da grande diversidade de utilização da energia elétrica nos variados segmentos de consumo. Por essa razão, os sistemas de transmissão começaram a interligar-se há muitas décadas e, hoje, são poucas as regiões desenvolvidas que não fazem parte de sistemas regionais nacionais, ou mesmo transnacionais, que operam interligados.

A Figura 2.2 apresenta um diagrama simplificado do grande sistema interligado brasileiro, com ênfase nos subsistemas existentes no Norte (N) e Nordeste (NE) e outro no Sul (S), Sudeste (SE) e Centro-Oeste (CO).

A principal desvantagem da interligação de diferentes sistemas é a necessidade de operação segura do ponto de vista da estabilidade entre geradores, pois um distúrbio em um local pode provocar o desligamento de outros geradores em locais mais distantes (efeito dominó), agravando sobremaneira o defeito. Mas isso pode ser superado tecnicamente de diversas maneiras, tais como: dimensionamento adequado do sistema para os defeitos mais frequentes, melhoria do sistema de proteção com a adoção de atuações protetivas que isolam a área defeituosa e introdução de técnicas modernas de gestão de confiabilidade.

Figura 2.2 – Diagrama do sistema elétrico brasileiro interligado.

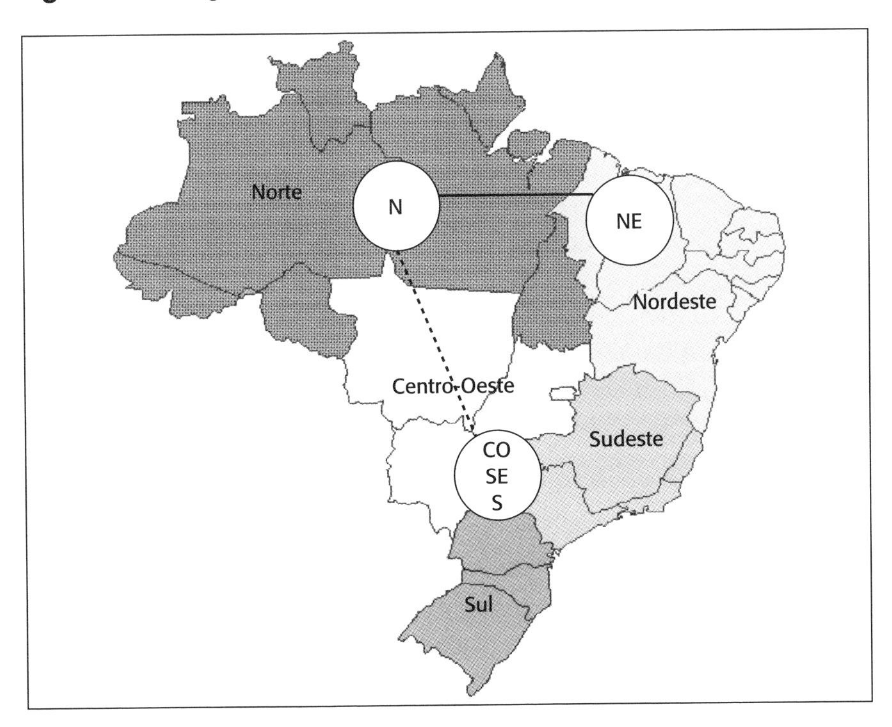

Outra possível desvantagem das interligações é o aumento dos níveis de corrente de curto-circuito, que pode ocasionar a necessidade do uso de equipamentos mais dispendiosos nas subestações novas e/ou a troca de equipamentos nas já existentes. O aumento dos níveis de curto-circuito, por sua vez, também ocasiona efeitos vantajosos, tais como a melhoria do desempenho do sistema diante de perturbações do tipo: injeção de correntes harmônicas, variações da tensão decorrentes de manobras de cargas ou equipamentos elétricos etc.

Ambos os aspectos apontados configuram benefícios da transmissão CCAT que apresenta, em geral, melhor desempenho transitório, maior confiabilidade e não afeta níveis de curto-circuito.

O planejamento e a operação da transmissão apresentam uma gama extensa de interação socioambiental. Como adiantado no início deste capítulo, diversas características sociais e ambientais, relacionadas principalmente com a segurança e a confiabilidade, estão embutidas nas práticas do projeto. Outros aspectos de grande importância relacionam-se aos impactos ao longo do roteiro seguido pela linha e pela localização das subestações: é imprescindível preocupar-se com áreas de proteção ambiental e áreas indígenas; existem dificuldades associadas com a convivência com as populações e a vegetação nas áreas sob as linhas (as denominadas faixas de passagem, em geral, não adquiridas pelas empresas de transmissão, mas cuja utilização é negociada com os proprietários); há os problemas ligados às áreas das subestações, especialmente de convivência com as populações vizinhas (essas áreas, sim, são adquiridas pelas empresas de transmissão); existe o sério problema, no caso das linhas muito longas mais comuns nas regiões Norte, Nordeste e Centro-Oeste do país, da população não atendida por energia elétrica "embaixo do linhão", como se diz. Grandes diferenças entre essas questões existem entre as linhas de transmissão em áreas rurais e regiões do interior e aquelas dos grandes centros urbanos.

Distribuição de energia elétrica

As empresas de distribuição são encarregadas de entregar o produto energia elétrica à maioria dos locais de consumo – indústrias, lojas, residências, escritórios, fazendas etc. – na quantidade, confiabilidade e segurança desejadas pelo consumidor. A energia elétrica é insumo de grande importância em todos os segmentos da sociedade moderna, viabilizando desde atividades industriais de grande porte, como as dos complexos siderúrgicos, até os hábitos cotidianos dos cidadãos mais simples por meio da iluminação residencial.

Há tecnologias distintas para os segmentos da transmissão e da distribuição. A transmissão atua no atacado do mercado de energia elétrica, pode-se assim dizer, e a distribuição atua no varejo, atendendo, em conexão direta, os consumidores urbanos e rurais que necessitam da energia. Enquanto a transmissão está associada a altos níveis de tensão e entrega de grandes blocos de energia a poucos centros consumidores, a distribuição se faz por níveis mais baixos e pelo fornecimento de pequenas quantidades de energia a um grande número de consumidores finais. As tecnologias e os processos são tão diferentes que caracterizam empresas e processos de gestão bem variados, ligados a cadeias de negócios totalmente diversas.

A natureza das obras e redes é distinta também. Na geração e transmissão, um pequeno número de obras consome grande volume de recursos. O planejamento da distribuição, por sua vez, trata de um numeroso conjunto de obras de pequeno e médio porte, que é necessário para que os padrões do produto fornecido sejam adequados nos milhares de pontos de consumo.

Nesse contexto, cabe às empresas de distribuição de energia elétrica a função de comprar grandes blocos de energia das supridoras; ajustar o nível de tensão a patamares próprios para o consumo de sua clientela, normalmente formada por milhares ou milhões de consumidores; manter a rede de distribuição e as instalações técnicas operando adequadamente; e prestar serviço de atendimento técnico comercial aos seus clientes.

A simples consideração dos aspectos citados permite o reconhecimento de várias diferenças básicas que os sistemas de distribuição apresentam em relação aos de transmissão, além dos menores níveis de tensão e fornecimento final de pequenas quantidades de energia.

- A distribuição tem contato direto com todos os tipos de consumidores, o que causa a necessidade de ênfase especial na comercialização e na relação com o público e os órgãos reguladores e de defesa do consumidor. Nesse âmbito, principalmente nos grandes centros urbanos, é de extrema importância a existência do *call center* (atendimento telefônico ao consumidor) e de um sistema de localização geográfica das ocorrências (base de informações ligadas ao *Geographic Information System* – GIS), sobretudo para atuação durante emergências. De forma geral, as empresas de distribuição têm agências de atendimento ao público em todos os municípios que atuam, além de constituir ouvidorias que cuidam de seu relacionamento com os consumidores e os órgãos de regulação e de defesa do consumidor. No setor elétrico, são as empresas de distribuição que recebem o pagamento direto pelo fornecimento de energia elétrica.

- A padronização de processos, procedimentos e equipamentos é uma questão fundamental nas empresas de distribuição em razão do grande número e da extensão dos itens considerados. Essa padronização resulta em melhor desempenho técnico, econômico, social e ambiental, além de facilitar a gestão da empresa.
- A distribuição, em grande parte, desenvolve-se em centros urbanos, o que dificulta a execução de planos e a atuação em situações de emergência, principalmente nos grandes centros, em razão de problemas relacionados com a identificação das rotas para alimentadores, pelos impactos do e no tráfego congestionado e pelas surpresas durante trabalhos do subsolo, em caso de linhas subterrâneas, uma vez que não há mapeamento confiável das diversas obras que podem ocupar o mesmo espaço (esgoto, telefonia, fornecimento de água, de gás, entre outros). Nos centros urbanos, também é maior o risco de acidentes decorrentes de imprudências (busca de pipas, trabalhos próximos às linhas, por exemplo) e pela proximidade com a vegetação.
- A distribuição é o ponto final da cadeia de confiabilidade e de qualidade do produto energia elétrica, o que a torna a responsável mais direta pelas características técnicas, assim como a primeira a ser responsabilizada por qualquer distúrbio que cause perda do fornecimento, independentemente se a origem dele foi na geração ou na transmissão, o que é, muitas vezes, detectado posteriormente, já que isso não é percebido pelo consumidor final.

Do ponto de vista socioambiental, os problemas da distribuição apresentam certa similaridade com os de transmissão, mas com peculiaridades bem distintas, dadas as diferenças básicas já apontadas. No setor elétrico, projetos da distribuição, em geral, não estão sujeitos aos mesmos requisitos de licenciamento ambiental que se aplicam aos projetos de geração de maior porte e aos projetos de transmissão. Isso ocorre em consequência do pequeno porte das obras, incluindo a geração distribuída. Por sua vez, os projetos de distribuição apresentam conexão direta com as áreas povoadas dos mais diversos tipos e de estreita relação com a população. Por isso, muitas vezes, inserem-se em um contexto que envolve outros pontos sociais e ambientais e sofre forte impacto das legislações ambientais estaduais e municipais, o que requer ações específicas para cada caso. Essa característica, de uma forma geral, faz as empresas de distribuição atribuírem expressiva importância a certos aspectos ambientais, e adotarem ações pró-ativas relacionadas com a poda de árvores, informação e conscientização de consumidores, e até mesmo ações preventivas de questões sociais, quando fornecem energia a locais não legalmente regularizados.

É importante ressaltar um sério problema das empresas de distribuição, que faz parte de uma adversidade maior, a qual requer envolvimento multidisciplinar e abordagem de todos os tipos, técnicos, econômicos, ambientais, sociais e, talvez primeiramente, políticos. Trata-se da questão das denominadas "perdas comerciais", associadas ao desvio da energia elétrica por meio dos chamados "gatos", como em certas indústrias e empresas comerciais de pequeno porte e em áreas pobres da periferia dos grandes centros, onde a rede elétrica usualmente coexiste com problemas de posse das propriedades, de uso do solo, de degradação ambiental e até mesmo de ausência do poder público, muitas vezes substituído pelo poder exercido por traficantes de drogas ou algo equivalente.

Para cumprir esses objetivos, o sistema de distribuição de energia elétrica é uma estrutura dinâmica constituída por linhas, subestações, redes de média e baixa tensão, que busca suprir as cargas, atendendo a requisitos técnicos e de qualidade no âmbito socioeconômico que afeta e por ele é influenciada.

O relacionamento da empresa com o consumidor e com o mercado caracteriza os condicionantes que determinam como a empresa deve comportar-se tecnicamente, tanto no que diz respeito aos investimentos na expansão quanto ao atendimento dos atuais consumidores. A função comercialização da empresa de distribuição trata da venda do produto ao consumidor, do atendimento técnico comercial (novas ligações, orientações quanto ao uso da energia elétrica) e da prospecção e projeção de mercado.

Nesse contexto, as várias modalidades de uso final da energia elétrica caracterizam diversos tipos de consumidores atendidos pelas concessionárias: residenciais, comerciais, industriais, iluminação pública, poderes e serviços públicos e rurais.

GERAÇÃO DE ENERGIA ELÉTRICA E QUESTÃO AMBIENTAL

Na cadeia do suprimento de energia elétrica, a geração apresenta um amplo leque de alternativas, cada uma com características próprias.

Além das diferenças associadas com propriedades específicas dos locais dos projetos, deve ser considerada a grande variedade de opções de geração, que compreendem hidrelétricas, termoelétricas, solares, eólicas, células a combustível, aproveitamento de energia oceânica e, em médio e longo prazos, outras tecnologias em desenvolvimento, tais como os sistemas de armazenamento e a fusão nuclear.

Cada alternativa também apresenta grande diversidade, como no caso das grandes e médias hidrelétricas e as PCHS (com potência de até 30 MW), mini (até 1 MW) e microusinas (até 100 kW), ou como as termoelétricas que também apresentam diferentes tecnologias e várias opções de combustíveis, fósseis e renováveis. Centrais solares e eólicas, assim como as demais, apresentam suas características específicas.

Detalhar todo esse cenário não seria viável, pois, para tecnologias pouco aplicadas ou em fase de desenvolvimento, há ainda muita pesquisa e indagações relacionadas com o desempenho ambiental.

Assim, por motivos práticos, decidiu-se abordar neste livro apenas os principais tipos de geração já implementados ou em vias de implementação de forma comercial: centrais hidrelétricas, termoelétricas, solares fotovoltaicas e eólicas.

A análise também se orientou pelo cenário atual da geração de energia elétrica no país, enfatizando a experiência adquirida na avaliação ambiental de projetos, ou seja, apresenta-se maior aprofundamento na investigação das formas de geração hidrelétrica e termoelétrica, para as quais já há uma significativa experiência e uma estrutura montada de avaliação ambiental. Para as centrais eólicas e solares fotovoltaicas, expõe-se menos aprofundamento, uma vez que a experiência com a avaliação ambiental é menos madura e só será consolidada à medida que projetos de geração eólica e solar proliferarem no país como se espera.

Deve-se ressaltar uma importante restrição da análise efetuada: ela enfoca apenas as usinas geradoras, que, na realidade, são somente um elo em cadeias muito mais amplas, que vão desde a captura dos recursos naturais até a disposição final dos próprios componentes das usinas. Qualquer apreciação mais simples de ciclo de vida, relacionada com cada tipo de usina, permite que se reconheça uma série de componentes adicionais com significativos desafios ambientais, como mineração, exploração de petróleo e gás, gasodutos e oleodutos, fabricação de células fotovoltaicas e de outros equipamentos das usinas e desmantelamento de unidades, entre outros. Tais aspectos não são considerados nesta análise.

CENTRAIS HIDRELÉTRICAS: ASPECTOS BÁSICOS PARA INSERÇÃO NO MEIO AMBIENTE

Aspectos básicos da produção de energia elétrica nas centrais hidrelétricas

A produção de energia elétrica da central hidrelétrica depende, entre outros fatores, da vazão de água efetivamente usada para produzir a energia mecânica que acionará o gerador elétrico. Essa vazão, medida em metros cúbicos por segundo (m^3/s), recebe o nome de vazão turbinável (ou turbinada), pois a água correspondente é que aciona a turbina que transmite energia mecânica ao eixo do gerador.

A turbina hidráulica efetua a transformação da energia hidráulica em mecânica e seu funcionamento, conceitualmente, é bastante simples: é o mesmo princípio da roda d'água que, movimentada pela água, faz girar um eixo mecânico. O gerador elétrico tem seu rotor acionado por acoplamento mecânico com a turbina e transforma energia mecânica em elétrica por causa das interações eletromagnéticas ocorridas em seu interior. Em geral, utilizam-se geradores síncronos, de corrente alternada, porque os sistemas de potência devem operar com frequência fixa, que no Brasil, é de 60 Hz (controlada como constante). Para controlar a potência elétrica do conjunto, utilizam-se reguladores:

- De tensão, controlando a tensão nos terminais do gerador, por atuação na tensão aplicada (e, portanto, na corrente) no enrolamento do rotor do mesmo gerador (enrolamento de excitação).
- De velocidade, controlando a frequência pela variação de potência, por atuação na válvula de entrada de água da turbina.

O valor da vazão turbinável e suas características ao longo do tempo estão relacionados com o regime fluvial natural do rio onde se localiza a usina, o tipo de aproveitamento (que pode ser a fio d'água ou com reservatório), a regularização da vazão (se existente) e com um cenário que considere as outras formas de utilização da água. Se o aproveitamento for totalmente voltado à produção de energia elétrica, toda a vazão regularizada poderá ser turbinada. Se o aproveitamento contemplar outros usos, por exemplo irrigação, navegabilidade e geração de energia elétrica, a vazão turbinável poderá ser apenas parte da vazão regularizada total.

Nesse contexto, o regime fluvial natural do rio é bastante variável e depende de diversos fatores, dentre eles o regime pluvial da bacia hidrográfica à qual pertence. Centrais hidrelétricas denominadas "a fio d'água" são aquelas que não têm reservatório ou cujo reservatório tem capacidade de acumulação insuficiente para que a vazão disponível para as turbinas seja muito diferente da estabelecida pelo regime fluvial. Há também usinas hidrelétricas com reservatório que operam a maior parte do tempo "a fio d'água", ou seja, sem utilizar sua capacidade de regulação e turbinando a vazão estabelecida pelo projeto, como é o caso da usina de Itaipu. Nessas condições, podem estar situadas as centrais de pequeno porte, tais como mini-hidrelétricas (e também as micro) com potências iguais ou menores que 1 MW, parte das Pequenas Centrais Hidrelétricas (PCHs), que são centrais com potência de até 30 MW, além das de grande porte (caso do rio Madeira e Belo Monte).

A regularização da vazão, por sua vez, está associada à construção de reservatórios que permitem o armazenamento da água e o controle da vazão, e até mesmo a obtenção de uma (ou mais de uma, no caso da regularização parcial) vazão constante durante certo período. Isso é garantido pelo armazenamento de água durante o período de chuvas, para encher o reservatório, que será esvaziado durante a temporada de seca (ou de poucas chuvas). O reservatório resulta da construção de uma barragem, cuja altura determina a área inundada pela usina e o volume da água contida no próprio reservatório. O máximo volume teórico efetivo seria aquele que permitisse obter apenas uma vazão regularizada durante o período de análise, utilizando toda a água que passasse no local onde está construída a barragem. Qualquer volume maior que esse máximo teórico não aumentaria a vazão regularizada e seria menos econômico em função da maior altura da barragem.

Na prática, pelos aspectos técnicos e econômicos, na definição da melhor altura da barragem, sempre foram considerados critérios que, geralmente, resultaram em dimensionamento menor do que o correspondente ao maior volume teórico. O crescimento da importância dos pontos sociais e ambientais tem enfatizado ainda mais a relevância do compromisso entre a altura da barragem, os limites relacionados com a área inundada e o volume do reservatório, o que tem conduzido a projetos com regularização parcial (diferentes vazões regularizadas em períodos distintos) e, consequentemente, a menores áreas inundadas e volumes.

Além de aspectos ambientais e sociais específicos, o uso múltiplo das águas deve ser considerado ao estabelecer os limites de área inundada e volume. E ainda, o conjunto possível de vazões regularizadas pode ser avaliado pelo desempenho da usina no sistema elétrico interligado, que permite maior flexibilidade operativa na utilização dos diversos aproveitamentos ao ser usado como "circuito hidráulico virtual".

Reservatórios de porte considerável são geralmente encontrados nas grandes e médias centrais. Em alguns casos, as PCHs também podem apresentar reservatórios, mas bem menores.

Além de possível retirada de água para irrigação, as centrais hidrelétricas contêm: vertedouros que possibilitam extravasar água acima de certo limite, quando necessário, de forma similar ao "ladrão" da caixa d'água; comportas que propiciam o desvio da água para que não passe pelas turbinas; eclusas que facilitam a navegação fluvial; e escadas de peixes que permitem a piracema.

A determinação das melhores características de um reservatório depende de diversos fatores, que incluem os apontados anteriormente, relacionados com a hidrologia, o dimensionamento mecânico e elétrico, o desempenho no sistema elétrico interligado, os requisitos ambientais e sociais e os usos múltiplos da água. Trata-se de uma tarefa multidisciplinar e interativa.

Fora os componentes descritos, a central hidrelétrica contém diversos outros, dentre os quais se destacam a tomada d'água, os condutos de adução, as chaminés de equilíbrio ou câmaras de descarga e a casa de máquinas ou casa de força.

As Figuras 2.3 e 2.4 apresentam esquemas simples de duas configurações básicas das centrais hidrelétricas, com seus principais componentes. A Figura 2.5 apresenta o diagrama dos equipamentos finais mais atuantes na produção, na operação e no controle de energia elétrica.

A central hidrelétrica em desvio (Figura 2.3), como diz o próprio nome, baseia-se no desvio da água em certo local do rio (associado ao nível de água a montante – NM), para produção de energia elétrica e retorno da água ao rio em local com menor altitude (associado ao nível de água a jusante – NJ). De maneira geral, tal configuração é mais utilizada para centrais de pequeno porte, as PCHs.

Figura 2.3 – Central hidrelétrica em desvio.

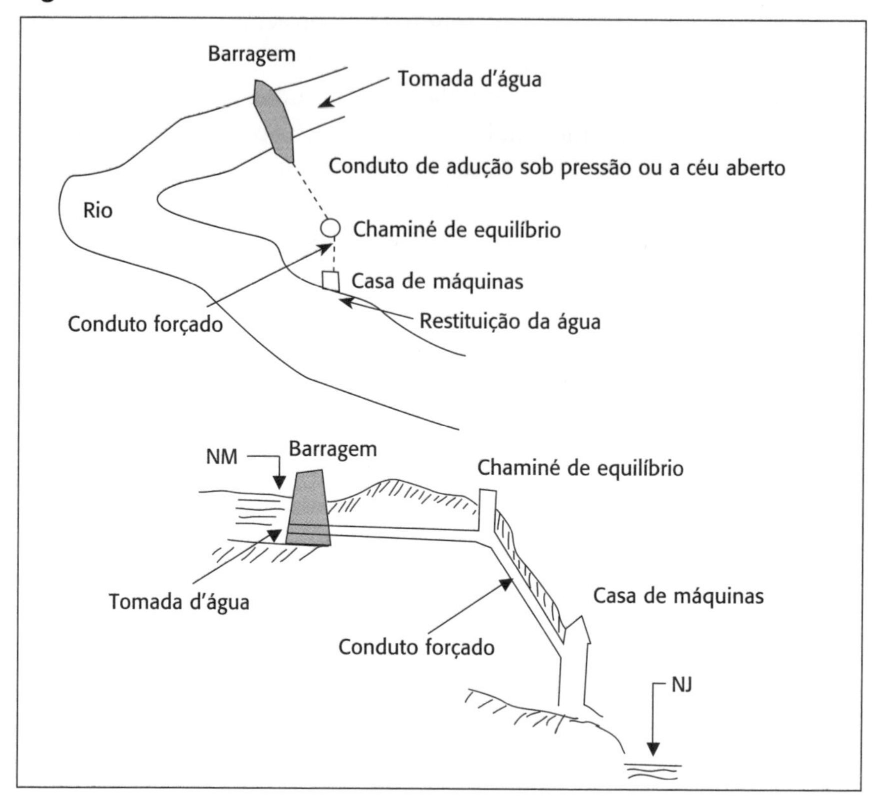

Figura 2.4 – Central hidrelétrica em barramento.

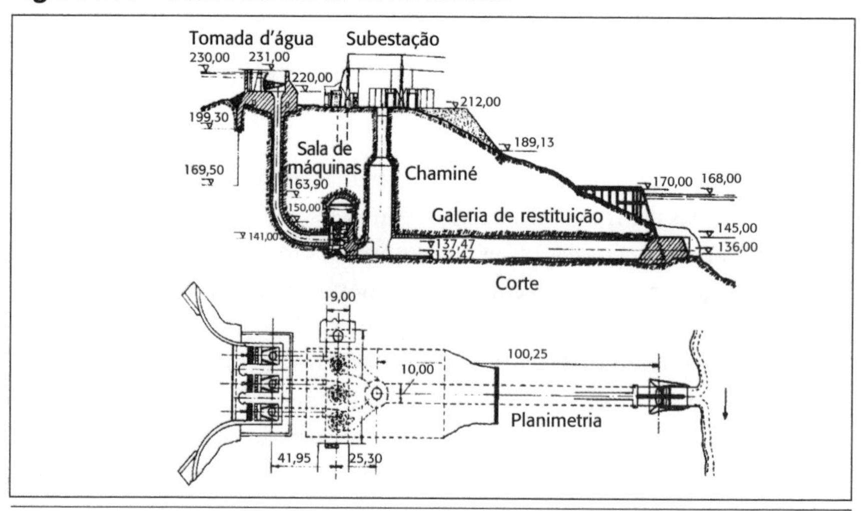

Fonte: Souza et al. 1983.

Figura 2.5 – Diagrama geral de uma hidrelétrica.

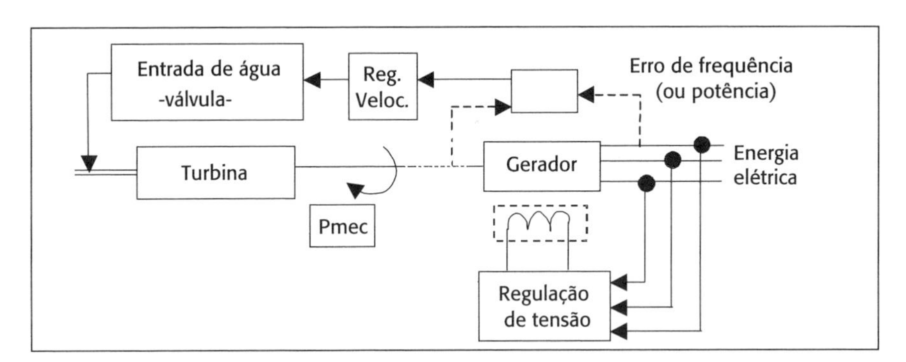

A central em barramento (Figura 2.4) barra totalmente a passagem do rio e contém, na própria barragem, a tomada de água, os condutos e a casa de máquinas. É a forma mais utilizada para as centrais hidrelétricas de médio e grande porte.

O diagrama (Figura 2.5) apresenta a turbina e o gerador acoplados mecanicamente pelo eixo (no qual se desenvolve a potência mecânica, Pmec), assim como ilustra os dois reguladores comentados anteriormente, fundamentais para operação e controle da central: o regulador de tensão e o de velocidade (controlador da frequência).

Potência gerada e energia produzida

As principais variáveis de uma central hidrelétrica, que afetam diretamente a potência elétrica possível de ser gerada, são a altura de queda d'água entre NM e NJ e a vazão da água passando pelas turbinas. A análise energética de um aproveitamento hidrelétrico permite verificar que a potência elétrica possível de ser obtida é dada por:

$$P = \eta_{TOT} \times g \times QH$$

em que:

P: potência elétrica (kW).

η_{TOT}: rendimento total do conjunto.

g: aceleração da gravidade: 9,8 m/s^2.

Q: vazão que passa pelas turbinas (m^3/s).

H: queda d'água bruta (m): NM menos NJ.

O rendimento total ηtot pode ser obtido por $\eta_{TOT} = \eta_H \times \eta_T \times \eta_g$, sendo η_H o rendimento do sistema hidráulico, ηT o rendimento da turbina e ηg o rendimento do gerador.

Valores típicos são: $0{,}76 \leq \eta_{TOT} \leq 0{,}87$.

com $\eta_H \geq 0{,}96$
$0{,}94 \geq \eta_T \geq 0{,}88$
$0{,}97 \geq \eta_g \geq 0{,}90$

A energia produzida por essa central (E), em MWh (ou kWh, se a potência estiver em unidades de kW), durante um ano, é dada por:

$$E = P \times FCU \times 8.760 \text{ horas}$$

em que:
P: a potência máxima fornecida durante o ano (que pode ser confundida com a potência instalada na central).
FCU: o Fator de Capacidade da Usina, ou seja, a relação entre a potência média no ano e a potência máxima (de pico).
8.760: total de horas no ano.

Visão geral dos principais impactos da inserção de centrais hidrelétricas de médio e grande porte no meio ambiente

A avaliação de impactos ambientais de projetos usando recursos hídricos é extremamente ampla e depende muito das características específicas de cada caso. Nesse cenário, é sempre importante lembrar que a produção de eletricidade é apenas um dos possíveis usos da água, cujo manejo adequado é fundamental para que o ser humano possa viver bem e para a construção do modelo sustentável de desenvolvimento.

A engenharia de recursos hídricos envolve diversos aspectos multi e interdisciplinares não apenas dos pontos de vista técnicos e econômicos, mas também ambientais, sociais e políticos. O inter-relacionamento entre a poluição do ar, da água e dos resíduos sólidos; a influência do abastecimento de água na concentração e dispersão da população; as correlações entre sistemas de abastecimento de água e sistemas de produção de energia hidrelétrica são apenas alguns desses aspectos, que demonstram a complexidade da questão. Além disso, é imprescindível atentar à evolução da regulamentação existente, assim como à criação e ao aperfeiçoamento de organismos voltados à gestão correta e ao planejamento adequado dos recursos hídricos, como os comitês e os planos de bacias.

Nesse contexto, é fundamental considerar os usos múltiplos da água, que acabam por estabelecer usos conflitantes da água dos reservatórios, dentre os quais podem ser destacados: abastecimento, irrigação, navegação, geração de energia elétrica, regularização de vazão mínima para controle da poluição e recreação. Assim como controle e contenção de cheias.

É importante ressaltar que todos esses possíveis problemas das hidrelétricas e da grande maioria dos impactos socioambientais estão largamente associados às dimensões dos reservatórios. Dessa forma, os resultados são muito atenuados ou até mesmo não se aplicam, em geral, para as PCHs, mini e microusinas.

Consciente da crescente importância das questões socioambientais nos projetos de energia elétrica, no início da década de 1990, o setor elétrico brasileiro, no âmbito da Eletrobrás, criou o Comitê Coordenador das Atividades de Meio Ambiente do Setor Elétrico (Comase), cujos objetivos são identificar os problemas sociais e ambientais dos projetos elétricos e seu tratamento, estipular uma base estruturada para a inserção adequada dos projetos e iniciar a difícil tarefa de conscientização e divulgação de uma cultura multidisciplinar. Por sua grande relevância, os resultados do Comase, que considerou projetos de geração hidrelétrica e termoelétrica e projetos de transmissão, não poderiam deixar de servir de referência aos trabalhos posteriores sobre o assunto, entre os quais está este livro. Por isso, será apresentado mais adiante um "quadro sintético dos principais impactos, causas e medidas mitigadoras/compensatórias" dos projetos elétricos, elaborado com base nos relatórios do Comase.

Como um preâmbulo à apresentação desse quadro e para fornecer uma visão sucinta, porém abrangente, dos principais impactos ambientais das hidrelétricas, expõe-se uma visão geral sobre os usos múltiplos da água e os aspectos relevantes considerados em análises e avaliações constantes em alguns *Estudos Prévios de Impacto Ambiental* (EPIAs). Com esse panorama, procura-se não só ressaltar a importância de certos aspectos ambientais das hidrelétricas, mas também ilustrar a complexidade e o caráter multidisciplinar da questão. Com esses exemplos condensados, apresenta-se uma ideia do tratamento a ser dado a cada um dos tópicos presentes no "quadro sintético", os quais deverão ocorrer, com maior ou menor intensidade e de forma específica, em função das características de cada usina sob estudo.

Visão geral dos usos múltiplos da água

Os principais usos múltiplos da água, entre os quais se situa a geração de energia elétrica, são abordados sumariamente a seguir.

Abastecimento

Na questão do abastecimento de água, podem ser considerados três usos principais: humano, animal e industrial.

Humano

O uso humano da água, excluídas as atividades industriais e agropecuárias, refere-se principalmente à dessedentação, à higiene e ao preparo de alimentos. Estima-se que o consumo humano *per capita* para dessedentação seja de dois a três litros de água por dia. Considerando-se os níveis de higiene atuais, cada ser humano apresenta uma necessidade mínima de aproximadamente 100 L/dia. Analisando-se apenas a população abastecida pela rede de água e esgoto, o Brasil apresentava, em 1999, uma média diária de 279 L/hab/dia (máximo de 795 L/hab/dia no Rio de Janeiro e mínimo de 131 L/hab/dia em Alagoas).

O uso humano requer elevados níveis de pureza da água, que são conseguidos pela captação, distribuição e tratamento adequados da água potável ou potabilização de águas impróprias para o consumo direto. Tais níveis de pureza são necessários para que se garantam condições mínimas de saúde da população e referem-se ao controle de organismos patogênicos transmitidos pelo meio aquático e pela retirada de substâncias prejudiciais à saúde. Calcula-se que 80% das doenças de origem hídrica e mais de 1/3 das mortes nos países em desenvolvimento são causadas por consumo de água contaminada. Por exemplo, em 1991, 595 mil pessoas em todo o mundo contraíram cólera, resultando em 19.925 casos de óbito, além de outros

3.200.000 óbitos de crianças com menos de cinco anos, causados por doenças diarreicas.

Analogamente, o saneamento é componente fundamental na questão do uso humano da água, pois, sem as etapas adequadas de coleta e tratamento dos esgotos urbanos, há contaminação e deterioração dos corpos hídricos pelos efluentes domésticos orgânicos. Além disso, tais efluentes representam riscos à própria saúde humana, pois são um dos vetores de proliferação e transmissão de organismos patogênicos, causadores de epidemias como a de cólera.

A situação da rede de água e saneamento no Brasil é bastante deficiente e, segundo dados de 1999, os abastecimentos de água potável cobrem apenas 85% do meio urbano e 31% do rural. No saneamento, a situação é ainda mais crítica, pois apenas 55% do meio urbano é coberto, enquanto, no meio rural, a cobertura é de apenas 3%. Alguns avanços quantitativos podem ser encontrados em fontes de dados mais recentes, mas, no geral, a situação continua bastante precária, o que pode ser concluído por meio destes próprios dados e, mais significativamente, quando se viaja pelo país ou se visita áreas mais populosas e menos favorecidas das megalópoles e cidades de médio porte.

Animal

A atividade pecuária demanda água principalmente para dessedentação de animais, além do uso para limpeza de estábulos, pocilgas e, em alguns casos, para aliviar o calor dos animais.

No Brasil, a população de animais na pecuária é bastante expressiva, com predominância de bovinos e suínos. O mesmo ocorre na avicultura. O país é um dos maiores fornecedores mundiais de carne.

No uso animal da água, a pecuária e a avicultura destacam-se não só pelo volume de água potável consumido, mas especialmente pela questão do lançamento de efluentes de alto potencial poluidor. O potencial poluidor de dejetos animais pode ser de dez a doze vezes superior ao humano e pode chegar, sob alguns aspectos, a cem vezes.

Industrial

O uso industrial da água é o mais representativo no que se refere a volume, correspondendo, segundo dados de 1999, a 88% da água utilizada nas atividades humanas. Entre os usos industriais, destaca-se a utilização como matéria-prima reagente (como solvente), para lavagem de gases e sólidos, como veículo de sustentação de materiais, como elemento transmissor de calor, na refrigeração de processos, como vapor para aquecimento ou força motriz. Ressalta-se que, no uso industrial, apenas 9% da água utilizada apresenta caráter consumptivo. No Brasil, não existem dados confiáveis sobre o consumo industrial de água, já que eles variam muito, sobretudo para a produção de um mesmo produto. Como exemplo, é possível citar que uma tonelada de aço pode ser produzida com uma quantidade de água que varia de 5 a 190 m^3.

Algumas aplicações industriais impõem padrões mínimos de qualidade da água e requerem, muitas vezes, meios apropriados de tratamento antes de sua utilização. Entre os principais tratamentos, pode-se destacar a remoção de elementos que provocam incrustações em equipamentos, a correção da alcalinidade e salinidade, a diminuição do teor de sílica em suspensão e a redução da turbidez.

Na devolução da água utilizada aos corpos de água originais, as indústrias representam maior potencial poluidor que os demais usos, pelas propriedades altamente tóxicas e prejudiciais de alguns de seus efluentes inorgânicos, como os metais pesados. Portanto, é necessário um tratamento prévio dos efluentes a serem despejados nos cursos d'água, de acordo com as características destes, por meio das chamadas Estações de Tratamento de Efluentes (ETE). Além deste procedimento, tem-se verificado uma tendência de mudança nos processos industriais para modificar o uso da água, de maneira que este resulte em menores quantidades de captação e de efluentes, e em redução de seu potencial poluidor. Além disso, o reúso da água nos processos industriais, que pode baixar em até 50% a captação original, está sendo adotado cada vez mais. Essas mudanças têm sido motivadas principalmente pelas pressões ambientais, pelo crescente custo dos tratamentos e pela própria diminuição dos recursos hídricos disponíveis.

Irrigação

Hoje, diante dos conflitos entre os diferentes usuários, da preocupação ambiental e da cobrança pelo uso da água prevista na Lei das Águas (Lei n. 9.433/97), fica evidente a necessidade do manejo racional da irrigação, que consiste na aplicação da quantidade essencial de água às plantas no momento correto.

Estudos realizados indicaram que, se a irrigação fosse utilizada de forma racional, aproximadamente 20% da água e 30% da energia consumidas seriam economizadas; 20% da energia economizada corresponde à aplicação desnecessária da água e 10%, ao redimensionamento e à otimização dos equipamentos empregados para a irrigação.

Por isso, torna-se imprescindível conhecer a eficiência de cada método de administração da água ao selecionar sistemas de irrigação, principalmente para financiamentos para implantação de projetos de irrigação, em que devem ser priorizados aqueles que aplicam técnicas avançadas, como microaspersão e gotejamento.

Um problema relativo à irrigação é a contaminação dos corpos d'água por efluentes agrícolas, tais como fertilizantes e agrotóxicos que, utilizados em grandes quantidades, contaminam depósitos e lençóis subterrâneos, comprometendo os mananciais a jusante. Podem ocorrer também o assoreamento e a contaminação de córregos e rios pela erosão dos solos.

Além disso, o mau uso da irrigação pode acarretar a salinização do solo, o que contribui para a sua destruição, pois a terra salinizada dificulta a germinação de sementes e o desenvolvimento das plantas.

Geração

No Brasil, a dissociação dos projetos de geração hidrelétrica com os relativos a outros usos da água é histórica e teve um grande amparo no arcabouço institucional e legal vigente há algumas décadas. Mesmo as exigências e ações relativamente recentes relacionadas com a inserção ambiental (EPIA e Rima) dos projetos hidrelétricos não têm apresentado influências significativas nesse sentido.

O cenário anterior provocou a ocorrência de grandes equívocos no país. Hoje, por exemplo, há situações em que o aproveitamento hidrelétrico não pode ser usado em sua plenitude por causa das restrições ambientais do uso da água que surgiram ao longo do tempo e não foram consideradas no projeto. Um enfoque global, desde o início, poderia ter evitado tal limitação. Há situações opostas em que projetos de outros usos hidráulicos deixaram de ponderar a possibilidade de produzir eletricidade. Existem projetos hidrelétricos que não aproveitaram a oportunidade para gerar outros benefícios, como lazer, pesca etc., além de outros projetos que inundaram grandes belezas naturais. Há rios com diversos aproveitamentos hidrelétricos em cascata, com menor eficiência energética porque os projetos foram concebidos individualmente, sem considerar o rio como um todo. Há hidrelétricas que alagaram uma quantidade desproporcional de terra em relação à energia que geram, e outras que desalojaram grandes populações das áreas inundadas.

Avaliar a eletricidade no contexto da água é dar importância à multidisciplinaridade envolvida no problema e aos outros usos e problemas relacionados com a adequada gestão da água. Trata-se de incluir seriamente, no planejamento dos aproveitamentos hidrelétricos, os cuidados necessários para sua correta inserção ambiental.

Navegação

A navegação, quando disponível, é a opção de transporte de menor custo operacional. Essa é uma característica especialmente importante para produtos de grande carga e de pequeno valor unitário (US$/ton), como grãos, madeiras, fertilizantes, combustíveis etc.

A navegação interior (realizada no interior do país, geralmente pelos rios) torna-se economicamente viável de acordo com o tamanho das embarcações, que deve ser o maior possível. Isso porque, dessa forma, o frete é diluído entre uma carga maior, reduzindo os custos por tonelada transportada.

Em média, segundo dados de 1999, para deslocar uma tonelada de carga, o transporte fluvial necessita de menos da metade da potência necessária no transporte rodoviário. Além disso, há redução de mão de obra associada, que acarreta a relação de que, para cada trabalhador do transporte fluvial, são necessários dois no ferroviário e quatro no rodoviário, para uma mesma carga transportada.

Para que a navegação seja viável, são precisos requisitos mínimos de altura e largura dos cursos d'água, necessitando, muitas vezes, de obras como eclusas ou elevadores mecânicos, por exemplo, para vencer desníveis dos rios. Essas obras tendem a ser praticáveis quando associadas a outros usos, como a barragens para geração de energia elétrica.

Ambientalmente, a navegação apresenta a vantagem, em relação aos transportes por terra, de não selecionar e interromper hábitats, como é o caso de estradas e ferrovias, pois se utiliza de um curso natural. No entanto, evidencia-se um risco aos corpos d'água quando é feito o transporte de cargas contaminantes ou de alto potencial poluidor. Na eventualidade de vazamentos desses produtos, os danos ambientais são profundos, além de comprometerem os outros usos prioritários da água, como a dessedentação humana e de animais. Os desvios feitos nos cursos de água, aplacando meandros que dificultam a navegação, podem alterar a vazão do curso de água.

No que se refere à infraestrutura, seus impactos ambientais são menores que os causados pelas grandes barragens hidrelétricas. Além disso, a presença da navegação tem a característica de proporcionar o desenvolvimento local das regiões onde está presente.

Regularização de vazão mínima para controle da poluição

Muitas vezes, é necessário manter uma vazão mínima (vazão ecológica) no rio para controle de poluição, o que impõe uma espécie de restrição operativa à central hidrelétrica. Essa vazão mínima também pode estar associada a outros usos da água, como a navegação.

Recreação

Outro uso importante das águas é o que se relaciona com os diversos tipos de recreação, tais como pesca, natação, passeios turísticos, entre outros. A utilização para recreação pode, muitas vezes, ser uma importante fonte de renda e de geração de empregos.

Principais impactos da inserção de centrais hidrelétricas de médio e grande porte no meio ambiente, considerados em EPIA

Os tópicos ilustrativos de um estudo de impacto ambiental (EIA), apresentados a seguir, estão divididos segundo os impactos no meio físico-biótico e na socioeconomia.

Meio físico-biótico

Geologia e geomorfologia

- Estabilidade das encostas: deve-se avaliar se as oscilações sazonais de níveis d'água, principalmente quando acentuadas, poderão, por causa do local e do material de sua formação, provocar escorregamentos ou deslizamentos de terra nas margens dos lagos formados.

- Assoreamento: em razão das características do curso d'água e dos materiais, da formação geológica do leito do curso e da região, busca-se avaliar as tendências de assoreamento dos reservatórios. É necessário ressaltar os aspectos relacionados com o assoreamento que poderão ser expressivos, para os quais cuidados especiais deverão ser tomados. Tudo com base em estudos e análises de forte característica geológica.
- Aspectos paisagísticos: devem ser verificados, para o rio em questão e seus tributários mais significativos, tendo em conta as áreas inundáveis em razão do barramento fluvial. Em certas situações, mesmo que as áreas inundadas possam ser consideradas pequenas, é preciso ressaltar os casos em que a formação do reservatório possa criar áreas isoladas, limitadas, de um lado, pelo próprio reservatório e, de outro, por quebras de relevo. Essas áreas apresentam barreiras naturais constituídas pelas quebras de relevo, o que favorecem a reconstituição da paisagem, pela recomposição da vegetação local, a qual pode até mesmo já se apresentar degradada antes da implementação da barragem.
- Recursos minerais: com a formação de reservatórios, podem ser inundados depósitos de materiais naturais usados em construção, pequenas indústrias etc., existentes ao longo do rio e de seus tributários. Para exemplificar, pode-se citar, no estado de São Paulo, o caso de reservatórios que inundaram depósitos de materiais argilosos usados por indústrias oleiras-cerâmicas na região. Nesses casos, a formação dos reservatórios acarretou também uma dificuldade maior de extração de areia nos diversos portos desse material.

Hidrogeologia

As condições de ocorrência e distribuição das águas subterrâneas na área de influência dos reservatórios também devem ser avaliadas. Em um determinado projeto, por exemplo, foram previstos os seguintes principais impactos ambientais: alterações do regime das águas subterrâneas, com elevação do nível do lençol freático; aumento de disponibilidade de águas subterrâneas; e possibilidades de contaminação do aquífero por resíduos de agrotóxicos.

A elevação do nível freático provocará o surgimento de novas nascentes e zonas úmidas e/ou alagadas em propriedades rurais e, sobretudo, problemas de drenagem.

Qualidade das águas

A avaliação do efeito dos reservatórios na qualidade das águas é também de grande importância. Para exemplificar esse tipo de avaliação, apresenta-se, a seguir, um possível sumário dessa análise para o caso de dois reservatórios previstos em um mesmo rio.

Ao se considerar que os reservatórios enfocados estão inseridos em um sistema de baixo tempo de residência (tempo em que o volume d'água fica estagnado, sem ser renovado), não se deve esperar impactos relevantes na qualidade da água, a qual provém principalmente de outros reservatórios a montante.

Deve-se considerar, no entanto, o risco de contaminação inicial durante o enchimento, devido à inundação de propriedades e áreas agrícolas e da vegetação existentes.

Outro impacto, provavelmente muito relevante na qualidade da água, resulta de agrotóxicos oriundos das atividades agrícolas. Esse impacto deverá ser sentido durante toda a vida útil dos reservatórios, se as práticas de uso dos agrotóxicos e o manejo adequado dos solos não forem criteriosos.

Solos

Os principais impactos esperados nos solos estão ligados ao conjunto das obras de engenharia, tais como: instalação do canteiro de obras, abertura das estradas de serviço, áreas de empréstimo e de deposição de descartes, estrada de interligação e, finalmente, a própria formação dos reservatórios. Dessas ações, a formação do reservatório pode, muitas vezes, ser a mais importante, resultando, como já comentado, em perda significativa de produção agrícola, de recursos minerais etc.

Vegetação e faunas

Apresenta-se aqui, como exemplo, um possível resumo da avaliação da vegetação e fauna para o mesmo caso de dois reservatórios citados anteriormente.

Com a formação do lago, a perda da vegetação remanescente nas faixas pequenas e descontínuas de mata ciliar e de várzea, bem como de pequenos lotes de matas preservadas em propriedades particulares, induzirá um aumento da pressão sobre outras áreas que ainda conservam parte da flora. Por outro lado, poderá haver um impacto positivo, uma vez que são escassos os remanescentes da floresta, se a implantação do empreendimento originar propostas para reintrodução de espécies nativas na borda dos reservatórios, criação de uma faixa de segurança ecológica e transformação de algumas poucas áreas restantes em santuários, com preservação integrada dos ecossistemas.

Espera-se que, com a formação dos reservatórios, peixes de hábitos mais sedentários sejam os predominantes.

Com relação a mamíferos e aves, pode-se esperar uma redução maior, pelo fato de destruir a pouca vegetação existente, que serve como abrigo e aninhamento e, em alguns casos, como fonte de alimento.

Social e economia

Os impactos socioeconômicos da construção e operação de novas hidrelétricas podem abranger uma enorme gama de aspectos, dos quais alguns são enfatizados a seguir, a fim de ilustrar o grande número de assuntos a serem abordados, como já dito, de forma holística, multidisciplinar e integrada.

- É importante avaliar o impacto dos novos projetos no perfil da região do ponto de vista demográfico, enfocando, por exemplo, a população total e a participação das populações rurais e urbanas. Deve-se enfatizar o efeito do processo de desapropriação que ocorrerá na área, provavelmente degradando a qualidade de vida de pequenos proprietários, moradores e arrendatários, e também da chegada de população atraída por possibilidades de empregos no empreendimento.
- A qualidade de vida da população poderá deteriorar-se pela dificuldade de obtenção de emprego, durante e após o período das obras, e pelo aumento da demanda por serviços sociais básicos.
- As oportunidades de trabalho criadas pelos empreendimentos durante a construção poderão ser preenchidas por população proveniente de fora da região, não havendo certeza, portanto, quanto à criação de novos empregos locais.

- A desapropriação de terras produtivas implicará mudanças na vida econômica dos municípios e dos pequenos proprietários, moradores e arrendatários, que serão provavelmente deslocados para regiões distantes e sofrerão impacto não só por causa do forte significado cultural e afetivo em razão da ligação com a terra, mas também pelo rompimento de relações de vizinhança.
- O incremento do tráfego, sobretudo de veículos pesados, poderá acarretar em aumento de acidentes de trânsito.
- A restrição de áreas normalmente utilizadas para o lazer, sobretudo os ranchos de pesca etc., representará outras consequências dos empreendimentos.
- O enchimento dos reservatórios possibilitará aumento dos acidentes com animais peçonhentos.
- Uma vez que o lago esteja cheio, haverá a formação de ambientes propícios à proliferação de diversos outros vetores, como os de febre amarela, malária, esquistossomose, doença de Chagas, leishmaniose etc.
- Do ponto de vista econômico, a construção das hidrelétricas poderá criar o potencial para promover o desenvolvimento regional, desde que se criem condições e incentivos para atração de investimentos que poderão ser realizados em razão das vantagens locais que serão criadas. Nesse caso, deve-se atentar para o problema associado ao maior valor de mercado das terras da região, o que dificultará a permanência dos desapropriados em suas atividades econômicas originais e acentuará a concentração de terras existentes. Além disso, deve-se considerar, prioritariamente, a vocação econômica da região.
- Ao término das obras de implantação das usinas, as cidades que receberem as vilas residenciais e os locais onde serão construídos os canteiros de obras disporão de uma infraestrutura que poderá ser reaproveitada sob diversas formas a serem definidas futuramente.
- Durante a construção, poderá haver aumento do alcoolismo, da violência e das doenças sexualmente transmissíveis, decorrente do afluxo de trabalhadores do sexo masculino que ficarão afastados de suas famílias e poderão buscar por prostituição. O seu relativo confinamento favorecerá a transmissão de doenças infectocontagiosas e parasitárias, amplamente disseminadas na região e que poderão também afetar a população do entorno, aumentando, por exemplo, o nível de mortalidade

infantil. Esses fenômenos resultarão em um crescimento da demanda por serviços de saúde, pressionando a infraestrutura existente.

Quadro sintético dos principais impactos, causas e medidas mitigadoras/ compensatórias – hidrelétricas (quadro 2.1)

Os comentários apresentados anteriormente tiveram como objetivo apresentar um exemplo das diversas questões tratadas em um Estudo de Impacto Ambiental (EIA).

Um cenário mais complexo e extensivo dos tópicos a serem endereçados em um EIA de usinas hidrelétricas pode ser encontrado no documento "Referencial para orçamentação (sic) dos programas sócio-ambientais (sic)", do Comase da Eletrobrás, no volume I: Usinas Hidrelétricas (1984), no qual se reproduz, com algumas modificações, o "Quadro sintético" apresentado a seguir, para pronta referência.

Com a visão geral apresentada para o uso múltiplo das águas, o EIA e este "Quadro sintético", considera-se ter sido possível construir um conjunto básico de informações necessárias para orientar as ações multidisciplinares e os maiores aprofundamentos requeridos nos estudos de inserção ambiental nas hidrelétricas.

Quadro 2.1 – Principais impactos, causas e medidas mitigadoras/compensatórias: hidreléticas.

A) Meio físico		
Fator ambiental	Impacto	Programas/medidas preventivas/ mitigadoras/compensatórias
Recursos hídricos	• Alteração do regime hídrico provocando atenuações dos picos de cheias/vazantes e aumento do tempo de residência de água no reservatório	• Monitoramento hidrossedimentométrico da bacia • Adequação de regras operacionais da usina • Monitoramento do solo
	• Alteração da descarga a jusante em razão do período do enchimento e/ou de desvio permanente do rio	• Mecanismos que garantam a descarga mínima (sanitária e ecológica) do rio

(continua)

Quadro 2.1 – Principais impactos, causas e medidas mitigadoras/compensatórias: hidreléticas. (*continuação*)

Fator ambiental	Impacto	Programas/medidas preventivas/ mitigadoras/compensatórias
Recursos hídricos	• Assoreamento do reservatório e erosão das encostas a jusante e a montante	• Monitoramento hidrossedimentométrico • Monitoramento do uso do solo e da cobertura vegetal • Contenção de encostas: plantação de mata ciliar, contenção de taludes etc. • Gestão junto aos municípios, estados, proprietários e/ou ocupantes das terras e órgãos ambientais quanto ao uso do solo na bacia de contribuição do reservatório
	• Interferência no uso múltiplo do recurso hídrico: navegação, irrigação, abastecimento, controle de cheias, lazer, turismo etc.	• Compatibilização dos usos da bacia • Adequação de regras operacionais da usina • Mecanismos que garantam a descarga mínima (sanitária e ecológica) do rio
	• Elevação do lençol freático	• Monitoramento do nível do lençol freático
Clima	• Interferência no clima local	• Monitoramento climatológico
Sismicidade	• Indução de sismos	• Monitoramento sismológico
Solos e recursos minerais	• Interferência na atividade mineral, perda do potencial mineral	• Exploração acelerada das jazidas existentes e dos recursos minerais potenciais na área do reservatório • Identificação de jazidas alternativas • Indenização das jazidas • Desenvolvimento de técnicas para exploração futura de lavras subaquáticas
	• Erosão das margens	• Monitoramento da erosão, do transporte e da deposição dos sedimentos • Estabilização das margens (plantação de mata ciliar, contenção de taludes etc.)
	• Degradação de áreas utilizadas pela exploração de materiais de construção e pelas obras civis temporárias	• Reintegração do canteiro de obras e recuperação de áreas degradadas

(*continua*)

Quadro 2.1 – Principais impactos, causas e medidas mitigadoras/compensatórias: hidreléticas. (*continuação*)

Fator ambiental	Impacto	Programas/medidas preventivas/ mitigadoras/compensatórias
Solos e recursos minerais	• Interferência no uso do solo	• Intensificação de exploração agrícola e de extrativismo vegetal na área do reservatório • Zoneamento, monitoramento e controle do uso do solo • Gestão junto aos municípios, estados, proprietários e/ou ocupantes das terras e órgãos ambientais, quanto ao uso do solo na bacia de contribuição do reservatório
Qualidade da água	• Alteração da estrutura físico-químico-biológica do ambiente • Deterioração da qualidade da água (comprometendo o abastecimento, os equipamentos das usinas etc.) • Criação de condições propícias ao desenvolvimento dos vetores e dos agentes entomológicos de doenças de veiculação hídrica • Contribuição de sedimentos, agrotóxicos e fertilizantes com a ocupação da bacia	• Monitoramento da qualidade da água; modelagem matemática para apoio à tomada de decisão • Limpeza da área do reservatório • Controle da proliferação de algas, macrófitas aquáticas e outros organismos • Alternativas de abastecimento de água para as populações afetadas • Compatibilização do material/ equipamento da usina com a qualidade da água prevista para o reservatório • Implantação de dispositivos para o controle da qualidade da água (regras operacionais, sistema de aeração, altura da tomada d'água etc.) • Monitoramento e controle de vetores de doenças e de agentes entomológicos • Gestão junto aos estados, municípios e órgãos de controle ambiental quanto à qualidade dos efluentes industriais e domésticos lançados na bacia de contribuição do reservatório • Repasse e divulgação dos estudos referentes à qualidade da água

(*continua*)

Quadro 2.1 – Principais impactos, causas e medidas mitigadoras/compensatórias: hidreléticas. (*continuação*)

B) Meio biótico		
Fator ambiental	**Impacto**	**Programas/medidas preventivas/ mitigadoras/compensatórias**
Vegetação	• Inundação da vegetação com perda de patrimônio vegetal • Redução do número de indivíduos com perda de material genético e comprometimento da flora ameaçada de extinção • Interferência em unidades de conservação • Aumento da pressão sobre os remanescentes de vegetação adjacentes ao reservatório • Interferência na vegetação além do perímetro do reservatório, em decorrência da elevação do lençol freático ou de outros fenômenos	• Elaboração e/ou complementação de banco de germoplasma • Criação e/ou consolidação de unidade de conservação • Implantação de arboreto florestal/viveiro de mudas • Recomposição vegetal de áreas ciliares e outras • Mecanismos que minimizem os efeitos de elevação do lençol freático e outros fenômenos (construção de barreiras, drenagem, bombeamento etc.) • Estímulo aos proprietários na manutenção dos remanescentes • Aproveitamento científico e cultural da flora • Exploração da madeira de interesse comercial do reservatório • Gestão junto aos órgãos competentes • Repasse e divulgação dos estudos referentes à flora
Fauna aquática	• Interferência na reprodução das espécies (interrupção da migração, supressão de sítios reprodutivos etc.) • Intervenção nas condições necessárias	• Monitoramento e manejo da fauna aquática • Implantação de estação de aquicultura para cultivo e repovoamento • Inserção de mecanismo de transposição da população e outros mecanismos para cultivo e repovoamento • Introdução de medidas de proteção aos sítios reprodutivos (bacias tributárias etc.) • Implantação de centro de proteção • Resgate da fauna • Aproveitamento científico e cultural • Gestão junto aos órgãos competentes • Repasse e divulgação dos estudos referentes à fauna aquática

(*continua*)

Quadro 2.1 – Principais impactos, causas e medidas mitigadoras/compensatórias: hidrelétricas. (*continuação*)

Fator ambiental	Impacto	Programas/medidas preventivas/ mitigadoras/compensatórias
Fauna terrestre e alada	• Interferência na composição qualitativa e quantitativa da fauna terrestre e alada com perda de material genético e comprometendo a fauna ameaçada de extinção • Migração provocada pela inundação com adensamento populacional em áreas sem capacidade de suporte • Aumento da pressão sobre os remanescentes da fauna por meio da pesca predatória	• Criação e/ou consolidação de unidades de conservação • Resgate da fauna • Criação e reintrodução • Monitoramento e manejo da fauna • Implantação de centro de proteção • Fiscalização da caça predatória • Aproveitamento científico e cultural • Gestão junto aos órgãos competentes • Repasse e divulgação dos estudos referentes à fauna terrestre e alada
C) Meio socioeconômico e cultural		
Aspectos populacionais urbanos	• Inundação/interferência em cidades, vilas, distritos etc. (moradias, benfeitorias, equipamentos sociais, estabelecimentos comerciais, industriais etc.) • Mudança compulsória da população; interferência na organização físico-territorial • Interferência na organização sociocultural e política • Interferência nas atividades econômicas • Intensificação do fluxo populacional (imigração e emigração) • Alteração demográfica dos núcleos	• Comunicações e negociação com a população afetada • Relocação de cidades, vilas, distritos etc. • Remanejamento da população (reassentamento, relocação e indenização) • Articulação institucional • Reativação de economia afetada • Análise e acompanhamento do fluxo migratório • Articulação municipal visando a um crescimento ordenado • Redimensionamento dos equipamentos e serviços sociais • Estabelecimento de critérios para utilização de mão de obra local e regional a ser contratada • Monitoramento das atividades socioeconômicas e culturais
Aspectos populacionais rurais	• Inundação/interferência em terras, benfeitorias, equipamentos sociais, estabelecimentos comerciais, industriais etc. • Mudança compulsória da população; interferência na organização físico-territorial • Intervenção na organização sociocultural e política	• Comunicação e negociação com a população afetada • Remanejamento da população (reassentamento, relocação e indenização) • Relocação de núcleos rurais e da infraestrutura econômica e social isolada • Reorganização das propriedades remanescentes

(*continua*)

Quadro 2.1 – Principais impactos, causas e medidas mitigadoras/compensatórias: hidrelétricas. (*continuação*)

Fator ambiental	Impacto	Programas/medidas preventivas/ mitigadoras/compensatórias
Aspectos populacionais rurais	• Interferência nas atividades econômicas • Intensificação do fluxo populacional (imigração e emigração)	• Reativação de economia afetada • Incentivo às atividades econômicas e implantação de equipamentos sociais dos projetos de reassentamento (educação, saúde, saneamento, assistência técnica etc.) • Análise e acompanhamento do fluxo migratório
Atividades econômicas do setor primário	• Alteração das atividades econômicas • Perda de terras agrícolas • Extinção de recursos minerais e florestais • Perda do potencial de exploração agrícola • Alteração na estrutura fundiária • Perda de arrecadação tributária	• Reorganização das propriedades remanescentes • Exploração acelerada dos recursos minerais e florestais na área do reservatório • Reorganização da estrutura do emprego
Atividades econômicas do setor secundário	• Interferência/desativação das indústrias e/ou redução na produção em virtude da alteração da oferta da matéria-prima • Perda de arrecadação tributária	• Reorganização das atividades econômicas • Alternativas de fornecimento de insumos • Reorganização da estrutura do emprego
Atividades econômicas do setor terciário	• Interferência/desativação das atividades comerciais e de serviços • Alteração na demanda e oferta dos serviços e atividades comerciais • Mudança na estrutura do preço • Perda de arrecadação tributária	• Redimensionamento das atividades comerciais e de serviço • Reorganização da estrutura do emprego • Reestruturação das atividades econômicas
Saúde pública e saneamento básico	• Alteração da demanda por serviço de saúde e saneamento básico • Disseminação de doenças endêmicas • Proliferação de vetores de moléstia • Disseminação de doenças exógenas à região • Ocorrência de acidentes com a população local e com pessoal alocado na obra • Acidentes com animais peçonhentos • Carreação de esgotos orgânicos e industriais para o reservatório	• Monitoramento das condições de saúde • Redimensionamento dos serviços de saúde e saneamento básico • Gestão junto aos órgãos competentes para prevenção e controle de doenças na população • Gestão junto aos órgãos competentes para tratamento e monitoramento de esgotos orgânicos, industriais e do lixo

(*continua*)

Quadro 2.1 – Principais impactos, causas e medidas mitigadoras/compensatórias: hidreléticas. (*continuação*)

Fator ambiental	Impacto	Programas/medidas preventivas/ mitigadoras/compensatórias
Habitação	• Alteração da demanda habitacional	• Redimensionamento da estrutura habitacional • Reintegração de vilas e residências • Gestão junto aos órgãos competentes
Educação	• Alteração da demanda educacional	• Redimensionamento da estrutura educacional • Gestão junto aos órgãos competentes
Infraestrutura	• Interrupção/desativação dos sistemas	• Redimensionamento da infraestrutura • Relocação da infraestrutura atingida (recomposição dos sistemas viário, de comunicação e de transmissão/ distribuição) • Gestão junto aos órgãos competentes
Comunidades indígenas e/ ou outros grupos étnicos	• Interferência em comunidades indígenas e/ou outros grupos étnicos • Alteração na organização socioeconômica e cultural • Mudança compulsória dos grupos populacionais (aldeias/povoados) • Desequilíbrio nas condições de saúde e alimentação	• Negociação com as comunidades afetadas e com a Funai sobre impactos e medidas mitigadoras • Negociação com o Congresso Nacional • Convênio com a Funai/comunidade indígena • Acompanhamento e controle dos interétnicos • Compressão territorial • Remanejamento das comunidades • Apoio e assistência à comunidade, compreendendo: demarcação, regularização e vigilância dos limites das áreas • Saúde, educação e apoio à produção • Estabilidade da economia • Equilíbrio das condições etnoecológicas • Repasse e divulgação dos estudos referentes à comunidades indígenas e/ ou outros grupos étnicos

(*continua*)

Quadro 2.1 – Principais impactos, causas e medidas mitigadoras/compensatórias: hidreléticas. (*continuação*)

Fator ambiental	Impacto	Programas/medidas preventivas/ mitigadoras/compensatórias
Patrimônio cultural	• Inundação de sítios arqueológicos • Perda de sítios paisagísticos • Desaparecimento de edificações de valor cultural • Desaparecimento de sítios espeleológicos • Interferência no potencial turístico • Alteração na dinâmica histórica regional	• Pesquisa e salvamento arqueológico, histórico, artístico, paisagístico (cênico e científico), paleontológico, espeleológico, por meio de projetos de resgate documentados e registrados cientificamente • Salvamento do patrimônio cultural • Reconstituição da memória pré-histórica, histórica e cultural • Repasse e divulgação (publicações/museus/ laboratórios) dos estudos resultantes de cada item do patrimônio cultural • Incremento das potencialidades culturais com fins educacionais (formativo/ informativo) e turísticos

CENTRAIS TERMOELÉTRICAS: ASPECTOS BÁSICOS PARA INSERÇÃO NO MEIO AMBIENTE

Aspectos básicos da produção de energia elétrica nas centrais termoelétricas

Assim como nas centrais hidrelétricas, a produção de energia elétrica nas termoelétricas baseia-se na produção de energia mecânica, a qual acionará o rotor do gerador elétrico. A diferença básica em relação às hidrelétricas é que, nas termoelétricas, a energia mecânica é produzida por transformação de energia térmica, originada por processos de combustão ou de fissão nuclear, no caso específico das centrais nucleares.

A energia produzida em uma central termoelétrica depende de vários fatores, entre os quais se destacam a pressão e a temperatura do elemento principal do processo, o qual depende do tipo da usina, podendo ser principalmente o vapor d'água (nas termoelétricas a vapor), o próprio combustível (nos motores a gasolina, por exemplo) ou a mistura do combustível com ar (nos motores a diesel e nas turbinas a gás).

Nesse contexto, os equipamentos produtores da energia mecânica podem também ser classificados com base no tipo de movimento produzido:

há as máquinas a pistão, que produzem um movimento unidirecional, que se transforma em movimento rotativo por meio de sistemas mecânicos específicos, como no caso dos motores a diesel e a gasolina; e há as máquinas rotativas, que produzem o movimento rotativo diretamente, como no caso das turbinas a vapor e a gás, além dos motores a gás.

De forma simplificada, pode-se visualizar a energia produzida como diretamente dependente das diferenças de pressão e temperatura do elemento básico do processo, antes e depois da passagem pelo procedimento de transformação na máquina térmica, seja ela motor ou turbina. Esse processo contém, em geral, uma fase de compressão e aquecimento (aumento de pressão e temperatura) e outra de expansão (diminuição da pressão).

Assim, nos motores, há a compressão do combustível por ação do pistão e a propagação dos gases após a explosão, que é acionada pela faísca da vela, no caso dos motores a gasolina; ou acionada pela própria compressão da mistura do combustível com o ar (comprimido) nos motores a diesel. Nas turbinas, dá-se a expansão do vapor d'água nas turbinas a vapor; ou da mistura do combustível com ar comprimido, no caso das turbinas a gás.

A diversidade de combustíveis e processos, aliada às características não lineares do comportamento dos elementos básicos em função da pressão e da temperatura, requer análises complexas e interativas para que o cálculo da potência fornecida pelas usinas termoelétricas seja realizado, procedimento bem diferente da formulação simples utilizada para as usinas hidrelétricas, como apresentado anteriormente. Essa avaliação não será detalhada aqui por fugir ao escopo deste livro, e um maior aprofundamento, se desejado, pode ser encontrado em extensa bibliografia disponível relativa à termodinâmica e às centrais termoelétricas.

Para melhor entendimento dos impactos ambientais das termoelétricas, é importante enfocar alguns conceitos fundamentais desse tipo de geração, tais como os principais ciclos termodinâmicos básicos (teóricos e práticos) sobre os quais ele se baseia. A seguir, serão destacadas as termoelétricas a vapor e a gás, cujo funcionamento teórico é baseado nos ciclos termodinâmicos a vapor (*Rankine*) e a ar (*Brayton*), respectivamente.

Termoelétricas a vapor

O desempenho das termoelétricas a vapor pode ser avaliado pelos ciclos termodinâmicos do vapor d'água, cujas características são geralmente apresentadas em diagramas de estado, como o de *Mollier* (entalpia – entropia), ou outros similares, como o de temperatura *versus* entropia, ambos ilustrados na Figura 2.6. Esses diagramas permitem obter as principais características do elemento básico, tais como pressão, temperatura, densidade, entalpia e entropia (estas duas últimas relacionadas com a energia interna do elemento), para um determinado estado dele, nas regiões (no diagrama) de líquido, vapor saturado e mistura líquido/vapor, por exemplo.

Com base nessas características e para aproveitar a diferença existente na energia interna do elemento (água/vapor), as termoelétricas a vapor são constituídas por um conjunto de equipamentos e componentes configurado

Figura 2.6 – Diagrama do vapor d'água.

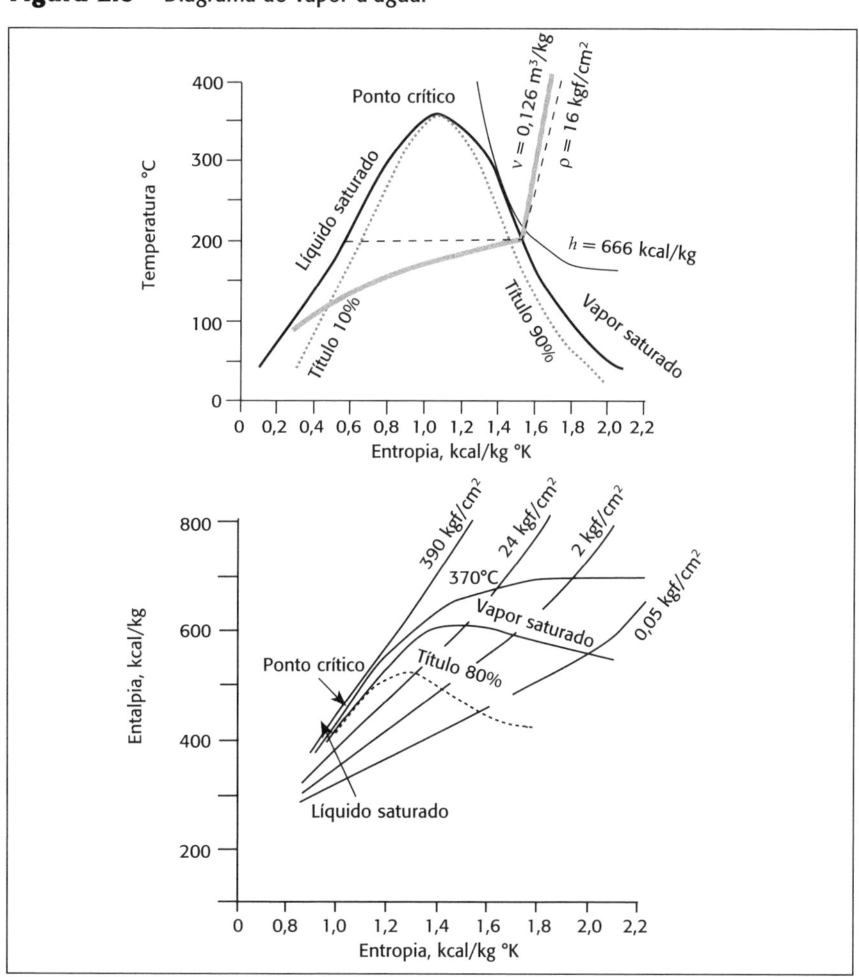

de forma a realizar o ciclo básico das aplicações práticas desse tipo de geração termoelétrica, o ciclo *Rankine*.

Uma configuração simples de uma termoelétrica a vapor e a sua representação no diagrama T x S (temperatura x entropia) são apresentadas na Figura 2.7, para explicar o processo que ocorre na usina.

Nesta figura, podem ser distinguidas, inicialmente, duas trocas de calor:

- Há uma entrada de calor, correspondente ao processo de aumento de pressão e temperatura que ocorre na caldeira, concomitantemente com a transformação de líquido em vapor. Esse calor pode ser proveniente da queima de um combustível, da reação nuclear (nas usinas nucleares) e até mesmo do sol (no caso das centrais solares baseadas no direcionamento da energia solar para aquecimento da caldeira). No que se refere à queima, a grande diversidade dos combustíveis utilizados, como derivados do petróleo, gás natural, carvão mineral e da biomassa, resulta em características bastante diferenciadas em relação ao impacto ambiental. É importante ressaltar aqui a existência também, em regiões geralmente vulcânicas, de usinas geotérmicas, renováveis, que se baseiam na utilização, muitas vezes direta, de mistura de líquido e vapor d'água, retirada da terra por meio de perfurações, dispensando a caldeira.
- Há uma retirada de calor, correspondente ao processo de condensação, no qual o vapor da saída da turbina, sob baixa pressão, é transformado em líquido para retornar ao ciclo por meio de bombeamento. A condensação, que pode ser efetuada por sistema aberto com utilização de água coletada em rios, lagos e mares próximos às usinas ou por sistema

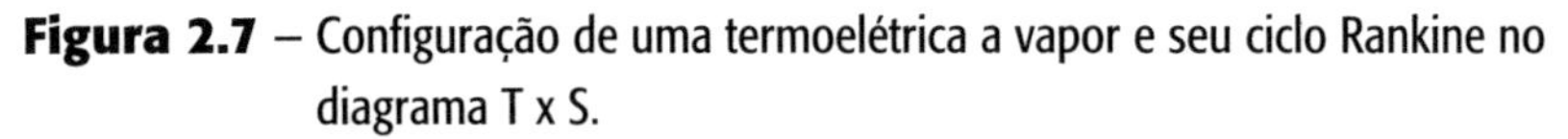

Figura 2.7 – Configuração de uma termoelétrica a vapor e seu ciclo Rankine no diagrama T x S.

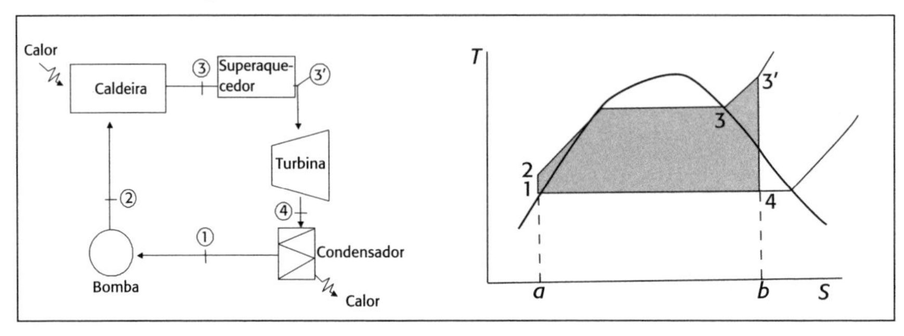

fechado (com torre úmida ou a seco), também é um fator importante do impacto ambiental das termoelétricas a vapor. O calor a ser retirado nesse processo é, obviamente, bem menor que o fornecido à caldeira.

A Figura 2.7 permite que sejam distinguidas as seguintes transformações do ciclo da usina termoelétrica a vapor:

- De 1 para 2, correspondente ao bombeamento do líquido e, portanto, ao consumo de energia pelo ciclo.
- De 2 para 3', referente ao fornecimento de calor para transformar o líquido em vapor, com consequente aumento da pressão na caldeira e para aumentar a temperatura do vapor no superaquecedor.
- De 3' para 4, relativo à queda de pressão (expansão) e de temperatura do vapor, com consequente fornecimento de energia para a turbina, que a transformará em energia mecânica e acionará o gerador para produzir energia elétrica.
- De 4 para 1, correspondente ao condensador, no qual se dá a retirada de calor do vapor, para retornar ao estado líquido por meio de trocadores de calor, que podem usar água (externa ao ciclo) como meio de transporte, caso em que se necessitará de grande volume, afetando a fonte (rios, lagoa ou mar) e causando um dos impactos ambientais importantes das termoelétricas, ou por meio de utilização de torres, úmidas ou a seco, solução mais cara, mas, em geral, menos prejudicial ao ambiente.

A configuração apresentada na figura é simples. Na prática, existem diferentes técnicas que resultam em distintas configurações para aumentar os rendimentos das usinas termoelétricas a vapor, situada na faixa de 30 a 40%.

Para melhor desempenho, muitas vezes, divide-se o sistema em módulos, como turbinas de alta pressão (que expande o vapor até média pressão), em cascata com turbinas de média pressão (expandindo até baixa pressão) e de baixa pressão (com expansão até a pressão de vapor para o processo).

Pode-se efetuar o reaquecimento do vapor para aproveitar as vantagens do uso de pressões mais altas e evitar umidade excessiva nos estágios de baixa pressão da turbina. Extrai-se o vapor da turbina, reaquece-o e reinjeta-o na turbina (geralmente em um nível de pressão intermediário).

Também é possível efetuar a regeneração, utilizando parte do vapor da turbina para aquecer a água de alimentação da caldeira. É possível ainda utilizar a regeneração e o reaquecimento combinados, mais de uma vez, sempre para melhorar o desempenho do sistema total. Ao se conhecer a configuração e as propriedades termodinâmicas nos diversos pontos do ciclo, podem-se calcular as diversas energias, perdas e rendimentos termodinâmicos.

Como exemplo desses cálculos, pode-se citar a potência térmica útil disponível na turbina a vapor (vertical $h_{3'}$-h_4 na figura), podendo ser calculada por:

$$P_u = m \times (h_{3'} - h_4)$$

em que: P_u = potência útil; m = massa de fluido (vapor) sujeita à transformação térmica, por unidade de tempo (em kg/s); $h_{3'}$ e h_4 = entalpias específicas (kJ/kg) do fluido na entrada e saída da máquina, respectivamente. A entalpia, em sua forma geral, é dada por $h = \mu + p/\rho$, sendo μ uma medida da energia do fluido, p a pressão a que está submetido e ρ, a sua densidade.

A potência elétrica, P_e, pode ser calculada por:

$$P_e = \eta_T \times \eta_G \times P_u$$

em que η_T e η_G são os rendimentos mecânicos da turbina e do gerador, respectivamente.

Termoelétricas a gás e diesel

Muitos aparelhos usam o próprio combustível como fluido de trabalho, como o motor de ignição de automóvel, o motor a diesel e a turbina a gás convencional.

Ao longo do processo, o fluido de trabalho altera-se e, durante a combustão, muda de mistura de ar e combustível para os produtos de combustão. Essas são máquinas de combustão interna em oposição à instalação a vapor, tipicamente de combustão externa, pois o combustível utilizado não participa efetivamente do ciclo térmico básico da usina. Como o fluido de trabalho não passa por um ciclo termodinâmico completo, a máquina de combustão interna opera segundo o chamado ciclo aberto. Para análise teórica, no entanto, podem ser usados ciclos fechados que, mediante algumas restrições, são boas aproximações dos abertos. O ciclo ideal a ar tem sido utilizado para melhor entendimento das termoelétricas a gás (ciclo *Brayton*) e a diesel (ciclo Diesel).

Para esses ciclos, equações relacionando características próprias do combustível (por exemplo, calor específico) e do ciclo em si (por exemplo, pressão, temperatura, volume, taxas de compressão) permitem calcular energias e rendimentos.

A Figura 2.8 apresenta uma possível configuração de uma usina a gás, com seus principais componentes.

Com base na configuração apresentada, pode-se entender o funcionamento do sistema: o ar comprimido, por meio de compressor instalado no mesmo eixo da turbina, e o combustível (gás, representado na figura por QH) são injetados na câmara de combustão (CCOM na figura), a qual produz o gás de alta pressão e temperatura, que movimentará a turbina a gás. O gás que sai da turbina, em altíssima temperatura (cerca de 600°C), pode ser usado para aumentar a temperatura da própria câmara de combustão, em um processo de regeneração que permitirá aumento de até 60% no rendimento do sistema. Compressores e turbinas podem ser de diversos estágios para a melhoria do processo, como demonstra a figura. O conjunto todo é, em geral, fornecido em montagem completa e compacta e busca minimizar o espaço necessário para sua instalação. Problemas ambientais estão associados aos gases de escape de combustão.

Figura 2.8 – Regeneradores utilizados em vários estágios.

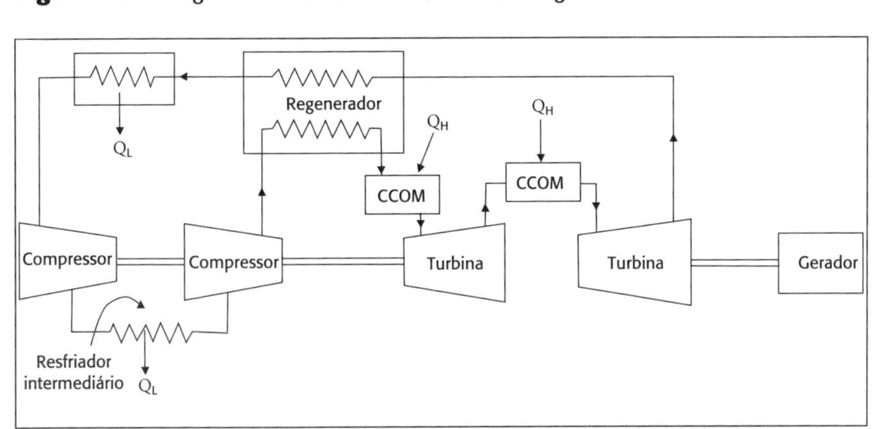

Outras configurações

Em razão de sua importância no cenário energético, é relevante citar aqui duas outras configurações das centrais termoelétricas:

- A central com cogeração (utilização de um combustível apenas para produzir mais de um tipo de energia), que é a própria central a vapor e utiliza parte dele (antes da turbina ou, mais comum, depois da saída da turbina) para fornecer energia (térmica e/ou de pressão) a outras áreas do processo industrial (secagem, aquecimento, moagens, refrigeração etc.). Nesse caso, há melhor uso global do combustível, pois o rendimento integrado (não só elétrico) pode chegar a índices que variam de 80 a 85%.
- O ciclo combinado, no qual os gases de saída de central a gás são usados como fonte de calor para produzir o vapor na caldeira da usina a vapor e, dessa forma, fazer o rendimento global do ciclo chegar a cerca de 60%.

Principais aspectos de inserção no meio ambiente das centrais termoelétricas

O impacto ambiental das centrais termoelétricas depende muito do tipo de combustível ou recurso natural usado e, obviamente, da tecnologia. Preparação e pré-tratamento dos recursos naturais utilizados, evolução tecnológica de motores, turbinas e reatores nucleares, emprego de filtros para controle das emissões, processos especiais de combustão, configurações alternativas e outros processos são recursos em constante evolução para melhorar o desempenho ambiental dessas centrais.

O combustível tem um papel importante nesse contexto, pois as emissões aéreas, sobretudo, são determinadas pelos subprodutos do processo de combustão, que dependem largamente da composição química do mesmo combustível. Essas emissões causam poluição atmosférica associada às termoelétricas. No caso das usinas nucleares, não há poluição atmosférica, mas, em compensação, existem riscos de vazamento de substância radioativa e o problema da disposição do resíduo sólido, o "lixo atômico".

De forma geral, termoelétricas com combustível derivado do petróleo caracterizam-se pela predominante emissão de CO_x; com combustível carvão mineral, pela predominância da emissão de dióxido de carbono (CO_x) e dióxido de enxofre (SO_x), dependendo da qualidade do carvão; com combustível gás natural, pela predominância da emissão de gás carbônico (CO_2), mas em quantidade menor. Essas características tornam a utilização do gás natural, comparativamente com derivados de petróleo e carvão mineral, menos agressiva do ponto de vista ambiental, mesmo porque a emissão de óxido de nitrogênio (NO_x) é perfeitamente mantida dentro dos limites aceitáveis.

As tecnologias disponíveis e empregadas para melhorar o desempenho ambiental, assim como o energético, das centrais termoelétricas representam um grande leque de alternativas e áreas de P&D. A preparação e o pré-tratamento das fontes primárias embasam algumas dessas tecnologias, como no uso de componentes químicos que podem ser associados aos combustíveis antes da queima para prevenir ou controlar a emissão de certos gases poluentes. O mesmo ocorre no desenvolvimento de novas configurações e tecnologias para os reatores e combustível nucleares, a fim de produzir usinas "eminentemente seguras" e com lixo atômico menos impactante. Além disso, há continuamente pesquisas e desenvolvimentos em andamento para melhorar o rendimento de turbinas e motores. Há diversos tipos de filtros disponíveis e em aperfeiçoamento. A combustão do carvão mineral em leito fluidizado e a gaseificação do carvão mineral da madeira e do bagaço de cana estão na linha de melhoria do processo de combustão. O ciclo combinado e as centrais nucleares eminentemente seguras são exemplos de configurações alternativas. Tais avanços certamente implicam custos e, eventualmente, outros problemas, que também devem ser considerados em uma análise detalhada para verificação da viabilidade de sua aplicação.

De forma geral, ressalvando-se algumas variações e exceções que serão comentadas no devido tempo, os principais efluentes de uma central termoelétrica são comentados a seguir

Poluição atmosférica (efluentes aéreos)

Dióxido de carbono (CO_2)

O dióxido de carbono é o principal efluente aéreo que causa problemas ambientais no mundo, e é produzido não só na geração de energia elétrica, mas também nos transportes, atividades industriais e residenciais (para aquecimento) e queimadas de florestas. O CO_2 é responsável por 66% das emissões mundiais de gases, dos quais a grande maioria é proveniente do Hemisfério Norte, ou seja, onde há grande concentração de países desenvolvidos.

Na natureza, ele é fundamental ao processo de respiração das plantas como componente necessário à fotossíntese, sendo devolvido à atmosfera nos casos de queima ou decomposição do material vegetal, por exemplo. No planeta, os maiores reservatórios naturais são os oceanos, que contêm aproximadamente cem vezes mais CO_2 que a atmosfera.

A absorção de CO_2 pelas águas dos oceanos é lenta e não acompanha o ritmo crescente das emissões mundiais. As florestas, por sua vez, não são suficientes para absorver a emissão necessária para manter o equilíbrio e, o que é pior, têm ocupado áreas cada vez menores mundialmente por causa do processo de desflorestamento.

Quando em excesso na atmosfera, o CO_2 é o principal causador do efeito estufa. Sua presença contribui para a formação de chuva ácida e também para o surgimento de dificuldades respiratórias, principalmente em idosos e recém-nascidos.

A utilização de combustíveis fósseis é a maior causa dos problemas associados ao CO_2. Nesse sentido, no caso das termoelétricas, a biomassa apresenta-se como uma das soluções alternativas, pois, além de reduzir as emissões, a maioria dos tipos de biomassa absorve CO_2 durante sua formação.

Óxidos de enxofre (SO_x)

O enxofre presente no combustível transforma-se, durante a combustão, em óxidos de enxofre, principalmente dióxido de enxofre (SO_2). Na atmosfera, o SO_2 oxida-se, dando origem a sulfatos e gotículas de ácido sulfúrico. O SO_2 é responsável por problemas respiratórios na população que vive em torno de usinas que não controlam suas emissões. Dependendo de sua concentração na atmosfera, pode propiciar o surgimento de chuva ácida e outros efeitos ambientais a consideráveis distâncias do local da emanação.

Material particulado (MP)

Uma parte das cinzas formadas durante o processo de combustão ou presentes no combustível é arrastada pelo fluxo de gases para a chaminé e lançada para a atmosfera. O material particulado impacta o meio ambiente pelos efeitos decorrentes de sua deposição nos bens imóveis e suas benfeitorias, no sistema respiratório de pessoas e animais, em plantas e vegetais, na ação sobre a visibilidade atmosférica e em instalações elétricas etc.

Óxidos de nitrogênio (NO_x)

São formados durante o processo de combustão e dependem da temperatura, da forma da combustão e do tipo de queimadores das caldeiras. Derivam do nitrogênio existente no combustível e do ar utilizado para a combustão. O monóxido de nitrogênio (NO), em altas concentrações, agrava enfermidades pulmonares, cardiovasculares e renais, bem como reduz o crescimento das plantas e causa a queda prematura das folhas. O NO, em particular, é a substância chave na cadeia fotoquímica para a formação do *smog*.

Monóxido de carbono (CO) e hidrocarbonetos

São emitidos por causa da queima incompleta do combustível. O maior perigo dos hidrocarbonetos decorre da sua reação fotoquímica com os óxidos de nitrogênio, que geram compostos oxidantes. O monóxido de carbono é um item importante para controlar a eficiência de operação da caldeira, estando, dessa forma, sob constante monitoramento.

Efluentes líquidos

Do sistema de refrigeração

O grande impacto é o que ocorre em corpos d'água próximos, decorrente, principalmente, do processo de condensação que requer grandes volumes de água. Tecnologias alternativas deste processo utilizam torres úmidas ou torres secas, com diferentes impactos e custos.

No caso de refrigeração por circulação direta, como ocorre nas termoelétricas a vapor e nucleares, a fauna e a flora da fonte d'água são muito afetadas por causa da elevação da temperatura. Para o sistema com torre úmida, é preciso tratar e purgar o líquido refrigerante para evitar formação de incrustações.

Do sistema de tratamento de água

As termoelétricas a vapor necessitam de água tratada desmineralizada para a produção de vapor. No tratamento de desmineralização, são utilizados produtos químicos que resultam em efluentes potencialmente poluidores de solo, lençol freático, cursos d'água etc.

Da purga das caldeiras

Um problema constante nas caldeiras a vapor é a formação de incrustações decorrente da presença de sais na água, mas isso pode ser minimizado com a utilização de água desmineralizada de alta qualidade e a adição de produtos químicos a ela, para limitar a presença de sólidos em suspensão no interior das caldeiras. Esse efluente é potencialmente poluidor do solo, do lençol freático, dos cursos d'água etc.

Dos líquidos para limpeza de equipamentos

Os depósitos acumulados nos equipamentos de queima e geração de vapor dificultam a troca de calor e necessitam de remoção periódica com produtos químicos. Esses produtos químicos são líquidos e potencialmente poluidores do meio ambiente.

Efluentes sólidos

Cinzas e poeiras

São resíduos do processo de combustão classificados em dois tipos: cinzas leves ou volantes pesadas. As cinzas não devem ser abandonadas no meio ambiente, pois podem formar efluentes poluidores com a ajuda das chuvas e dos ventos, contaminando a atmosfera, o solo e a água.

Impactos ambientais e os combustíveis das termoelétricas

A seguir, destacam-se os efluentes e os problemas ambientais mais significativos das centrais termoelétricas a combustíveis fósseis, biomassa e das centrais nucleares.

Termoelétricas a combustível fóssil

Entre os principais impactos ambientais da utilização de combustíveis fósseis na geração de energia elétrica, devem ser destacados os relacionados às emissões aéreas tratadas e/ou liberadas para a atmosfera. Nesse aspecto, nas termoelétricas a derivados de petróleo, predomina a emissão de CO_x; nas que funcionam a carvão mineral, predomina a emissão de SO_x (no caso do carvão brasileiro); e naquelas a gás natural, predomina a emissão de CO_2, mas em pequena quantidade.

Além dos impactos relacionados com as emissões aéreas, devem ser também considerados:

- Liberação de calor para a atmosfera, causado pelas emissões de gases quentes, e para o ambiente aquático, em razão do sistema de resfriamento do vapor d'água (condensação).
- Alterações na paisagem local e no relevo, decorrentes da instalação dos equipamentos geradores de energia e dos sistemas de controle.
- Modificações das características do solo, em função da deposição dos particulados e da disposição final das cinzas e poeiras coletadas pelo precipitador.
- Impactos socioeconômicos e culturais, em especial sobre a demanda de serviços públicos da região de implantação.

Há ainda de se atentar, no âmbito da central, os riscos e problemas associados à estocagem e ao manejo dos combustíveis. Nesse sentido, são importantes as probabilidades de vazamento dos derivados de petróleo e gás natural, além dos problemas de saúde causados pela operação normal das usinas a carvão mineral.

Com relação ao gás natural, é relevante também diferenciar sua utilização nas centrais a vapor e nas turbinas a gás. No segundo caso, o sistema é ainda mais compacto e avançado, o que justifica o fato de o gás natural ser considerado, mundialmente, o combustível fóssil mais "limpo", pois o produto de sua combustão não produz efeitos tão nocivos ao meio ambiente quanto o petróleo e o carvão.

Geração termoelétrica a partir da biomassa

A biomassa é considerada hoje uma das fontes de energia renovável com maior perspectiva de uso futuro. De fato, além dos benefícios sociais, seu emprego na geração de energia contribui para a melhoria do meio ambiente, se as fontes geradoras forem administradas adequadamente.

Atualmente, tecnologias modernas e eficientes de utilização da biomassa na produção de energia estão sendo desenvolvidas para produzir óleos fluidos, eletricidade e calor. As fontes usadas são diversificadas e incluem madeira, cana-de-açúcar e seu bagaço, amido, plantações energéticas, refugos da agricultura e produtos da floresta. Tecnologias avançadas orientam-se para a gaseificação e a obtenção da biomassa (madeira, bagaço de cana) a partir da celulose, entre outras, a fim de aperfeiçoar sua utilização energética.

As técnicas desenvolvidas para o uso da biomassa em larga escala configuram opções reais nos países que dispõem de grande quantidade de resíduos da agricultura e da floresta ou que tenham extensas áreas para plantio de fazendas energéticas. Áreas degradadas e desmatadas são bastante adequadas para a cultura da biomassa. Entretanto, os outros possíveis usos da terra devem ser considerados com cautela, uma vez que os governos devem prioritariamente objetivar a garantia de alimento para a população.

Em alguns países, pode ser necessária a modernização das técnicas agrícolas para o desenvolvimento da agricultura energética. Do ponto de vista ambiental, esse processo deve ser minuciosamente implantado, porque a intensificação da agricultura pode resultar em impactos negativos decorrentes do aumento dos insumos energéticos e químicos.

Também é importante ressaltar que o uso da biomassa em larga escala exige uma infraestrutura complexa para sua implantação. Uma central geradora, que utiliza diversos tipos de insumos, tais como resíduos da agricultura e de produtos da floresta e colheitas energéticas, envolve uma verdadeira rede de participantes, que inclui fazendeiros, indústrias florestais e companhias de reflorestamento. Variações climáticas e no mercado das indústrias comprometidas podem tanto afetar o armazenamento quanto a disponibilidade dos insumos. Além disso, a malha de transporte precisa estar apta a garantir a entrega do combustível na hora certa. Idealmente, a área de coleta de insumos não deve ser muito grande, a fim de evitar que a utilização de energia para transporte e os impactos ambientais deste possam cancelar os benefícios adquiridos pelo uso dessa opção tecnológica. Essas questões certamente seriam atenuadas, ou até mesmo benéficas (por exemplo, pela geração de empregos), em sistemas de pequeno porte, como comunidades distantes da malha energética.

Um sistema moderno de biomassa necessita de uma quantidade considerável de esforços coordenados para operar em larga escala. Um suporte governamental é necessário para prover as bases e os incentivos para os investimentos iniciais. É difícil disseminar uma nova tecnologia energética se o mercado da energia está distorcido com subsídios para fontes de energia não renováveis ou ambientalmente perigosas. Neste caso, é difícil tornar a biomassa atrativa e competitiva.

Uma vez instaladas as bases de uma política sustentável para o uso da biomassa, o governo local deveria tomar a iniciativa de ajudar na melhoria da infraestrutura da região e no apoio financeiro e institucional para a tecnologia, tanto em âmbito local como regional. Cooperativas podem ser formadas para coordenar e garantir a distribuição de insumos. A geração de energia pode ser iniciada em uma escala relativamente pequena para ser expandida gradualmente.

No que se refere à política social, a utilização da biomassa é vantajosa porque gera empregos. Como consequência, o governo pode integrar suas estratégias energéticas e de desenvolvimento de forma a obter os melhores retornos de natureza socioeconômica dos incentivos dados e investimentos efetuados. A sustentabilidade desses sistemas de energia está diretamente vinculada ao estabelecimento de um uso sustentável da terra e de outros recursos naturais, tais como a água, que garantirá tanto a produtividade da terra quanto a alimentação contínua dos insumos de biomassa para o funcionamento da usina de geração.

Os impactos decorrentes diretamente do emprego de biomassa florestal na atividade de geração são, em geral, similares aos das termoelétricas para combustível fóssil. Deve-se, no entanto, destacar que:

- O CO_2 liberado para a atmosfera pela utilização da biomassa florestal na produção de energia elétrica, em princípio, não contribui para agravar o efeito estufa. No ciclo da exploração desse recurso, desde a implantação da floresta até a geração de energia elétrica, o balanço de emissão de CO_2 (pela queima) e absorção (pelo crescimento da floresta) tende a ser pequeno e até mesmo nulo.
- A emissão de SO_2 é significativamente baixa por causa dos baixos teores de enxofre. Assim, não há contribuição significativa para a formação da chuva ácida.
- A emissão de NO_x, devido ao nitrogênio presente na biomassa, é significativamente menor do que a produzida pela queima de combustíveis fósseis.

Dessa forma, os processos utilizados para a redução dos níveis de emissão decorrentes da combustão de biomassa têm, em princípio, um custo inferior quando comparados aos dos combustíveis fósseis.

Além disso, deve-se enfatizar a ocupação do solo em função da área destinada à estocagem da biomassa e os impactos socioeconômicos e culturais que tanto podem ser positivos (geração de novos empregos) como negativos (fluxo migratório).

Centrais termoelétricas nucleares

Na década de 1970, a tecnologia nuclear foi vista como uma das principais alternativas para a geração de energia elétrica, o que não ocorreu efetivamente em razão dos desastres ocorridos e do problema do "lixo atômico".

Embora não haja emissão aérea de poluentes, os resíduos nucleares ("lixo atômico") têm caráter permanente e representam risco constante ao meio ambiente. Além disso, pela questão da segurança e de acidentes ocorridos (Three Miles Island e Chernobyl, principalmente), a imagem social das usinas nucleares é hoje a pior possível entre todas as alternativas energéticas. Nenhuma outra forma de geração enfrenta tantas pressões populares contra sua implantação, sobretudo pela associação imediata que as pessoas fazem à bomba atômica e ao risco de morte em caso de acidente. Recentemente, houve o acidente em Fukushima, no Japão, mas, neste caso, pode ser sempre alegado que nenhuma tecnologia de geração de energia elétrica de grande porte adota critérios de segurança baseados no risco de ocorrência conjunta de dois fenômenos críticos, como terremoto seguido de tsunami.

Atualmente, a indústria nuclear tem buscado desenvolver tecnologias a fim de minimizar tais problemas. Nesse sentido, podem-se citar os desenvolvimentos para viabilizar os chamados "reatores eminentemente seguros", de pequeno porte, e para tornar mais adequado ambientalmente o "lixo atômico" e seu tratamento.

A introdução efetiva dessas e de outras tecnologias poderá, segundo os especialistas, devolver a confiança nas termoelétricas nucleares e torná-las novamente alternativa atraente no futuro.

Quadro sintético dos principais impactos, causas e medidas mitigadoras/ compensatórias: termoelétricas (quadro 2.2)

Assim como para as hidrelétricas, o documento "Referencial para Orçamentação (sic) dos Programas Sócio-ambientais (sic)" do Comase da

Eletrobrás apresenta, no seu volume II (1984), um quadro sintético para as termoelétricas, reproduzido, a seguir, com algumas complementações para pronta referência.

Quadro 2.2 – Principais impactos, causas e medidas mitigadoras/compensatórias: termoelétricas.

A) Meio físico		
Causa/ atividade	**Impactos**	**Medidas/ações**
Emissões aéreas de óxidos de enxofre	Dependendo da concentração: • Participação na acidificação das chuvas	• Utilização de combustível com menor teor de enxofre • Remoção do enxofre antes da combustão (beneficiamento do enxofre durante a adição de neutralizantes) • Remoção dos óxidos de enxofre após a combustão (dessulfurizadores) • Dispersão em chaminés adequadas • Emprego de tecnologias modernas de combustão com maior eficiência (leito fluidizado, ciclo combinado e cogeração) • Monitoramento de emissões, qualidade do ar, chuvas, águas e condições meteorológicas
Emissões aéreas de dióxido de carbono	• Contribuição para o efeito estufa	• Implantação e manejo de florestas na região para fixação do carbono • Utilização de tecnologias modernas de combustão com maior eficiência (leito fluidizado, ciclo combinado e cogeração)
Emissões aéreas de óxidos de nitrogênio,. hidrocarbonetos e monóxido de carbono	Dependendo da concentração: • Produção de oxidantes fotoquímicos • Diminuição da visibilidade (*smog*) • Participação na acidificação das chuvas	• Controle da combustão • Emprego de sistema de queima tangencial • Adoção de queimadores de baixa emissão de NO_x • Dispersão em chaminés adequadas • Uso de tecnologias de combustão com maior eficiência (leito fluidizado, ciclo combinado e cogeração) • Monitoramento de emissões, qualidade do ar, chuvas, águas e condições meteorológicas

(continua)

Quadro 2.2 – Principais impactos, causas e medidas mitigadoras/compensatórias: termoelétricas. (*continuação*)

Causa/ atividade	Impactos	Medidas/ações
Vazamentos involuntários do sistema de manuseio e estocagem de combustíveis líquidos	• Contaminação dos cursos de água • Interferência na flora e na fauna aquáticas	• Sistemas de retenção de óleo (caixas separadoras, diques de contenção e bacias de emergência) • Impermeabilização das áreas de estocagem
Efluentes sanitários	• Diminuição do oxigênio dissolvido no corpo receptor	• Devem ser tratados separadamente dos outros efluentes líquidos produzidos pela usina • Sistemas compactos ou convencionais de tratamento dos esgotos sanitários
Percolação da água da chuva nas áreas de estocagem de combustível sólido	• Contaminação dos cursos de água com metais lixiviados, sólidos suspensos e dissolvidos, além de alteração do pH • Contaminação do lençol freático	• Bacias de sedimentação ou decantação • Neutralização ou coneutralização dos efluentes • Precipitação química de metais dissolvidos • Impermeabilização das áreas de estocagem • Monitoramento do lençol freático
Sistemas de água de resfriamento	Dependendo da tecnologia: Sistema aberto: • Elevação da temperatura da água no corpo receptor • Redução do oxigênio dissolvido Sistema fechado/torre úmida: • Névoas quimicamente ativas – biocidas e anticorrosivos • Redução da visibilidade • Interação da névoa úmida com a pluma da chaminé (potencializa a acidificação atmosférica) Sistema fechado/torre seca: • Não provoca o comprometimento dos recursos hídricos e atmosféricos	• Estudo de dispersão térmica no curso de água • Avaliação de impacto sobre o ecossistema aquático • Monitoramento da ictiofauna • Uso de torres com sistemas de retenção de gotículas (*demisters*) • Localização das torres, considerando as direções preferenciais dos ventos na região • Não sobreposição névoa/pluma • Uso de aditivos químicos na água de resfriamento nas concentrações mínimas necessárias • Checagem da interferência aerodinâmica da torre sobre as condições de dispersão da pluma da chaminé
Efluentes líquidos do sistema de remoção de cinzas pesadas	• Contaminação dos cursos de água com sólidos suspensos e dissolvidos, metais lixiviados e alteração do pH	• Circuito fechado com recirculação • Decantadores e bacias de sedimentação • Correção de pH e precipitação de metais • Uso de sistemas de remoção de cinzas a seco • Monitoramento da qualidade da água

(*continua*)

Quadro 2.2 – Principais impactos, causas e medidas mitigadoras/compensatórias: termoelétricas. (*continuação*)

Causa/ atividade	Impactos	Medidas/ações
Efluentes líquidos da drenagem pluvial, lavagens, tratamento de água e purgas de processo	• Elevação do teor de sólidos suspensos e dissolvidos	• Sistemas enclausurados de manuseio de combustível sólido e cinzas • Cuidados operacionais, evitando o espalhamento de partículas combustíveis e cinzas no pátio da usina • Bacias de sedimentação e neutralização • Monitoramento dos efluentes líquidos
Resíduos sólidos de processo	• Efeito estético indesejável • Ocupação de áreas extensas de depósito • Possibilidade de contaminação de recursos hídricos decorrente da percolação das chuvas • Poeiras/partículas fugitivas	• Uso dos resíduos sólidos como matéria-prima para outros processos industriais • Retorno às cavas da mina para a reconstituição topográfica da área minerada de carvão • Seleção de áreas para disposição dos resíduos • Implantação do aterro conforme especificação do órgão ambiental • Monitoramento da drenagem pluvial e de lixiviados, cortinas vegetais de proteção contra os ventos
Ocupação da área (desmatamento e terraplanagem)	• Ruído/poeira • Erosão do solo • Alteração no uso do solo	• Recuperação de áreas degradadas • Arborização das áreas • Usos de sistema antipó
Resíduos sólidos, filtros, panos, estopas e borras	• Interferência na flora/fauna • Interferência na saúde pública • Risco de incêndios	• Tratamento adequado dos resíduos sólidos (enterrar, queimar, vender para terceiros, pagar para o serviço de limpeza pública municipal retirá-los)
B) Meio biótico		
Emissões aéreas de material particulado	Dependendo da concentração: • Interferência na flora e na fauna	• Utilização de combustível com menores teores de inertes • Remoção dos inertes antes da combustão (beneficiamento) • Remoção dos inertes após a combustão (filtros) • Dispersão em chaminés adequadas • Utilização de tecnologias modernas de combustão com maior eficiência (leito fluidizado, ciclo combinado e cogeração) • Monitoramento de emissões, qualidade do ar, chuvas, águas e condições meteorológicas

(continua)

Quadro 2.2 – Principais impactos, causas e medidas mitigadoras/compensatórias: termoelétricas. (*continuação*)

Causa/ atividade	Impactos	Medidas/ações
Emissões aéreas de óxidos de enxofre	Dependendo da concentração: • Interferência na flora e na fauna	• Utilização de combustível com menor teor de enxofre • Remoção do enxofre antes da combustão (beneficiamento) • Remoção do enxofre durante a combustão (com adição de neutralizantes) • Remoção dos óxidos de enxofre após a combustão (dessulfurizadores) • Dispersão em chaminés adequadas • Utilização de tecnologias modernas de combustão com maior eficiência (leito fluidizado, ciclo combinado e cogeração) • Monitoramento de emissões, qualidade do ar, chuvas, águas e condições meteorológicas
Emissões aéreas de óxidos de nitrogênio, hidrocarbonetos e monóxido de carbono	Dependendo da concentração: • Interferência na flora e na fauna	• Controle da combustão • Utilização de sistema de queima tangencial • Adoção de queimadores de baixa emissão de NO_x • Dispersão em chaminés adequadas • Utilização de tecnologias modernas de combustão com maior eficiência (leito fluidizado, ciclo combinado e cogeração) • Monitoramento de emissões, qualidade do ar, chuvas, águas e condições meteorológicas
Vazamentos involuntários do sistema de manuseio e estocagem de combustíveis líquidos	• Interferência na flora e na fauna aquáticas	• Sistemas de retenção de óleo (caixas separadoras, diques de contenção e bacias de emergência) • Impermeabilização das áreas de estocagem
Efluentes sanitários	• Interferência na flora e na fauna	• Devem ser tratados separadamente dos outros efluentes • Líquidos produzidos pela usina • Sistemas compactos ou convencionais de tratamento dos esgotos sanitários

(continua)

Quadro 2.2 – Principais impactos, causas e medidas mitigadoras/compensatórias: termoelétricas. (*continuação*)

Causa/ atividade	Impactos	Medidas/ações
Sistemas de água de resfriamento	Dependendo da tecnologia: Sistema aberto: • Interferência na flora e na fauna aquáticas Sistema fechado/torre úmida: • Névoas quimicamente ativas – biocidas e anticorrosivos	• Estudo de dispersão térmica no curso de água • Avaliação de impacto sobre o ecossistema aquático • Monitoramento da ictiofauna • Uso de torres com sistemas de retenção de gotículas (*demisters*) • Localização das torres, considerando as direções preferenciais dos ventos na região • Não sobreposição névoa/pluma • Uso de aditivos químicos na água de resfriamento nas concentrações mínimas necessárias
Efluentes líquidos da drenagem pluvial, lavagens, tratamento de água e purgas de processo	• Interferência na flora e na fauna aquáticas	• Sistemas enclausurados de manuseio de combustível sólido e cinzas • Cuidados operacionais, para evitar o espalhamento de partículas combustíveis e cinzas no pátio da usina • Bacias de sedimentação e neutralização • Monitoramento dos efluentes líquidos
Ocupação da área (desmatamento e terraplanagem)	• Interferência na flora e na fauna	• Recuperação de áreas degradadas • Arborização das áreas • Usos de sistema antipó
Resíduos sólidos, filtros, panos, estopas e borras	• Interferência na flora e na fauna	• Tratamento adequado dos resíduos sólidos (enterrar, queimar, vender para terceiros, pagar para o serviço de limpeza pública municipal retirá-los)
C) Meio socioeconômico e cultural		
Emissões aéreas de material particulado	Dependendo da concentração: • Problemas respiratórios • Efeito estético indesejável	• Utilização de combustível com menores teores de inertes • Remoção dos inertes antes da combustão (beneficiamento) • Remoção dos inertes após a combustão (filtros) • Dispersão em chaminés adequadas

(*continua*)

Quadro 2.2 – Principais impactos, causas e medidas mitigadoras/compensatórias: termoelétricas. (*continuação*)

Causa/ atividade	Impactos	Medidas/ações
Emissões aéreas de material particulado		• Emprego de tecnologias modernas de combustão com maior eficiência (leito fluidizado, ciclo combinado e cogeração) • Monitoramento de emissões, qualidade do ar, chuvas, águas e condições meteorológicas
Emissões aéreas de óxidos de enxofre	Dependendo da concentração: • Cheiro irritante • Problemas respiratórios e cardiopulmonares • Agressão a materiais diversos	• Utilização de combustível com menor teor de enxofre • Remoção do enxofre antes da combustão (beneficiamento) • Remoção do enxofre durante a combustão (com adição de neutralizantes) • Remoção dos óxidos de enxofre após a combustão (dessulfurizadores) • Dispersão em chaminés adequadas • Utilização de tecnologias modernas de combustão com maior eficiência (leito fluidizado, ciclo combinado e cogeração) • Monitoramento de emissões, qualidade do ar, chuvas, águas e condições meteorológicas
Emissões aéreas de óxidos de nitrogênio, hidrocarbonetos e monóxido de carbono	Dependendo da concentração: • Diminuição da visibilidade (*smog*) • Irritação nos olhos e na garganta	• Controle da combustão • Utilização de sistema de queima tangencial • Adoção de queimadores de baixa emissão de NO_x • Dispersão em chaminés adequadas • Utilização de tecnologias modernas de combustão com maior eficiência (leito fluidizado, ciclo combinado e cogeração) • Monitoramento de emissões, qualidade do ar, chuvas, águas e condições meteorológicas
Efluentes sanitários	• Disseminação de doenças	• Devem ser tratados separadamente dos outros efluentes • Líquidos produzidos pela usina • Sistemas compactos ou convencionais de tratamento dos esgotos sanitários

(*continua*)

Quadro 2.2 – Principais impactos, causas e medidas mitigadoras/compensatórias: termoelétricas. (*continuação*)

Causa/ atividade	Impactos	Medidas/ações
Percolação da água da chuva nas áreas de estocagem de combustível sólido	• Contaminação dos cursos de água com metais lixiviados, sólidos suspensos e dissolvidos e alteração do pH • Contaminação do lençol freático	• Bacias de sedimentação ou decantação • Neutralização ou coneutralização dos efluentes • Precipitação química de metais dissolvidos • Impermeabilização das áreas de estocagem • Monitoramento do lençol freático
Fluxo migratório em função do empreendimento	• Acréscimo de demanda nos serviços públicos, infraestrutura habitacional e viária • Alteração na organização sociocultural e política regional • Aquecimento da economia regional, seguido de possível retração no término da obra	• Plano Diretor Regional (PDR) • Apoio aos municípios • Adequação da estrutura habitacional e educacional • Gestão institucional • Reorganização das atividades econômicas • Saúde e saneamento básico
Ocupação da área (desmatamento e terraplenagem)	• Interferência com a população • Ruídos e poeiras • Alteração no uso do solo	• Indenização monetária ou por permuta de áreas • Recuperação de áreas degradadas • Arborização das áreas • Usos de sistema antipó
Transporte de equipamento pesado	• Ruídos • Transtorno no trânsito local	• Planejamento de uso do sistema viário, evitando os horários de maior movimentação de veículos
Resíduos sólidos, filtros, panos, estopas e borras	• Interferência na saúde pública • Risco de incêndios	• Tratamento adequado dos resíduos sólidos (enterrar, queimar, vender para terceiros, pagar para o serviço de limpeza pública municipal retirá-los)
Ruídos	• Poluição sonora	• Cinturão de árvores altas para absorção das ondas sonoras • Critérios de projeto para redução dos ruídos • Monitoramento dos ruídos
Distorções estéticas	• Poluição visual	• Redução do impacto visual

SISTEMA SOLAR FOTOVOLTAICO: INSERÇÃO NO MEIO AMBIENTE

Aspectos básicos do sistema solar fotovoltaico

A energia solar propaga-se para a Terra por meio de radiação eletromagnética que, a partir do limite superior da atmosfera, sofre uma série de reflexões, dispersões e absorções em seu percurso até o solo. Os níveis de radiação solar em um plano horizontal na superfície da Terra variam com as flutuações climáticas, especialmente com as estações do ano, e também de acordo com a região, sobretudo por causa das diferenças de latitude, das condições meteorológicas e das altitudes.

O conhecimento do nível de radiação solar incidente no local onde se instalará o coletor do sistema solar de geração elétrica é de extrema importância, pois permite o cálculo da energia solar captada, que é uma das variáveis básicas para o dimensionamento do sistema.

Em razão da natureza variável da radiação solar incidente na superfície terrestre, é, no entanto, conveniente que as estimativas e previsões do recurso solar sejam baseadas em informações solarimétricas levantadas durante prolongados períodos. Esses dados são apresentados habitualmente em atlas solarimétricos, na forma de energia coletada ao longo de um dia, sendo esse parâmetro uma média levantada ao longo de muitos anos. Apenas como referência para estimativas expeditas, sabe-se que, em condições atmosféricas ótimas, ou seja, céu claro sem nuvem, a radiação solar incidente máxima observada ao meio-dia, em um local situado no nível do mar, é da ordem de 1 kW/m^2.

Existem duas formas básicas de uso de energia solar para fins de geração de eletricidade.

O sistema solar fotovoltaico é o que apresenta maiores possibilidades de expansão no Brasil, em curto prazo.

Na outra forma, os sistemas termossolares, tem-se: a torre de potência, onde a energia solar é utilizada como fonte de calor em um ciclo a vapor de uma termoelétrica; os sistemas parabólicos e as calhas solares, nos quais a energia solar é orientada para aquecer um condutor térmico químico (sal, no geral); as chaminés solares, que ainda se mostram incipientes no Brasil.

O sistema fotovoltaico de produção de energia elétrica compreende os painéis fotovoltaicos e outros equipamentos relativamente convencionais, que transformam ou armazenam a energia elétrica para que possa ser utilizada convenientemente. Os painéis são conjuntos de módulos, formados pelas células fotovoltaicas, as quais, sob a incidência de raios solares, desenvolvem entre seus terminais uma diferença de potencial (tensão) que, aplicada a uma carga qualquer, resultará em circulação de corrente contínua.

Além do conjunto de módulos fotovoltaicos que formam o painel solar, os principais constituintes de um sistema fotovoltaico são o regulador de tensão, o sistema para armazenamento de energia (baterias que serão carregadas quando a energia produzida for maior que a necessidade da carga e que alimentarão a mesma carga quando não houver produção de energia suficiente pelo painel, como à noite, por exemplo) e o inversor de corrente contínua (CC) para corrente alternada (CA), necessário quando o sistema for usado para alimentar cargas em CA ou conectado à rede. A Figura 2.9 mostra um esquema em bloco de um sistema gerador fotovoltaico.

A potência, em kW, produzida nos terminais do painel solar de um sistema fotovoltaico como o da Figura 2.9, pode ser calculada em função do tempo, pela expressão: $Pg(t) = \eta \times A \times Rs(t)$, em que η é o rendimento total do sistema (10 a 20%), A é a área do painel solar em m^2 e Rs(t) é a radiação solar incidente, em kW/m^2, em função do tempo.

Figura 2.9 – Diagrama de bloco de um sistema solar fotovoltaico.

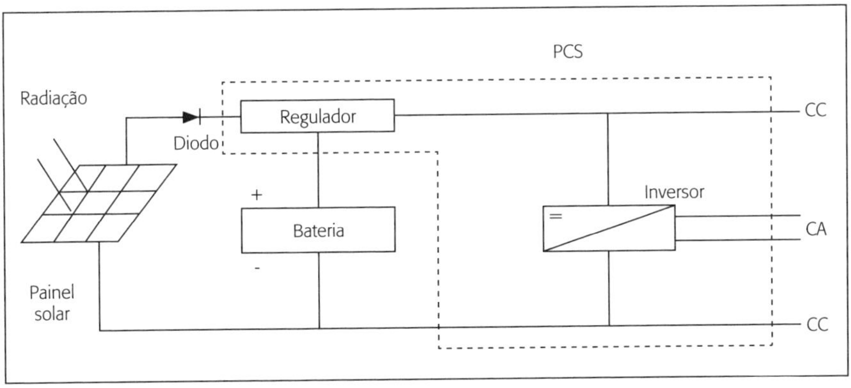

Aspectos socioambientais da energia solar

Até a década de 1970, as células fotovoltaicas eram usadas somente nos programas espaciais norte-americanos. A partir daí, houve grandes avanços tecnológicos e consequente redução nos preços dos equipamentos, o que permitiu o crescimento de um mercado efetivo em muitos países industrializados e em desenvolvimento. Apesar disso, essa tecnologia ainda levou um tempo razoável para competir economicamente com outras formas de geração elétrica, como já acontece atualmente em certas situações e como acontecerá cada vez mais devido à grande evolução tecnológica e à redução de preços dos sistemas fotovoltaicos. A aceleração da diminuição de preços, tanto dos módulos como dos outros equipamentos requeridos, já apresenta um impacto significativo no aumento do mercado para essa tecnologia e no descobrimento de novos nichos de aplicação.

A geração fotovoltaica é particularmente adequada para a alimentação de pequenas cargas nos casos em que a alimentação por meio da extensão da rede for economicamente inviável, tanto em áreas rurais de países em desenvolvimento como em áreas de baixa densidade populacional nos países desenvolvidos. As células fotovoltaicas também podem ser utilizadas para suprir os picos de demanda, o que é geralmente caro para as concessionárias, principalmente em áreas urbanas de regiões quentes e ensolaradas, onde o uso de aparelhos de ar condicionado é mais frequente durante o dia. Algumas concessionárias mais flexíveis estão dispostas a usar sistemas intermitentes, como as turbinas eólicas e os sistemas fotovoltaicos, em seus portfólios de investimentos em um futuro próximo, desde que tais sistemas gerem energia a um custo similar ao das fontes convencionais de geração.

Os sistemas das células fotovoltaicas são modulares, o que facilita sua instalação bem próxima dos usuários, como em telhados, e reduz os preços de transmissão e distribuição. Esses módulos são também fáceis de transportar e reinstalar em outro local, requerem pouca manutenção e têm vida útil média de cerca de vinte anos. Já as baterias precisam ser trocadas após alguns anos de uso e sua disposição final é um dos problemas ambientais dos sistemas solares fotovoltaicos. A tecnologia das baterias, no entanto, também tem apresentado grandes avanços para superar estas dificuldades.

Não há razão para acreditar que a utilização em larga escala de sistemas fotovoltaicos implicará grandes danos ao meio ambiente se todos os cuidados possíveis forem tomados antecipadamente. Alguns métodos de fabricação de células fotovoltaicas utilizam materiais perigosos, como o seleneto de hidrogênio, e de solventes similares àqueles usados na produção de outros semicondutores. Os riscos podem ser reduzidos a níveis baixos se técnicas modernas de minimização e reciclagem de sobras forem empregadas durante a fabricação. A destruição dos módulos que contêm cádmio ou outros metais pesados poderia criar danos ao meio ambiente, no entanto, ao serem descartados, podem ser economicamente reciclados, minimizando os problemas de destruição.

No caso de sistemas solares fotovoltaicos de grande porte, desenvolvidos para operar em paralelo com os sistemas de potência (rede em CA), pode-se eventualmente considerar como impacto ambiental a perda do uso do espaço preenchido pelo sistema para outras finalidades, mas isso dependerá muito da localização do sistema e, obviamente, da área ocupada.

CENTRAL EÓLICA: INSERÇÃO NO MEIO AMBIENTE

Aspectos básicos das centrais eólicas

O vento, movimento do ar na atmosfera terrestre, resulta principalmente do maior aquecimento da superfície da Terra mais próximo ao Equador do que aos polos. Isso faz os ventos das superfícies frias circularem dos polos para o Equador a fim de substituir o ar quente que sobe nos trópicos e se move pela atmosfera superior até os polos, fechando o ciclo.

O vento é influenciado pela rotação da Terra, que provoca variações sazonais na sua intensidade e direção e pela topografia do local.

Medidas da direção e intensidade dos ventos, normalmente realizadas com aparelhos específicos denominados anemômetros, instalados a 10 m do solo, permitem obter estimativas do seu comportamento por meio de estatísticas.

No tratamento dos dados, a curva mais importante, a partir da qual as outras podem ser obtidas, é a da frequência das velocidades, que fornece o período (em termos percentuais) em que uma velocidade de vento foi observada. Dela obtém-se a curva de energia disponível (Wh/m^2), também conhecida como potência média bruta ou fluxo de potência eólica. Outras curvas significativas são as que fornecem o período de calmaria e a de ventos fortes ou velocidade máxima.

Os resultados desse tratamento das informações relacionadas com o vento são apresentados em mapas cartográficos, contendo isolinhas de velocidade média, de calmaria, de velocidade máxima e de fluxo de potência média ou potência média bruta (W/m^2), os atlas da energia eólica.

O conhecimento da velocidade média do vento é fundamental para a estimativa da energia possível de ser gerada pela central, que compreende conjuntos de turbinas eólicas (formas sofisticadas do conhecido cata-vento) acionando geradores elétricos. Além disso, os aerogeradores começam a gerar energia elétrica em uma determinada velocidade de vento de partida (*cut-in*) e param quando a velocidade ultrapassa determinado valor (*cut-out*), isto é, valores limites estabelecidos por questões de segurança. Por isso, é importante registrar a frequência de duração das calmarias e dos ventos fortes. Isso também se faz necessário para o correto dimensionamento do sistema de armazenamento (baterias), cujo princípio de operação é similar ao dos sistemas solares fotovoltaicos: é utilizado quando a geração eólica é autônoma (ou seja, não conectada à rede) e usa o excesso de energia eólica para carregar as baterias que alimentarão a carga quando houver pouco vento. Os principais componentes de um sistema eólico são: rotor, transmissão, controle, conversor e sistema de armazenamento (quando não conectado à rede). A configuração básica do sistema para produção de eletricidade é apresentada no diagrama de blocos da Figura 2.10.

Nesse conjunto, destacam-se o denominado aerogerador, que consta da turbina formada pelo rotor e hélices; a transmissão para ajustar a velocidade da turbina com a do gerador elétrico; e o gerador elétrico, que efetua a transformação.

Potência gerada pela instalação

A potência total de uma massa de ar com velocidade V atravessando a área A (formada pelas pás da turbina girando) pode ser calculada por:

$$P_d = 1 \times \frac{d}{2} \times A \times V^3$$

Figura 2.10 – Diagrama de blocos de um sistema eólico.

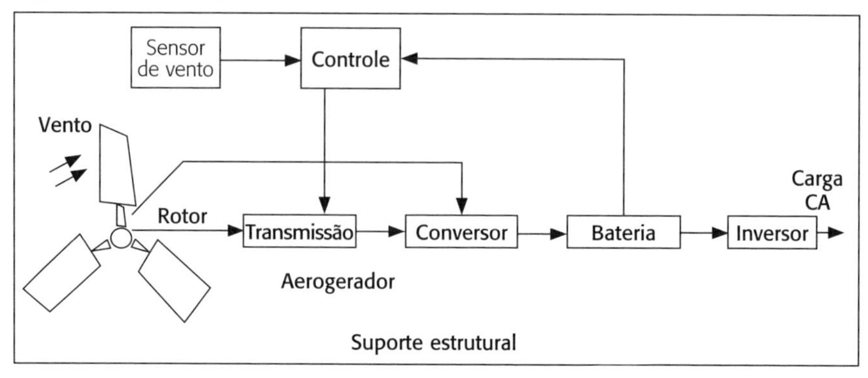

em que *d* é a densidade do ar no local. No caso dos aerogeradores, a potência também pode ser calculada por essa fórmula, incluindo o rendimento do sistema.

Para fins de comparação da potência eólica a diferentes velocidades e em diversos locais, é mais prático considerar a potência por unidade de área (P_d/A), denominada fluxo de potência eólica ou potência média bruta (W/m^2). Esse fluxo é perpendicular e proporcional à área dos coletores (rotor) dos aerogeradores.

Aspectos socioambientais da energia eólica

O crescimento da geração elétrica baseada na energia eólica foi uma resposta da Dinamarca à crise do petróleo na década de 1970. Nessa época, esse país dependia quase que exclusivamente do petróleo importado do Oriente Médio e, diante da crise, decidiu rever sua política energética. Assim, em meados da mesma década, foi introduzido o uso comercial moderno das turbinas eólicas, uma evolução tecnológica dos moinhos de vento, que exerceram papel importante na mecanização da Dinamarca antes da eletrificação rural. As turbinas eólicas estão disponíveis no mercado com tamanhos e aplicações variadas. As pequenas turbinas com potência de 50 W até 2 kW podem ser usadas para carregar baterias e prover pequenas quantidades de energia em áreas distantes. Grandes turbinas com potências acima de 5 MW são usadas em fazendas eólicas de médio e grande porte, em sistemas eólicos terrestres e *off shore*. Os sistemas híbridos eólico/diesel também podem ser empregados em aplicações de pequeno porte ou conectados a pequenas redes elétricas independentes, como as denominadas minirredes, com mercado potencial enorme nos países em desenvolvimento. Já os sistemas de médio e grande porte, com potência variando de alguns kW a milhares de MW, podem ser ligados à rede elétrica principal, sem afetar a qualidade de energia elétrica, desde que sejam tomados os cuidados necessários.

Turbinas eólicas têm sido largamente utilizadas, nos países desenvolvidos, no âmbito da geração distribuída, nome dado às centrais de pequeno/médio porte, conectadas ao sistema na tensão da rede de distribuição. Esse tipo de aplicação das turbinas eólicas é usado principalmente na Dinamarca, Suécia, Reino Unido e Alemanha. Sistemas de grande porte conectados à rede têm tido grande aplicação nos últimos anos em países como Estados Unidos, China, Alemanha, Índia e, mais recentemente, Brasil. Além de seu impacto na paisagem, questões como o uso da terra, a proteção das aves e a diminuição da poluição sonora podem exercer papel importante na aceitação da energia eólica. O envolvimento ativo e direto dos consumidores na utilização das turbinas eólicas tende a aumentar a aceitação dos impactos paisagísticos, como demonstra a experiência dinamarquesa. Entretanto, o nível de importância dessas questões varia de país para país e dependem da topografia, das densidades, dos usos da terra nas áreas atrativas para instalação de turbinas eólicas, além da conscientização ambiental e organização social da população. Nos Estados Unidos, a estratégia foi desenvolver grandes fazendas eólicas, como as instaladas na Califórnia.

Não se deve esquecer que a instalação de turbinas eólicas depende da disponibilidade de vento, que pode variar largamente mesmo em pequenas áreas. No Brasil, as condições mais favoráveis à instalação de usinas eólicas ocorrem não somente nas regiões costeiras (sistemas *off shore*), mas também no interior do país. A região Nordeste apresenta diversos locais atrativos, principalmente no litoral, o que também ocorre no Sul. Assim, é nessas regiões que se situam as principais grandes centrais eólicas brasileiras, mas ainda não há aplicações *off shore*.

Principais impactos

Os principais impactos socioambientais associados a sistemas de conversão de energia eólica têm relação com: nível de ruído, interferência eletromagnética, especialmente em aparelhos de TV, alteração da paisagem, interferência com a fauna alada, alteração do uso do solo e risco de ruptura dos componentes da estrutura das torres.

Esses fatores limitam sua utilização em áreas densamente povoadas. De qualquer forma, a ocupação de áreas para a implantação dessas unidades e a necessidade de um sistema de transmissão não constituem problemas que afetem de forma significativa os ecossistemas. Já os impactos sobre o uso do solo, para escalas maiores de geração, devem ser levados em conta no exame de viabilidade econômica e ambiental dessa fonte, sendo seus requisitos de áreas superiores aos das demais fontes, salvo a biomassa.

TRANSMISSÃO DE ENERGIA ELÉTRICA E IMPACTOS AMBIENTAIS

Aspectos básicos da transmissão de energia elétrica

Funções e características dos sistemas de transmissão

A transmissão de energia elétrica pode, em um sentido lato, ser entendida como o transporte de blocos de energia a partir das áreas de produção até o entorno das áreas de consumo. De certa forma, o entorno seria a fronteira entre a transmissão e a distribuição propriamente dita, a qual se encarrega de encaminhar a energia elétrica aos pontos de consumo, dos mais diversos tipos de consumidores, tais como indústrias, comércio em geral, residências, iluminação pública, entre outros. Em um sentido figurativo, tendo como referência o comércio, pode-se visualizar a transmissão como o atacado e a distribuição como o varejo.

Visualmente, a transmissão pode ser caracterizada pelas torres que ressaltam ao longo de estradas e paisagens do interior do país, servindo como suporte a blocos de condutores elétricos, em geral três, correspondendo aos sistemas trifásicos de corrente alternada, utilizados como padrão básico em todo o mundo. Também são encontrados alguns tipos de torres que suportam seis blocos de condutores, três de cada lado, e que correspondem a um circuito trifásico duplo. Estes são mais comuns nos sistemas de repartição da energia, mais próximos aos centros de consumo, transportando blocos menores de energia que já pertencem aos sistemas de distribuição. Um tipo de sistema de transmissão menos comum, o de corrente contínua (CC), cuja aplicação tem aumentado mais recentemente, caracteriza-se por torres suportando apenas dois blocos de condutores, correspondentes respectivamente ao polo positivo e ao negativo. É o caso de parte do sistema de transmissão de Itaipu: são aproximadamente 830 km de linhas de transmissão em corrente contínua que conduzem metade da potência da usina de Itaipu, ou seja, 6.300 MW, de Foz do Iguaçu até Ibiúna, em São Paulo. Também é o caso da transmissão de potência da mesma ordem, das usinas do Rio Madeira, Santo Antônio e Jirau, com cerca de 2.400 km até Araraquara, no interior do estado de São Paulo.

O processo de transmissão de energia elétrica apresenta perdas de diversas naturezas, como as causadas por efeito *joule* nos condutores e nos enrolamentos dos equipamentos, as provocadas pelo ciclo de histerese dos transformadores e reatores, denominadas perdas em vazio, e as perdas por corrente de fuga nos isoladores ou no ar.

O projeto econômico de uma rede elétrica, na qual a tensão e a potência são conhecidas, passa pela definição da seção condutora (bitola) ótima dos cabos condutores, que minimiza o custo total, inclui os custos dos investimentos e os custos das perdas capitalizados durante a vida útil da instalação. O condutor correspondente à bitola é denominado condutor econômico.

A Figura 2.11 ilustra graficamente o processo de determinação do condutor mais econômico para um par de valores fixos de tensão e potência. Nesse exemplo, a transmissão econômica corresponde à utilização de condutores com a bitola C e com custo A.

De forma geral, em sistemas de transmissão diferentes, bitolas maiores correspondem a correntes, tensões e, consequentemente, potências maiores. Para potências maiores, as torres também são maiores em razão, principalmente, dos requisitos de isolamento associados aos níveis mais altos de tensão, fenômenos relacionados com campos eletrostáticos e às solicitações mecânicas resultantes do maior peso dos cabos com bitolas maiores. Os cabos condutores de cada fase são também, muitas vezes, divididos em dois ou mais subcondutores, em função dos fenômenos associados com perdas e campos eletromagnéticos.

Figura 2.11 – Representação gráfica da escolha do condutor econômico.

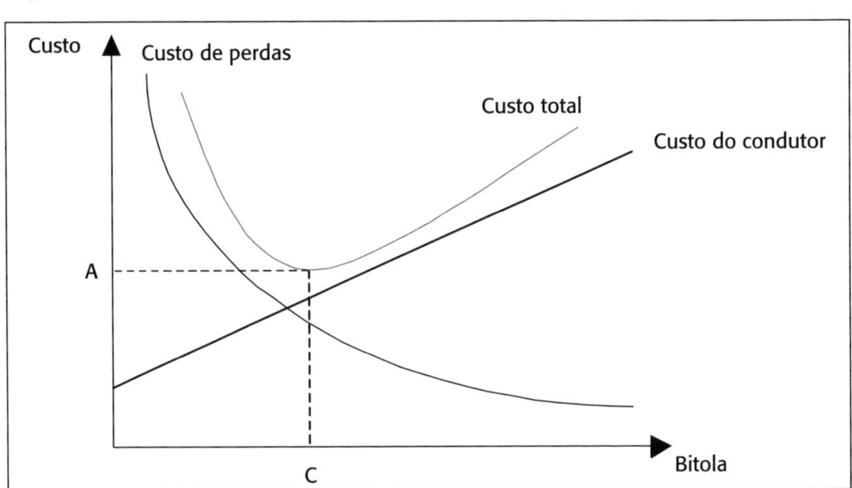

A seguir, são apresentadas algumas características específicas dos sistemas de transmissão em CA e CC, que podem servir de base para maior aprofundamento.

Transmissão em corrente alternada (sistema trifásico)

A escolha do melhor nível de tensão da transmissão em CA, em função da potência a ser transportada e das distâncias envolvidas, é objeto de muitos estudos e discussões. É fato notório, no caso do Brasil, a grande variedade de níveis de tensão existente em oposição à tendência mundial de padronização em poucos níveis.

No Brasil, atualmente, considera-se um sistema de transmissão aquele com tensão igual ou maior a 230 kV, o que corresponde à denominada rede básica.

Os níveis de tensão de transmissão existentes no país em CA são: 750 kV (800 kV), 500 kV, 440 kV, 345 kV e 230 kV.

Em geral, além da potência a ser transmitida, na escolha do nível de tensão mais adequado, há outros fatores que podem influenciar, tais como as particularidades dos sistemas elétricos aos quais será interligada a nova linha de transmissão, o grau de interconexões em torno da nova linha (sistema malhado ou não), requisitos de operação em condições normais e de emergência, além de confiabilidade (disponibilidade e segurança). Esses fatores são os mais importantes dentre aqueles considerados do ponto de vista técnico e econômico. Existem ainda os aspectos socioambientais, que serão abordados mais adiante.

Para ter uma ideia da escolha dos níveis de tensão em função da potência, em uma dada distância, pode-se considerar uma transmissão de longa distância, do tipo interligação ponto a ponto. Nesse caso, seria possível otimizar a tensão de transmissão em CA, em função da potência transmitida, como apresentado na Figura 2.12. Essa figura apresenta o custo total da transmissão em função da potência a ser transmitida para três níveis de tensão: 500, 750 (800) e 1.000 kV, para distâncias superiores a 1.000 km. Ela permite que sejam identificadas as seguintes tensões mais econômicas: 500 kV para potências de até 1.500 MW; 750 kV para potências entre 1.500 e 3.500 MW; e 1.000 kV para potências ainda mais elevadas. Curvas similares podem ser desenvolvidas para sistemas malhados, com algumas variações relacionadas à introdução de custos de reforços, que normalmente são necessários para garantir o bom desempenho do sistema.

Figura 2.12 – Níveis de tensão *versus* níveis de potência.

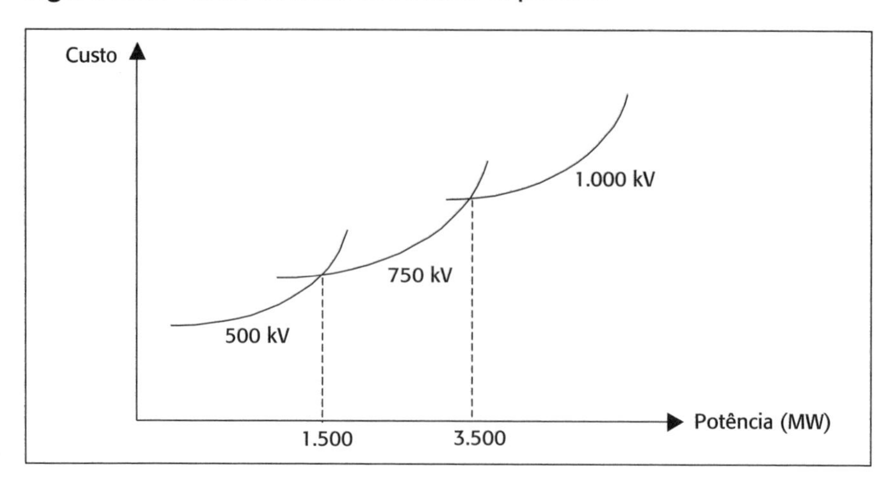

Observa-se, porém, que seria possível obter tensões ótimas teóricas diferentes dos níveis de 500, 750 e 1.000 kV com custos de transmissão menores do que aqueles mostrados na Figura 2.12. Isso não é feito na prática por razões de padronização dos níveis de tensão, ligadas à necessidade de interligações com redes atuais ou futuras.

Os principais problemas encontrados no planejamento dos sistemas CA, para a definição do nível de tensão e do número de circuitos necessários à rede em planejamento, são os relativos à compensação dos reativos (de natureza indutiva ou capacitiva), à estabilidade entre os geradores do sistema, aos níveis de curto-circuito e à confiabilidade.

Em geral, novos equipamentos e tecnologias estão sempre em processo de pesquisa e desenvolvimento a fim de melhorar o desempenho e diminuir os custos dos sistemas de transmissão em CA.

Transmissão em corrente contínua

Apesar do uso generalizado e das vantagens inerentes, existem situações para as quais os sistemas CA apresentam certas limitações, que podem ser de ordem técnica ou econômica. No primeiro caso, há situações nas quais a CA realmente não pode ser aplicada, como na interconexão de redes de frequências diferentes. No segundo caso, há situações em que a transmissão pode ser feita de modo mais barato em CC, como para transmissão a longas distâncias.

Uma análise comparativa das limitações encontradas nas transmissões CA e CC, sob o ponto de vista de limites de corrente e tensão, potência reativa e regulação de tensão, estabilidade, curto-circuito, equipamentos, controle de potência entre áreas etc., fornece uma relação de vantagens e desvantagens de um tipo de transmissão sobre o outro, relação essa que por si só indica as principais aplicações da CC em sistemas elétricos de potência:

- Interconexão de sistemas que têm frequências diferentes entre si ou interligação de redes com mesma frequência para as quais se deseje uma operação assíncrona ou haja a necessidade de uma.
- Transmissão de potência a distâncias longas ou muito longas por meio de linhas aéreas.
- Transmissão por cabos subterrâneos ou subaquáticos.
- Controle do fluxo de potência (intercâmbio) em interligações regionais (entre sistemas distintos, concessionárias etc.), com o consequente controle das frequências correspondentes.
- Combinações das aplicações anteriores em um mesmo projeto.

Em relação aos custos, a comparação de linhas de transmissão CC com CA para o mesmo nível de energia transportada deve considerar que, do ponto de vista da linha em si (custo por km), a tecnologia CC é mais barata (menos condutores, torres mais leves etc.), mas, ao se avaliar equipamentos e sistemas adicionais (subestações, compensação reativa, filtros etc.), é mais cara. Por essa razão, sistemas em CC podem ser competitivos para transporte a longas distâncias (por exemplo, acima de 700 ou 800 km), pois o menor impacto econômico pode viabilizar os custos das subestações conversoras necessárias, as quais são mais dispendiosas que as subestações em CA. Para cada nível de potência, há uma distância acima da qual redes CC transportam energia de modo mais econômico que redes CA (ver Figura 2.13).

Em corrente contínua, o Brasil, no momento, tem o sistema de transmissão das máquinas de 50 Hz de Itaipu (do Paraguai), com tensão de ± 600 kV, potência de 6.300 MW e linhas com, aproximadamente 830 km, que ligam Foz do Iguaçu a Ibiúna, operando há mais de trinta anos e o sistema de transmissão de 2.400 km, 6.000 MW e ± 600 kV das usinas do Rio Madeira, em fase final de implantação.

Figura 2.13 – Comparação do custo econômico entre CC e CA.

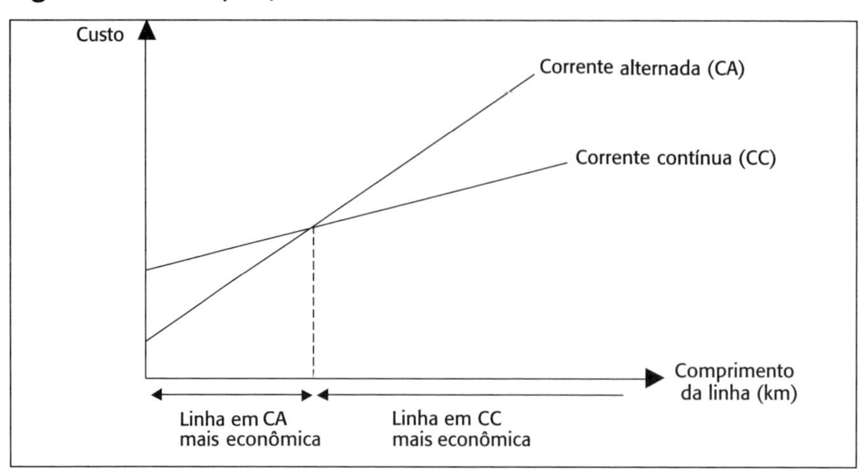

Redes interligadas

A operação interligada traz grandes vantagens ao dimensionamento de sistemas de transmissão: permite melhor utilização das fontes de geração, com consequente redução de custo, aumenta a flexibilidade operativa e a confiabilidade de suprimento, além de reduzir o porte do sistema, pois permite aproveitar a grande diversidade do uso da energia elétrica nos diversos segmentos de consumo. Por isso, os sistemas de transmissão começaram a interligar-se há muitas décadas e, hoje, são poucas as regiões desenvolvidas que não fazem parte de sistemas regionais nacionais ou mesmo transnacionais que operam interligados.

Aspectos socioambientais dos sistemas de transmissão

As linhas de transmissão causam impactos socioambientais também durante sua construção, além da fase de operação. Grandes linhas de transmissão, principalmente as associadas aos aproveitamentos de potenciais remanescentes de energia elétrica (região amazônica em especial), apresentam algumas questões bastante específicas. A necessidade da construção de subestações intermediárias ao longo das linhas interfere também nos contextos sociais e no meio ambiente local. Os primeiros problemas gerados pela implementação de linhas de transmissão começam com a sua construção e são principalmente:

- Desobstrução da faixa: desmatamento para início das obras.
- Escavações para as fundações.
- Montagem das estruturas: movimentação local.
- Implantação de um canteiro de obras.
- Abertura de estradas de acesso.

Todas essas atividades influem na vida da população local que nem sempre é beneficiada pela energia transportada, e se torna muito comum, no caso das linhas longas de alta tensão, a existência de comunidades sem energia elétrica "bem embaixo do linhão", como se diz. Outra questão: o traçado da linha visa, economicamente, ao caminho mais curto, o que, muitas vezes, causa conflito com populações e meio ambiente. Com o fortalecimento da legislação ambiental, cada vez mais, os traçados das linhas têm sido alterados em função das restrições associadas às áreas de preservação ambiental ou áreas indígenas. Outro fator importante no contexto da preservação ambiental é a construção de acessos para as obras e manutenção constante das linhas. Dessa maneira, fica mais fácil a penetração populacional, que é um tipo de impacto indireto significativo. Essa consequência pode ser mais nociva para o meio ambiente do que o próprio desmatamento necessário para a limpeza da faixa de segurança da linha de transmissão.

Há ainda outros efeitos elétricos e magnéticos que, geralmente, são considerados já durante os projetos das linhas, na forma de critérios que determinam valores e limites aceitáveis. Os principais são:

- Efeitos de campos elétricos e magnéticos: a existência desses campos pode causar indução de tensão e corrente em objetos metálicos. O projeto deve respeitar condições de segurança que garantam a ausência de perigo na manipulação de tais objetos a uma distância segura da linha. A presença desses campos pode também produzir interações nocivas com organismos vivos muito expostos aos seus efeitos.
- Efeito corona: refere-se a fontes de interferência eletromagnética que causam problemas de recepção em aparelhos de rádio e TV, o que pode ser bastante incômodo para os moradores na região afetada. Produz ruído audível, provocando sensação de insegurança, e formação de ozônio e óxido de nitrogênio que, por sua vez, contribuem para a formação de chuva ácida.
- Transferências de potencial: como qualquer equipamento elétrico, as linhas de transmissão e subestações estão sujeitas à ocorrência de curtos-

-circuitos. Esse tipo de falta ocasiona elevações de potencial em locais próximos às torres de transmissão e subestações, ou seja, a corrente que flui para a terra no momento do curto-circuito atravessa o corpo humano e pode ocasionar a morte do indivíduo. Esse efeito está relacionado à resistividade do solo, à distância da pessoa até o local da falta e ao dimensionamento do aterramento das torres de transmissão e subestações. O projeto das linhas e subestações deve considerar a segurança das pessoas que, por qualquer motivo, estejam próximas às unidades energizadas no momento do curto-circuito ou das descargas atmosféricas.

Quadro sintético dos principais impactos, causas e medidas mitigadoras/compensatórias: transmissão (quadro 2.3)

O relatório "Referencial para orçamentação (sic) dos programas sócio-ambientais (sic)" do Comase da Eletrobrás, volume III (1984), apresenta um quadro sintético para os sistemas de transmissão, o qual é apresentado a seguir, para pronta referência.

O quadro apresenta os impactos de uma forma geral, e deve-se comentar que alguns deles poderão não ocorrer em casos específicos de linhas em áreas urbanas ou rurais.

Quadro 2.3 – Principais impactos, causas e medidas mitigadoras/compensatórias: transmissão.

A) Meio físico			
Causa/atividade	Impactos	Momento de ocorrência do impacto	Medidas/ações
Transmissão			
Abertura de faixa de passagem, estradas de acesso, praças de montagem das estruturas, áreas de lançamento dos cabos e áreas para o canteiro de obras	• Erosão do solo • Interferência com recursos hídricos • Efeitos de borda	Construção Construção Construção e operação	• Controle dos processos erosivos • Proteção dos recursos hídricos

(continua)

Quadro 2.3 – Principais impactos, causas e medidas mitigadoras/compensatórias: transmissão. (*continuação*)

Causa/atividade	Impactos	Momento de ocorrência do impacto	Medidas/ações
Montagem, estruturas e lançamento de cabos	• Danos temporários ao solo	Construção	• Recuperação de áreas degradadas • Adequação dos critérios construtivos às condições ambientais
Subestação			
Ocupação da área para subestação, canteiros de obra (desmatamento e terraplanagem) e eletrodo de terra, abertura de acesso	• Interferência em recursos hídricos • Interferência em áreas legalmente protegidas • Efeito de borda	Construção Construção e operação Construção e operação	• Recuperação de áreas degradadas • Proteção dos recursos hídricos • Controle de processos erosivos
Operação das subestações (efluentes líquidos, sólidos e captação de águas)	• Poluição em recursos hídricos • Captação e devolução da água	Operação Operação	• Proteção dos recursos hídricos
B) Meio biótico			
Transmissão			
Abertura de faixa de passagem, estradas de acesso, praças de montagem das estruturas, áreas de lançamento dos cabos e áreas para canteiro de obras	• Retirada da cobertura vegetal • Interferência na fauna • Interferências em áreas legalmente protegidas	Construção Construção e operação Construção e operação	• Desmatamento seletivo e poda apropriada • Implantação e consolidação de unidades de conservação • Replantio da faixa de servidão com vegetação adequada
Montagem, estruturas e lançamento de cabos	• Danos temporários à vegetação	Construção	• Recuperação de áreas degradadas • Adequação dos critérios construtivos às condições ambientais
Manutenção da faixa de passagem das linhas	• Interferência na fauna e na flora	Operação	• Desmatamento seletivo e poda apropriada • Replantio da faixa de servidão com vegetação adequada

(continua)

Quadro 2.3 – Principais impactos, causas e medidas mitigadoras/compensatórias: transmissão. (*continuação*)

Causa/atividade	Impactos	Momento de ocorrência do impacto	Medidas/ações
Inclusão de obstáculos artificiais	• Interferência na rota de migração dos pássaros	Construção e operação	• Sistema adequado de sinalização aérea ou outros procedimentos para minimizar a interferência na rota migratória dos pássaros
Energização e operação da linha, surgimento dos efeitos eletromagnéticos	• Efeitos biológicos na fauna e na flora	Operação	• Acompanhamento dos estudos sobre efeitos biológicos dos campos eletromagnéticos em andamento no mundo e adequação ao sistema brasileiro • Aperfeiçoamento dos critérios de projeto
Subestação			
Ocupação da área para subestação, canteiros de obra (desmatamento e terraplanagem) e eletrodo de terra, abertura de acesso	• Retirada da cobertura vegetal • Interferência na fauna e na flora	Construção Construção	• Recuperação de áreas degradadas • Implantação e consolidação de unidades de conservação • Estudo da fauna e da flora
Operação da subestação (efluentes líquidos, sólidos e captação de águas)	• Interferência na fauna e na flora	Operação	• Manejo da fauna e da flora
Energização e operação de subestação, surgimento dos efeitos eletromagnéticos	• Efeitos biológicos na fauna e na flora	Operação	• Acompanhamento dos estudos sobre efeitos biológicos dos campos eletromagnéticos no mundo e adequação ao sistema brasileiro
C) Meio socioeconômico e cultural			
Transmissão			
Abertura de faixa de passagem, acesso, praças de montagem das estruturas, áreas para canteiro de obras	• Interferências com populações indígenas ou outros grupos • Desapropriação de terras	Planejamento, construção e operação Construção	• Apoio às comunidades indígenas ou a outros grupos étnicos • Acompanhamento e controle interétnico

(continua)

Quadro 2.3 – Principais impactos, causas e medidas mitigadoras/compensatórias: transmissão. (*continuação*)

Causa/atividade	Impactos	Momento de ocorrência do impacto	Medidas/ações
Abertura de faixa de passagem, acesso, praças de montagem das estruturas, áreas para canteiro de obras	• Limitação ao uso do solo por causa da servidão • Criação de expectativas nas populações afetadas • Deslocamento das populações afetadas • Indução à ocupação desordenada nas margens de LT'S e estradas de acesso • Interferências na atividade agropecuária • Interferências em edificações, vias públicas e tráfego • Interferências em locais de interesse histórico e cultural	Construção e operação Planejamento, construção e operação Construção e operação Construção e operação Construção e operação Construção e operação Construção e operação	• Uso múltiplo da faixa de servidão • Relocação de população urbana • Relocação de infraestrutura econômica e social • Indenizações de terrenos e benfeitorias • Comunicação socioambiental
Montagem de estruturas e lançamento de cabos	• Danos temporários às áreas cultivadas • Interferências com populações indígenas ou outros grupos	Construção Construção	• Apoio às comunidades indígenas ou a outros grupos • Acompanhamento e controle interétnico • Indenização por lucro cessante
Transporte de equipamento pesado	• Danos às estradas vicinais e vias públicas • Interferência no tráfego	Construção	• Escolha de vias adequadas para transporte de equipamentos/ orientação do tráfego
Inclusão de obstáculos artificiais	• Degradação da paisagem, desordem cênica e falta de integração visual	Construção e operação	• Aperfeiçoamento dos critérios de projeto

(continua)

Quadro 2.3 – Principais impactos, causas e medidas mitigadoras/compensatórias: transmissão. (*continuação*)

Causa/atividade	Impactos	Momento de ocorrência do impacto	Medidas/ações
Energização e operação da linha (surgimento dos efeitos eletromagnéticos)	• Efeitos biológicos • Efeitos decorrentes da transferência de potencial • Interferência em rádio e TV e ruído audível	Operação Operação Operação	• Acompanhamento dos estudos sobre efeitos biológicos dos campos eletromagnéticos no mundo e adequação à realidade brasileira • Aperfeiçoamento dos critérios de projeto • Comunicação socioambiental
Invasão da faixa	• Interferência na linha • Deposição de entulho e lixo • Risco de acidente	Operação Operação Construção e operação	• Uso múltiplo da faixa de servidão
Subestação			
Ocupação da área para subestação, canteiros de obra e eletrodo de terra (desmatamento e terraplanagem), abertura de estradas de acesso	• Interferência com população indígena ou outros grupos étnicos • Interferência no equipamento social e áreas comunitárias, locais de interesse histórico e cultural • Deslocamento da população • Maior fluxo migratório em função do aumento da oferta de emprego • Aquecimento da economia, seguido de retração no fim da obra • Interferência na saúde da população • Interferência na atividade agropecuária • Ruído, poeira	Planejamento, construção e operação Construção e operação Planejamento e construção Construção Construção e operação Construção Construção Construção	• Apoio às comunidades indígenas ou a outros grupos étnicos • Acompanhamento e controle interétnico • Redimensionamento dos serviços e equipamentos sociais urbanos • Saúde e saneamento básico • Relocação de população urbana • Relocação de infraestrutura econômica e social • Indenizações de terrenos e benfeitorias • Salvamento do patrimônio cultural (arqueológico, histórico e paisagístico) • Comunicação socioambiental

(*continua*)

Quadro 2.3 – Principais impactos, causas e medidas mitigadoras/compensatórias: transmissão. (*continuação*)

Causa/atividade	Impactos	Momento de ocorrência do impacto	Medidas/ações
Transporte de equipamentos pesados	• Danos às estradas vicinais	Construção	• Escolha de vias adequadas para transporte de equipamento/orientação do tráfego
Energização e operação da subestação, surgimento dos efeitos eletromagnéticos e liberação de efluentes líquidos e sólidos	• Ruído audível, interferência em rádio e TV • Disseminação de doenças na liberação de esgoto sanitário • Efeitos causados pela transferência de potencial • Efeitos biológicos	Operação Operação Operação Operação	• Aperfeiçoamento dos critérios de projeto diferenciados por região • Implantação de mecanismos de tratamento, acondicionamento e destino final de resíduos • Implantação de cinturão de árvores altas para absorção de ondas sonoras • Controle dos efeitos ocasionados pelos campos eletromagnéticos • Acompanhamento dos estudos sobre efeitos biológicos dos campos eletromagnéticos em andamento no mundo e adequação dos resultados à realidade brasileira • Comunicação socioambiental
Inclusão de obstáculo artificial	• Degradação da paisagem, desordem cênica e falta de integração visual	Construção e operação	• Implantação de cinturão de árvores altas para diminuição do impacto visual • Projetos paisagísticos
Manuseio de materiais perigosos	• Danos à saúde em razão do manuseio e da estocagem	Construção e operação	• Implantação de mecanismos de tratamento, acondicionamento e destino final de resíduos

DISTRIBUIÇÃO DE ENERGIA ELÉTRICA E IMPACTOS AMBIENTAIS

Aspectos básicos da distribuição de energia elétrica

A distribuição está associada ao transporte de energia no varejo, ou seja, do ponto de chegada da transmissão até cada consumidor individualizado, seja ele residencial, industrial, comercial, urbano ou rural. Os sistemas de distribuição gerenciam menores blocos de energia e percorrem distâncias mais curtas quando comparados aos de transmissão.

O sistema de distribuição de energia elétrica é uma estrutura dinâmica constituída por geração de pequeno porte (a geração distribuída), linhas, subestações, redes de média e baixa tensão, que busca suprir as cargas, atendendo a requisitos técnicos e de qualidade em um determinado ambiente socioeconômico que o afeta e é influenciado por ele. No cenário atual do país, consideram-se tensões de distribuição aquelas abaixo dos 230 kV, tensão mínima da rede básica. Nesse contexto, desde a repartição com a transmissão até a entrada do consumidor, considerando os denominados sistemas de distribuição primária e secundária, podem ser encontrados os seguintes níveis de tensão: 138 kV, 69 kV, 34,5 kV, 23 kV e 13,8 kV. Normalmente, a distribuição é feita com uso de torres nas tensões mais altas e com a utilização de postes nas mais baixas, em geral, abaixo de 23 kV. A distribuição subterrânea empregada em casos específicos apresenta custos maiores que a distribuição aérea.

A tensão mais utilizada para a distribuição urbana é de 13,8 kV, tensão transformada em 480 V, 220 V e 127 V, por exemplo, para a alimentação de residências, indústrias e comércio de pequeno porte.

O relacionamento da empresa com o consumidor e com o mercado caracteriza os condicionantes que determinam como ela deve comportar-se tecnicamente, tanto no que diz respeito aos investimentos na expansão quanto no que se refere ao atendimento dos atuais consumidores. A função comercialização trata da venda do produto ao consumidor, do atendimento técnico comercial (novas ligações e orientações quanto ao uso da energia elétrica), da prospecção e projeção de mercado.

Aspectos socioambientais dos sistemas de distribuição

Geralmente, os sistemas de distribuição apresentam adversidades socioambientais similares aos de transmissão, sendo as principais diferenças relacionadas com as dimensões das populações envolvidas e a necessidade de convivência com as áreas densamente povoadas e construídas das megalópoles e grandes cidades. As áreas rurais e os municípios de pequeno porte apresentam características totalmente diferentes. Problemas de convivência com a vegetação são mais críticos nos grandes centros, nos quais a poda de árvores apresenta complicadores não encontrados nas pequenas cidades e áreas rurais. As empresas de distribuição são encarregadas de entregar o produto energia elétrica a todos os locais de consumo. Assim, têm contato direto com todos os tipos de consumidores, o que gera a necessidade de ênfase especial na comercialização e, na relação com o público, com os órgãos reguladores e com órgãos de defesa do consumidor. Essas empresas têm agências de atendimento público em todos os municípios de atuação e, mais recentemente, constituíram ouvidorias, que cuidam da sua relação com consumidores, órgãos de regulação e de defesa do consumidor. Além disso, as empresas de distribuição recebem o pagamento direto pelo fornecimento de energia elétrica.

Como já comentado, no âmbito do setor elétrico, projetos de distribuição não se encontram sujeitos aos mesmos requisitos de licenciamento ambiental dos projetos de geração de maior porte e dos projetos de transmissão. Isso se deve ao pequeno porte das obras, incluindo a geração distribuída. Por sua vez, os projetos de distribuição inserem-se em um cenário que envolve outras questões sociais e ambientais, e sofrem forte impacto das legislações ambientais estaduais e municipais. Isso requer ações específicas para cada caso e leva as empresas a adotar ações pró-ativas relacionadas com a poda de árvores, informação e conscientização de consumidores e até mesmo ações preventivas de problemas sociais, não deixando de fornecer energia a locais não regularizados.

É importante ressaltar a questão já citada das perdas comerciais (resultantes dos "gatos", como são popularmente referenciados), que configura um sério problema das empresas de distribuição e faz parte de uma questão maior, a qual requer envolvimento multidisciplinar e abordagem de todos os aspectos técnicos, econômicos, ambientais, sociais e, talvez primeiramente, políticos.

A convivência com áreas mais povoadas impõe à distribuição cuidados especiais quanto a segurança e qualidade de vida dos cidadãos (ruído, impacto visual e ocupação do solo). Esses aspectos evidenciam-se ainda mais nas áreas urbanas, que exigem cuidados especiais no projeto e na operação desses sistemas. A segurança da população e das instalações é um problema de grande importância, principalmente nos grandes centros urbanos. As empresas, em geral, desenvolvem diversas campanhas, programas de educação e esclarecimento dos riscos, mas estão sempre às voltas com acidentes decorrentes de ações inconsequentes, como a busca de pipas e balões que caem nas subestações. Muitos acidentes acontecem porque muitas empresas de distribuição têm dificuldades para atender as ocorrências durante emergências, como alagamentos, congestionamentos etc. Durante o período de chuvas, por exemplo, é comum ocorrer o rompimento de cabos de distribuição, que ficam soltos até a chegada de socorro (das empresas), causando acidentes fatais que envolvem crianças ou pessoas desavisadas. Há também os riscos ainda maiores de acidentes nas áreas pobres da periferia dos grandes centros, onde existem os "gatos" (forma desordenada de "desviar" eletricidade sem pagar, que dá origem à boa parte das perdas comerciais). Existem ainda roubos de cabos e equipamentos.

Outro fator muito significativo do ponto de vista ambiental para a distribuição é a arborização, porque se faz necessária a prática da poda das árvores para a manutenção da rede de distribuição aérea, a fim de diminuir os riscos de defeitos durante ventanias e tempestades. Por sua importância e por ser um dos impactos de grande relevância, essa questão é tratada mais especificamente a seguir.

A questão da arborização

Assim como o fornecimento de energia elétrica com qualidade contribui decisivamente para o desenvolvimento social e econômico, a arborização urbana constitui elemento de suma importância para a obtenção de níveis satisfatórios de qualidade de vida.

Entre os vários aspectos positivos da arborização urbana, destacam-se a necessidade das árvores como filtro ambiental, que reduz os níveis de poluição do ar pela fotossíntese; a mitigação da poluição sonora pelos obstáculos que oferece à propagação do som; o equilíbrio da temperatura ambiente graças à sombra e à evapotranspiração que realiza; a redução da velocidade dos ventos e do impacto das chuvas; a atração para a avifauna; e, sobretudo, a harmonia paisagística e ambiental do espaço urbano.

Contudo, em boa parte dos casos, a relação entre a arborização e os demais elementos do espaço urbano tem sido administrada de forma conflituosa e fragmentada, no qual cada aspecto é potencialmente um obstáculo à harmonização do outro. Isso porque a arborização urbana mal planejada ou malconduzida pode acarretar problemas como interrupções no fornecimento de energia, perda da eficiência da iluminação pública, entupimento de calhas e bueiros, danos aos muros e telhados e dificuldades para a passagem de veículos ou pedestres.

Essas ocorrências tornam a atividade de poda um exercício indispensável à manutenção de razoáveis padrões urbanísticos. Entretanto, essa medida vai, pouco a pouco, apresentando resultados menos eficientes, já que tais podas, realizadas de forma aleatória e sem o emprego de ferramentas e técnicas adequadas, acabam por induzir ao crescimento desordenado e acelerado das espécies vegetais.

A moderna abordagem da questão da arborização urbana não mais está restrita à função meramente acessória entre os elementos que compõem o espaço urbano; sua importância, de caráter estrutural, deve estar presente no planejamento integrado da cidade, e o modelo adotado, com seus prós e contras, deve representar uma opção definida pela sociedade.

Responsabilidades

Pelo fato de a arborização urbana ser um elemento integrado às demais áreas verdes das cidades e, portanto, recurso natural de domínio público, cabe às prefeituras sua conservação.

Do ponto de vista legal, de acordo com o disposto no art. 65 do Código Civil e art. 151 do Código de Águas, é notória a conclusão de que é das prefeituras a responsabilidade pelas podas das árvores, podendo, no entanto, as concessionárias de energia elétrica executá-las quando as árvores próximas às redes constituírem riscos iminentes de acidentes para pessoas, instalações da empresa e/ou interrupções do fornecimento de energia.

Programas de arborização

Existem vários programas bem-sucedidos de arborização urbana visando à conservação da rede elétrica que foram desenvolvidos por meio de convênios entre as empresas de distribuição. Algumas ações desses programas são apresentadas a seguir:

- Plantio de espécies adequadas: esse programa enfatiza o plantio de árvores de porte compatível com a rede elétrica, a fim de evitar que, no futuro, o índice de cortes de energia por danos à rede se eleve.
- Substituição de árvores incompatíveis com o espaço urbano: tem por objetivo substituir as árvores de porte desfavorável com a rede elétrica, para as quais não resta alternativa senão a realização de podas drásticas, que podem comprometer a sua estética natural, assim como árvores que se encontram em estado precário ou em idade avançada, que representam riscos potenciais à comunidade. Essa troca pode ser feita plantando-se novas mudas nos locais anteriormente ocupados por essas espécies de grande porte.
- Treinamento da equipe de podas: por meio do estabelecimento de critérios técnicos para a execução de podas, é possível evitar que árvores impactadas morram, tenham rebrotamento intenso ou apresentem dano estético grave.
- Implantação de viveiros municipais: por meio de ações educacionais práticas voltadas ao plantio e à distribuição para a população de espécies adequadas ao ecossistema urbano.
- Educação ambiental: conscientização de toda a comunidade sobre a importância dos programas de arborização, enfatizando como ela é diretamente afetada e de que maneira pode colaborar.

Aspectos legais da inserção ambiental em projetos energéticos

3

A ciência do Direito, assim como a de outras áreas do saber, baseia-se em preceitos, regras e princípios que estabelecem parâmetros comuns de leitura, entendimento e ordens que subsidiam os diversos relacionamentos sociais. Cada país abraça determinado tipo de sistema jurídico para poder estipular normas de convívio social, tanto de ordem interna, em seu território, como em âmbito externo, nos relacionamentos com outros Estados e pessoas (físicas e jurídicas) desses lugares. No Brasil, essas normas seguem os preceitos ditados pelo Direito germânico-romano, o qual, basicamente, estrutura-se por normas positivadas, ou seja, normas escritas, com a hierarquia normativa da Constituição Federal.

O Direito manifesta-se por meio de normas jurídicas que, por sua vez, possuem certas características próprias que as diferenciam de outras normas, como as religiosas. A diferença está nas seguintes características:

- Coercibilidade: as normas jurídicas contam com a força coercitiva do Estado para exigir cumprimento das regras jurídicas sobre as pessoas.
- Imperatividade: a norma jurídica tem o poder de impor a uma determinada parte o cumprimento de um dever.
- Atribuidade: a norma jurídica atribui à outra parte o direito de exigir o cumprimento de determina tarefa.
- Promoção da justiça: soluciona o conflito de modo equilibrado, com ideais de ordem, segurança, paz etc.

As fontes do Direito determinam os parâmetros que originaram o cumprimento das normas jurídicas:

- Os costumes (práticas reiteradas da sociedade).
- A lei (normas escritas).
- A doutrina (escritos de notáveis da ciência jurídica).
- A jurisprudência (manifestações reiteradas e uniformes dos tribunais superiores).

O Estado tem o dever de promover o bem comum, dentro do cômputo de regras estabelecidas.

O Brasil é um Estado democrático de direito e adota como forma de governo a República. É um Estado federado, formado por entidades (União, estados, Distrito Federal e municípios) com autonomia política e administrativa, ou seja, auto-organização e autogoverno, na esfera da competência determinada pela Constituição.

Nos últimos séculos, os diversos movimentos sociais que resultaram em revoluções comportamentais, alterações de poder político, novas estruturas sociais, entre outras, trouxeram avanços tecnológicos inimagináveis e diversos benefícios para a humanidade. Entretanto, no que concerne a ditames de proteção e conservação do meio ambiente, a civilização está passando por momentos críticos. Sem entrar no mérito das questões que levaram a humanidade a percorrer um caminho tão complexo, a ciência do Direito procura, por meio de normas jurídicas, regrar os diversos interesses da sociedade (setor privado, setor público e sociedade civil).

Nesse contexto, o Direito incorpora, aos poucos, os preceitos que embasam o conceito do desenvolvimento sustentável entre as populações de todos países e nações, a busca pela qualidade de vida e o equilíbrio ecológico para as presentes e futuras gerações.

No caso brasileiro, o país prima por um aparato jurídico-normativo amplo, forte e capaz de prevenir danos ambientais, é portador de preceitos administrativos dotados de um gerenciamento eficaz e de um sistema de responsabilização moderno. Contudo, a falta de conhecimento das normas ambientais, a alteração de paradigmas tradicionais e a insistência em trilhar caminhos já reconhecidos como agressivos para o meio ambiente não possibilitam a devida aplicação e o cumprimento que o sistema normativo brasileiro possui. Ultimamente, tem-se observado o retrocesso de conquistas normativas voltadas para a proteção ambiental.

As normas ambientais brasileiras disciplinam as atividades em território brasileiro, incluindo aquelas associadas à energia, mas faz isso de forma centrada nos aspectos ambientais, e não nas próprias atividades, o que requer, para cada caso enfocado, a busca das determinações legais correspondentes.

Nesses termos, para identificar as normas ambientais associadas à energia, há necessidade que se faça verificação assentada no sistema de hierarquia das normas jurídicas adotadas no Brasil, nas áreas de energia, social e ecológica e, após esse complexo e exaustivo estudo, é necessário interpretar todo esse intrincado arsenal jurídico.

Buscam-se, na ciência da hermenêutica (interpretação das normas), indicações que suportem argumentações de cunho legal. Nesse sentido, a análise apresentada a seguir procura agregar diversas escolas, priorizando a interpretação sistêmica e social das regras apresentadas.

CONSTITUIÇÃO FEDERAL E A PROTEÇÃO AO MEIO AMBIENTE

Observações quanto às indicações implícitas e explícitas de proteção ao meio ambiente

No que diz respeito ao tema ambiental, a nossa atual Carta Magna inaugurou uma nova fase para a ciência do Direito no que se refere às concepções inovadoras, ousadas e complexas, pois seus ditames estabelecem inéditos patamares de convivência social no Brasil.

Nossa Carta Maior é o documento-guia, superior a normas infraconstitucionais (leis, decretos, resoluções etc.) e não pode ser contrariada, pois expressa a vontade do povo brasileiro. Nesse escopo, é necessário que a implementação, a adequação e a mudança de sistemas institucionais sejam verificadas sob o prisma constitucional.

Sem sombra de dúvidas, a Carta de 1988 primou pela proteção dos bens ambientais brasileiros indicando preceitos implícitos e explícitos (no texto geral e no capítulo próprio) desse teor. No art. 5º, por exemplo, apresenta-se uma série de direitos fundamentais individuais e coletivos, entre eles: o direito à informação, direito de associar-se, direito de jurisdição diante de ameaça ou lesão etc. Explicitamente, o título que trata de ordem econômica e financeira indica que, entre seus princípios, está a defesa do meio ambiente. No capítulo que trata especificamente do meio ambiente (a Constituição protege aspectos do meio ambiente do trabalho, natural, cultural e artificial), podem ser verificados quatro tipos de comando:

- Norma matriz (principiológicas).
- Normas atributivas (incumbências do Poder Público).
- Normas de determinações (para condutas, setores e bens específicos).
- Normas que determinam o sistema de responsabilização ambiental no país.

No que diz respeito às normas ambientais principiológicas que regem esse sistema, é necessário observar que o meio ambiente ecologicamente equilibrado e essencial à sadia qualidade de vida é um direito todos. Trata-se de direito ou interesse coletivo. Com isso, foram incluídos no sistema brasileiro, que se estruturou com base na dupla classificação do Direito em público e privado, os direitos metaindividuais (art. 81, Lei n. 8.078, de 11 de setembro de 1990). Nesse sentido, indica ainda que os bens ambientais são de uso comum do povo, devem ser preservados e defendidos pelo Poder Público e pela coletividade para as presentes e futuras gerações (concretizados aqui os Princípios do Desenvolvimento Sustentado e Participação Pública).

Dentre as incumbências destinadas ao Poder Público, é preciso destacar a exigência de Estudo Prévio de Impacto Ambiental (Epia) para atividades de significativo impacto ambiental; a proteção da flora e fauna, a preservação de processos ecológicos, a definição de espaços protegidos, o controle de substâncias que coloquem em risco a vida e a promoção da educação ambiental.

A Constituição oferece ademais um sistema de responsabilização inédito e polêmico, como é o caso da responsabilidade penal da pessoa jurídica. Privilegia a proteção especial de alguns ecossistemas, como da Mata Atlântica, da Serra do Mar, do Pantanal Mato-grossense, da Amazônia e da Zona Costeira. Também constam em sua proteção regras específicas para as atividades e os empreendimentos nucleares e minerais.

A partir daí, todo patamar legal no país que trata de usos ou lesões a bens ambientais deve orientar-se nesses valores apresentados, sob pena de estar contrariando a vontade nacional.

A Constituição Federal estabelece a competência comum (material) para que os componentes do Estado federado – União, estados, Distrito Federal e municípios – adotem procedimentos administrativos de proteção do meio ambiente, da flora, da fauna, de florestas, de bens culturais, entre outros. Nesse sentido, o parágrafo único do art. 23 dispõe que Lei Complementar fixará normas para cooperação entre os entes federados, com vistas ao equilíbrio do desenvolvimento e do bem-estar em âmbito nacional. O intuito foi consignar um normativo que pudesse atender pleitos relacionados à transversalidade horizontal e vertical, ou seja, no primeiro caso, conciliar competências de órgãos e entidades que, de certa forma, tratam do mesmo bem. O exemplo é a água, em que se tem regras advindas dos órgãos ambientais, dos gestores de recursos hídricos, do saneamento, da saúde. Na seara vertical, o intuito é harmonizar direcionamentos que visem aos interesses nacionais.

A Lei Complementar n. 140, de 8 de dezembro de 2011, veio regulamentar esse dispositivo, atendendo, em parte, o teor constitucional. Senão vejamos:

- Se, por um lado, colocou objetivos comuns entre os entes federados (proteção ao meio ambiente, harmonização de políticas e ações administrativas para evitar sobreposição de atuação, uniformidade da polícia ambiental para todo país), indicando, também, os instrumentos de cooperação, como os consórcios públicos, convênios, delegação, por outro lado fugiu do escopo da Lei Complementar ao consignar ações específicas para os entes federados, fato que não coaduna com a proposta constitucional. Nesse sentido, foi intentada Ação Direta de Inconstitucionalidade pela Associação Nacional dos Servidores da Carreira de Especialista em Meio Ambiente e outros, perante o Supremo Tribunal Federal (ADI n. 4.757).
- Já no cômputo da competência formal (para legislar), a competência é concorrente, ou seja, a União, os estados e o Distrito Federal podem estabelecer regras para proteger os documentos, as obras e outros bens de valor histórico, artístico e cultural, os monumentos, as paisagens naturais notáveis e os sítios arqueológicos, proteger o meio ambiente e combater a poluição em quaisquer formas, preservar as florestas, a fauna e a flora. A Constituição determina que caberá à União estabelecer normas gerais e aos estados, a competência supletiva e, no caso de inexistência de Lei federal, exercer a competência plena, tendo em vista suas peculiaridades. Os municípios aparentemente excluídos dessa divisão podem legislar em casos de interesse local ou suplementar legislação federal ou estadual no que couber, conforme o que dispõe o art. 30 de nossa Carta Maior.

Indicações constitucionais relativas ao setor elétrico

A seguir, apresentam-se as principais determinações e observações constantes na Constituição Federal relacionadas ao setor de energia:

- Os lagos, os rios e os potenciais de energia hidráulica são bens de domínio da União (art. 20, III e VIII).
- Na exploração de petróleo, gás natural e recursos hídricos que visem à geração de energia: a União, os estados, o Distrito Federal e os municípios participam nos resultados, conforme determinação legal (art. 20, § único).
- É competência material da União explorar, diretamente ou por meio de concessões, autorizações e permissões, "os serviços e instalações de energia elétrica e o aproveitamento energético dos cursos de água, em articulação com os Estados onde se situam os potenciais hidroenergéticos" (art. 21, XII, letra b).
- A União tem competência exclusiva (não pode delegar) para "instituir o Sistema Nacional de Gerenciamento de Recursos Hídricos e definir critérios de outorga de direito de seu uso" (art. 21, XIX).
- A União é competente para legislar sobre "águas, energia, populações indígenas e atividades nucleares de qualquer natureza" (art. 22, IV, XIV e XXVI). Trata-se de uma competência privativa, podendo delegar aos Estados, desde que editada uma Lei Complementar nesse sentido.
- Incluem-se entre as competências comuns da União, dos Estados, do Distrito Federal e dos Municípios, as autorizações de "registrar, acompanhar e fiscalizar as concessões de direitos de pesquisa e exploração de recursos hídricos e minerais em seus territórios" (art. 23, XI).
- É competência exclusiva do Congresso Nacional "autorizar, em terras indígenas, a exploração e o aproveitamento de recursos hídricos e a pesquisa e lavra de riquezas minerais" (art. 49, XVI).
- Dentre os princípios da ordem econômica apontados no art. 170, o inciso VI indica a defesa do meio ambiente, mediante tratamento diferenciado conforme o impacto ambiental dos produtos e serviços e de seus processos de elaboração e prestação.

- No caso de prestação de serviços públicos, incumbe ao Poder Público, na forma da lei, ou prestar o serviço diretamente ou por meio de licitação, na forma de regime de concessão ou permissão (art. 175).
- A propriedade das jazidas, dos recursos minerais e potenciais de energia hidráulica é da União e distinta da propriedade do solo (art. 176).
- A política agrícola, em seu planejamento, levará em conta, entre outros temas, "a eletrificação rural e irrigação" (art. 187, VII).
- No capítulo dedicado ao meio ambiente (art. 225), o *caput* acolhe o princípio do desenvolvimento sustentável ao determinar a defesa do meio ambiente para as presentes e futuras gerações, assim como princípio da participação pública paritária ao determinar o dever do Poder Público e da coletividade na preservação e proteção. Estabelece os direitos e interesses metaindividuais ao meio ambiente sadio e ecologicamente equilibrado. Dentre as incumbências do Poder Público, no § 1º, IV, determina a obrigatoriedade dos Estudos Prévios de Impacto Ambiental (Epia) para empreendimentos que tragam significativos impactos ambientais, e no § 3º prevê a sanção penal tanto para pessoa física e jurídica, assim como a responsabilidade administrativa e civil, para condutas lesivas ao meio ambiente.
- O uso de potenciais energéticos, o aproveitamento de recursos hídricos e a pesquisa e a lavra das riquezas e minerais em terras indígenas somente se darão com a autorização do Congresso Nacional, a oitiva da comunidade afetada e a participação nos resultados (art. 231, § 3º).

ESTRUTURA LEGAL DO SETOR ENERGÉTICO E O MEIO AMBIENTE

Indicam-se, a seguir, as principais normas que embasam o sistema do setor elétrico brasileiro. É mister considerar que essa atividade tem passado por uma série de transformações normativas, notadamente, em relação ao processo de desestatização, como é o caso da criação de agências reguladoras. A edição de normas jurídicas voltadas à proteção e à conservação dos recursos ambientais também agregou, para o setor, novas demandas em relação ao uso e descarte de bens ambientais nesse âmbito, demandas e usos dos recursos hídricos, perda, em alguns casos, de territórios ricos em biodiversidade, alterações sociais etc.

As normas voltadas ao meio ambiente privilegiaram, ainda, princípios internacionais, como determinação de ações preventivas (Epia, licenciamento ambiental etc.) e convocação de segmentos sociais para gerenciar e, algumas vezes, decidir sobre os caminhos de determinados pleitos (Comitês de Bacia, Conselhos de Meio Ambiente etc.), ratificando, assim, o princípio da participação pública e, consequentemente, a informação ambiental. No que tange a ações punitivas e educadoras, consagraram o princípio do poluidor-pagador e usuário-pagador.

No que tange às normas de interesse do setor energético, sem esgotar o tema, podem ser salientadas normas que referenciam o tema ambiental:

- A Lei n. 8.987, de 13 de fevereiro de 1995, "dispõe sobre o regime de concessão e permissão da prestação de serviços públicos". No art. 29, X, determina que o Poder Concedente deve estimular o aumento da qualidade, da produtividade e a preservação e conservação do meio ambiente.
- A Lei n. 9.074, de 7 de julho de 1995, "estabelece normas para outorga e prorrogações das concessões e permissões de serviços públicos". O art. 3º dessa norma aponta, no inc. V que, na aplicação dos arts. 42 ao 44 da Lei n. 8.987/95, serão observados o uso racional dos bens coletivos e os recursos naturais. A Lei ainda estabelece, no § 3º do art. 5º, delineamentos para o aproveitamento ótimo, "definido em sua concepção global pelo melhor eixo do barramento, arranjo físico geral, níveis de água operativos, reservatório e potência, integrante da alternativa escolhida para divisão de quedas de uma bacia hidrográfica". O art. 5º dessa norma indica quais são os empreendimentos passíveis de concessão. No art. 6º consta que as usinas termoelétricas destinadas à produção independente poderão ser objetos de concessão mediante licitação ou autorização. O art. 7º arrola os empreendimentos sujeitos apenas à autorização.

Outro marco importante no arsenal jurídico do setor é a lei de criação da Agência Nacional de Energia Elétrica (Aneel) – Lei n. 9.427, de 26 de dezembro de 1996. Esse documento "disciplina o regime de concessões de serviços públicos de energia elétrica". Sua finalidade é fiscalizar a produção, transmissão, distribuição e comercialização de energia elétrica, em conformidade com as políticas e diretrizes do governo federal, como é o caso da observação das diretrizes traçadas pelo art. 5º da Lei n. 6.938, de 31 de agosto de 1981 (Política Nacional do Meio Ambiente). O § 3º do art. 31 do normativo da Aneel determina que os órgãos responsáveis pelo gerenciamento dos recursos hídricos e a Aneel devem articular-se para outorgar concessão de uso de águas em bacias hidrográficas, de que possa resultar a redução da potência firme de potenciais hidráulicos, especialmente os que se encontrem em operação, com obras iniciadas ou por iniciar, mas já concedidas.

Nesse sentido, referenciam-se os trâmites de articulação da Resolução n. 131, de 11 de março de 2003, da Agência Nacional de Águas, que dispõe sobre procedimentos referentes à emissão de declaração de reserva de disponibilidade hídrica e de outorga de direito de uso de recursos hídricos, para uso de potencial de energia hidráulica superior a 1 MW em corpo de água de domínio da União.

A norma que dispõe sobre a política energética nacional e cria a Agência Nacional de Petróleo (ANP) é a Lei n. 9.478, de 6 de agosto de 1997, que institui também o Conselho Nacional de Política Energética, que é órgão de assessoramento do presidente da República de formulação e diretrizes para o setor, e que deve considerar a preservação do interesse nacional, a proteção do meio ambiente, a conservação de energia etc., na forma disposta no Decreto n. 3.520, de 21 de junho de 2000. Dos princípios e objetivos da Política Energética Nacional, destaca-se o referencial ligado ao tema ambiental. Os incisos IV, XII e XVIII do art. 1º, respectivamente, visam a proteger o meio ambiente e promover a conservação de energia, incrementar, em bases econômicas, sociais e ambientais, a participação dos biocombustíveis na matriz energética nacional e mitigar as emissões de gases causadores de efeito estufa e de poluentes nos setores de energia e de transportes, inclusive com o uso de biocombustíveis.

Segundo o inciso IX do art. 8º, a ANP deve fazer cumprir as boas práticas de conservação e uso racional do petróleo, gás natural, seus derivados e biocombustíveis e de preservação do meio ambiente.

Nos contratos de concessão, segundo o inciso I do art. 44, a ANP deve adotar, em todas as suas operações, as medidas necessárias para a conservação dos reservatórios e de outros recursos naturais, para a segurança das pessoas e dos equipamentos e para a proteção do meio ambiente.

Quanto à destinação dos *royalties*, a parcela que exceder 5% da produção terá, entre a distribuição dos valores, nos termos do art. 49, letra a: 25% ao Ministério da Ciência e Tecnologia para financiar programas de amparo à pesquisa científica e ao desenvolvimento tecnológico aplicado à indústria do petróleo, do gás natural, dos biocombustíveis e à indústria petroquímica de primeira e segunda geração, bem como para programas de mesma natureza que tenham por finalidade prevenir e recuperar danos causados ao meio ambiente por essas indústrias; os recursos da participação especial serão distribuídos, entre as proporções. Segundo o art. 50, II, letra i: 10% ao Ministério do Meio Ambiente, destinados, preferencialmente, ao desenvolvimento de atividades de gestão ambiental relacionadas à cadeia produtiva do petróleo, incluindo as consequências de sua utilização, iniciativas de fortalecimento do Sistema Nacional do Meio Ambiente – Sisnama.

No que tange à comercialização, a recente edição da Lei n. 10.848, de 15 de março de 2004, "dispõe sobre a comercialização de energia elétrica".

Outras normas jurídicas relevantes para o meio ambiente são a Lei n. 10.295, de 17 de outubro de 2001, que "dispõe sobre a política nacional de conservação e uso racional de energia", visando à alocação eficiente de recursos energéticos e à preservação do meio ambiente; a Lei n. 9.991, de 24 de julho de 2000, que "dispõe sobre a realização de investimentos em pesquisa e desenvolvimento e em eficiência energética por parte das empresas concessionárias, permissionárias e autorizadas do setor de energia elétrica"; a Lei n. 10.438, de 26 de abril de 2002, que "cria o Programa de Incentivo às Fontes Alternativas de Energia Elétrica (Proinfa)"; o Decreto de 18 de julho de 1991, que "dispõe sobre o Programa Nacional de Conservação de Energia (Procel)"; e o Decreto de 8 de dezembro de 1993, que "dispõe sobre a criação do selo verde de eficiência energética".

A Lei n. 12.351, de 22 de dezembro de 2010, dispõe sobre a exploração e a produção de petróleo, gás natural e outros hidrocarbonetos fluidos, sob o regime de partilha de produção, em área do pré-sal em áreas estratégicas.

O Decreto n. 7.805, de 14 de setembro de 2012, regulamenta a Medida Provisória n. 579, de 11 de setembro de 2012, que dispõe sobre as concessões de geração, transmissão e distribuição de energia elétrica, sobre redução dos encargos setoriais e sobre modicidade tarifária. O art. 1º dispõe sobre as prorrogações das concessões.

O Decreto n. 7.746, de 5 de junho de 2012, regulamenta o art. 3º da Lei n. 8.666, de 21 de junho de 1993, para estabelecer critérios, práticas e diretrizes para promoção do desenvolvimento sustentável nas contratações realizadas pela administração pública federal e institui a Comissão Interministerial de Sustentabilidade na Administração Pública.

Entre as normas ambientais, há documentos importantes a serem observados pelos agentes do setor energético:

- A Lei n. 8.078, de 11 de setembro de 1990, que "dispõe sobre a proteção do consumidor", e a Lei de Educação Ambiental n. 9.795, de 27 de abril de 1999, que estabelece preceitos sobre a educação ambiental e institui a Política Nacional de Educação Ambiental. O art. 3º dessa norma determina as incumbências dos diversos segmentos da sociedade. Entre eles, destacam-se: empresas, instituições públicas e privadas devem promover programas destinados à capacitação dos trabalhadores, visando à melhoria do meio ambiente do trabalho; e a exigência, aos integrantes do Sistema Nacional de Meio Ambiente (Sisnama), de promover ações de educação ambiental.
- O Decreto-lei n. 1.413, de 14 de agosto de 1975, que "dispõe sobre o controle da poluição do meio ambiente provocada por atividades industriais". Essa norma tem como meta a prevenção ou a correção dos inconvenientes e prejuízos causados pela poluição e contaminação do meio ambiente.
- O Decreto n. 95.733, de 12 de fevereiro 1988, diz que, no planejamento de projetos e obras com recursos federais, serão considerados os efeitos ambientais.
- A Lei n. 8.666, de 21 de junho de 1993 (Lei de Licitações), indica, no art. 12, VII que, nos projetos básicos e projetos executivos de obras e serviços, será considerado o impacto ambiental.
- O Decreto n. 1.717, de 24 de novembro de 1995, por seu turno, determina procedimentos para prorrogação das concessões dos serviços públicos de energia elétrica de que trata a Lei n. 9.074, de 7 de julho de 1995, considerando que, para prorrogação e outorga, o Poder Concedente deve observar o uso racional dos bens coletivos, inclusive os recursos naturais.
- A Lei n. 9.433, de 8 de janeiro de 1997, cria a Política Nacional de Recursos Hídricos.
- A Lei n. 9.605, de 12 de fevereiro de 1998, institui a Lei de Crimes Ambientais.
- A Lei n. 7.661, de 16 de maio de 1988, aprova o Plano Nacional de Gerenciamento Costeiro.
- A Lei n. 9.985, de 18 de julho de 2000, cria o Sistema Nacional de Unidades de Conservação.
- A Lei n. 10.847, de 15 de março de 2004, "autoriza a criação da Empresa de Pesquisa Energética (EPE)", que tem como incumbência

prestar serviços na área de estudos e pesquisas destinadas a subsidiar o planejamento do setor energético, como energia elétrica, petróleo, gás natural e seus derivados, carvão mineral, fontes energéticas renováveis, eficiência energética, entre outras. Está sob a incumbência desse órgão, nos termos do art. 4º, V, a realização de "estudos para a determinação dos aproveitamentos ótimos dos potenciais hidráulicos"; inc. VI, "obter a licença prévia ambiental e a declaração de disponibilidade hídrica necessárias às licitações envolvendo empreendimentos de geração hidrelétrica e de transmissão de energia elétrica, selecionados pela EPE"; inc. VIII, "promover estudos para dar suporte ao gerenciamento da relação reserva e produção de hidrocarbonetos no Brasil, visando à auto-suficiência sustentável"; inc. X, "desenvolver estudos de impacto social, viabilidade técnico-econômica e socioambiental para os empreendimentos de energia elétrica e de fontes renováveis".

- O Decreto n. 5.577, de 8 de novembro de 2005, institui o Programa Nacional de Conservação e uso sustentável do Bioma Cerrado.
- Em 2006, foi regulamentado inciso IV do art. 225 da Constituição Federal para utilização e proteção da vegetação nativa do Bioma Mata Atlântica, por meio da Lei n. 11.445, de 22 de dezembro.
- O Decreto n. 6.686, de 10 de dezembro de 2008, altera o Decreto n. 6.514, de 2008, que trata de infrações e sanções administrativas ao meio ambiente.
- O Decreto n. 6.848, de 14 de maio de 2009, altera o Decreto n. 4.340, de 2002, que regulamenta a compensação ambiental.
- Em 2009, aprovada a Lei n. 12.187, que criou a Política Nacional sobre Mudanças Climáticas.
- O Decreto n. 7.341, de 22 de outubro de 2010, regulamenta a Lei n. 11.952, de junho de 2009, para dispor sobre a regularização fundiária das áreas urbanas situadas em terras da União no âmbito da Amazônia Legal.
- O Decreto n. 7.342, de 26 de outubro de 2010, institui o cadastro socioeconômico para identificação, qualificação e registro público da população atingida por empreendimentos de geração de energia elétrica e cria o Comitê Interministerial de Cadastramento Socioeconômico, no âmbito do Ministério de Minas e Energia.

- A Lei n. 12.334, de 20 de setembro de 2010, estabelece a Política Nacional de Segurança de Barragens destinadas à acumulação de água para quaisquer usos, à disposição final ou temporária de rejeitos e à acumulação de resíduos industriais.
- A Lei n. 12.651, de 25 de maio de 2012, dispõe sobre a proteção da vegetação nativa (novo Código Florestal).
- A Portaria n. 116, de 14 de fevereiro de 2012, da Funai, estabelece diretrizes e critérios a serem observados na concepção e execução das ações de demarcação de terras indígenas, e a Instrução Normativa n. 1, de janeiro de 2012, estabelece normas sobre a participação da Funai no processo de licenciamento ambiental de empreendimentos ou atividades potencial e efetivamente causadoras de impactos ambientais e socioculturais que afetem terras e povos indígenas.
- Decreto n. 7.746, de 5 de junho de 2012, regulamenta o art. 3º, da Lei n. 8.666, de 21 de junho de 1993, para estabelecer critérios, práticas e diretrizes para a promoção do desenvolvimento nacional sustentável nas contratações realizadas pela administração pública federal e institui a Comissão Interministerial de Sustentabilidade na Administração Pública (Cisap).

Além disso, a Aneel, em suas resoluções, especifica regras pertinentes ao tema ambiental. Com esse teor, a Resolução Aneel n. 456, de 2000, estabelece as condições gerais de fornecimento de energia elétrica e determina como necessário apresentar licença emitida pelo órgão responsável pela preservação do meio ambiente. Também o Despacho Aneel n. 173, de 7 de maio de 1999, estabelece os procedimentos de autorização para a exploração de central hidrelétrica, com potência superior a 1 MW e igual ou inferior a 30 MW (PCHs), destinada à autoprodução ou à produção independente. No item I, determina que a autorização para exploração de um aproveitamento fica condicionada à apresentação do Projeto Básico acompanhado do protocolo do órgão gestor do meio ambiente que comprove o início do processo de licenciamento pertinente.

Também, em relação às instruções sobre o tema ambiental, em 2010, a Aneel e a Agência Nacional de Águas (ANA) assinaram a Resolução Conjunta n. 003, de 10 de agosto, estabelecendo as condições e os procedimentos a serem observados pelos concessionários e autorizados de geração de energia hidrelétrica para a instalação, operação e manutenção de estações hidrométricas visando ao monitoramento pluviométrico, limnimétrico, fluviométrico, sedimentométrico e de qualidade da água associado a aproveitamentos hidrelétricos.

POLÍTICA NACIONAL DO MEIO AMBIENTE

Desde a chegada dos colonizadores no país, diversas normas jurídicas regulam os usos e tratos de bens ambientais, ora sob a égide de regras alienígenas (por exemplo, Ordenação Manuelina, Filipina etc.), ora em instrumentos pontuais como Código de Águas, Mineração, Proteção ao Patrimônio Histórico e Artístico etc. Também ao longo da história constitucional do país, a proteção de bens ambientais vem sendo contemplada de forma isolada, como é o caso de regras para determinar competência para administrar a água, os recursos minerais etc. Porém, somente com o advento da Política Nacional do Meio Ambiente (PNMA – Lei n. 6.938, de 31 de agosto de 1981), o uso, a preservação e a conservação dos bens ambientais ganharam uma estratégia própria.

Esse marco normativo divide-se, metodologicamente, em:

- Diretrizes principiológicas.
- Metas e objetivos.
- Conceitos jurídicos de meio ambiente, degradação, poluição, poluidor e recursos ambientais com o intuito de embasar práticas do Poder Público e da sociedade.
- Composição do Sisnama por órgãos e entidades da administração pública responsáveis pela proteção e melhoria da qualidade ambiental.
- Instrumentos de implementação da PNMA.
- Algumas considerações para os órgãos financeiros e de incentivo econômico para proteção ao meio ambiente.
- Disposições sobre responsabilidade por dano aos bens ambientais, além de penalidades administrativas. É mister destacar que essa norma regulamentou, para o trato dos bens ambientais, a responsabilidade objetiva para agentes públicos e privados, que provocam ações e atividades de degradação.

Notadamente em relação ao setor elétrico, é necessário buscar o seu compromisso com os ditames da política ambiental brasileira. É preciso, para tanto, apontar a exata dimensão em que os órgãos e entidades ligadas ao setor energético comprometem-se com a PNMA.

O art. 6º da Lei n. 7.804, de 18 de julho de 1989 (altera a Lei n. 6.938, de 1981), o inciso IV inclui, entre os membros do Sisnama, os órgãos setoriais, "órgãos ou entidades da administração federal direta e indireta, bem como as fundações instituídas pelo Poder Público, cujas atividades estejam associadas às de proteção da qualidade ambiental ou àquelas de disciplinamento do uso de recursos ambientais".

As identificações dos compromissos, nesse âmbito, de cada um dos agentes envolvidos no âmbito dos órgãos e entidades ligadas ao setor energético devem ser pontuadas. O certo é que, para geração, transmissão ou distribuição, os usos e descartes das atividades do setor estarão relacionados ao tema ambiental.

Vale lembrar o compromisso do Poder Público em prol do atendimento do interesse geral da sociedade, porque a obrigação constitui mando constitucional e "incube ao Poder Público (e à coletividade) preservar e defender o meio ambiente ecologicamente equilibrado para as presentes e futuras gerações", segundo o art. 225 da Constituição Federal.

Dentre os princípios da PNMA, sob o ponto de vista das atividades do setor energético, pode-se destacar o art. 2º, I, da Lei n. 6.938, de 1981, no qual consta a seguinte observação: "a ação governamental na manutenção do equilíbrio ecológico, considerando o meio ambiente como um patrimônio público a ser necessariamente assegurado e protegido, tendo em vista o uso coletivo". Em relação às diretrizes, destaca-se a do art. 4º, VII, que preconiza a imposição ao poluidor e ao predador da obrigação de recuperar e/ou indenizar os danos, e ao usuário, da contribuição pela utilização adequada de recursos ambientais com fins econômicos.

Nas ações e atividades do setor energético para o atendimento das normas ambientais, as entidades e os órgãos ligados ao setor devem observar os mecanismos apontados pelo art. 9º da PNMA:

- Padrões ambientais.
- Zoneamento ambiental.
- Avaliação de impacto ambiental.
- Licenciamento.

- Incentivos à produção e à instalação de equipamentos voltados a tecnologias para a melhoria da qualidade ambiental.
- Criação de espaços territoriais protegidos.
- Sistema nacional de informações.
- Penalidades disciplinares.

A seguir, apontam-se as principais normas relacionadas aos instrumentos da PNMA: Licença Ambiental, Avaliação de Impacto Ambiental (AIA) e Estudos Prévios de Impacto Ambiental.

A licença ambiental é um mecanismo de cunho institucional com regras próprias e peculiaridades específicas no tocante às características de um ato administrativo. Sua natureza jurídica é híbrida (como será visto), ora se apresenta como um ato discricionário, ora como um ato vinculado. Além disso, a licença ambiental, como ato administrativo, é precedida de autorizações intermediárias, capazes de obstaculizar os próximos passos, com a possibilidade de inviabilizar o licenciamento ambiental.

Além de ser um instrumento de gestão e preservação do dano ambiental, a AIA é um procedimento hábil no âmbito das políticas públicas e privadas para valorar a pertinência e o encaminhamento do empreendimento ante as condições ambientais de determinado bem ambiental, pois permite identificar parâmetros referentes à viabilidade da atividade, ao planejamento, ao monitoramento etc.

O Decreto n. 95.733, de 1988, estipula, em seu art. 1º, que "no planejamento de projetos e obras, de médio e grande porte, executados total ou parcialmente com recursos federais, serão considerados os efeitos de caráter ambiental, cultural e social que esses empreendimentos possam causar ao meio considerado".

Essa norma apontada não esgota o teor e o alcance da AIA. Trata-se de um processo perene que serve para embasar políticas, planejamentos, inventários, diagnósticos, dar suporte a outras normas, como as auditorias ambientais, e até subsidiar normas de mercado, como é o caso da ISO 14000.

A avaliação de empreendimentos energéticos, especialmente os projetos de energia elétrica, em um contexto integrado de energia, meio ambiente e desenvolvimento sustentável, deverá apresentar uma ênfase maior na inserção no meio ambiente.

As relações específicas de cada tecnologia do setor de energia elétrica com o ambiente deverão ser avaliadas prioritariamente, podendo até mesmo ser a única razão do abandono de alguma alternativa. Essa é a postura ideal quando se visualiza um processo sustentável de desenvolvimento.

Além da tecnologia adotada, outros patamares e critérios devem ser computados na verificação ambiental quando o desenvolvimento sustentável é a opção adotada:

- Localização do empreendimento.
- Vocação regional.
- Capacidade de suporte dos ecossistemas.
- Verificação dos impactos nos diversos aspectos do meio ambiente natural, artificial, cultural e do trabalho.
- Sistemas próprios de fiscalização e monitoramento.
- Problemas socioambientais etc.

O Estudo Prévio de Impacto Ambiental (Epia) é um documento formal que registra os levantamentos, as avaliações e as conclusões de atividades ou instalações de obras de significativo impacto sobre o meio ambiente. Entende-se por impacto ambiental qualquer alteração das propriedades físicas, químicas e biológicas do meio ambiente causada por qualquer forma de matéria ou energia resultante da atividade humana que afete direta ou indiretamente a saúde e o bem-estar da população, as atividades econômicas e sociais, a qualidade dos recursos ambientais etc.

A AIA permite a conclusão inicial sobre a não realização do empreendimento ao constatar, inclusive, a sua inviabilidade ambiental. Serve também para acompanhar e avaliar o desempenho ambiental durante e após o término de determinada atividade. Já o Epia é instrumento de teor constitucional que obriga as atividades que lesam a qualidade de vida e o equilíbrio ecológico de forma significativa a submeterem-se a esse documento.

No Brasil, em casos indicados na lei, a licença ambiental é precedida pelo Epia. O vínculo quanto à concessão da licença depende de formalidades legais que precedem a outorga do órgão ambiental.

A licença ambiental é o ato administrativo final, e o licenciamento ambiental é o procedimento que regula as várias etapas (licença prévia, de instalação e operação – LP, LI e LO) para obtenção do ato administrativo.

O quadro normativo jurídico básico que regulamenta os encaminhamentos desses institutos para o setor elétrico é formado por:

- Documentos gerais: Constituição Federal, Política Nacional de Meio Ambiente, normas ambientais da União, dos Estados, Distrito Federal e Municípios relacionadas à proteção dos bens ambientais e aos encaminhamentos articulados de teor ambiental pautados para o setor energético.
- Documentos específicos: a Resolução Conama n. 1, de 23 de janeiro de 1986, que dispõe sobre as diretrizes gerais para uso e implementação da avaliação de impacto ambiental; a Resolução Conama n. 237, de 19 de dezembro de 1997, que estabelece os procedimentos e critérios utilizados no licenciamento ambiental; e a Resolução Conama n. 6, de 16 de setembro de 1987, que estabelece regras para o licenciamento ambiental de obras de grande porte, notadamente, para a geração de energia elétrica.

RESOLUÇÃO CONAMA N. 1, DE 1986

É interessante observar que a Resolução aponta diretrizes gerais para uso e implementação da AIA, entretanto, o documento indica instruções somente para estudos de impacto ambiental. A AIA é um procedimento comportamental que tem como instrumento o Epia, que, por sua vez, é um procedimento administrativo, legal, documental e, sobretudo, constitucional. Os institutos não se confundem. Ainda é necessário anotar que a Resolução Conama n. 1 indica que os órgãos ambientais e setoriais do Sisnama devem compatibilizar os processos de licenciamento de atividades modificadoras do meio ambiente, considerando os critérios ali fixados e tendo por base a natureza, o porte e as peculiaridades de cada atividade; ou seja, o estudo ambiental, nesse caso, está também atrelado aos procedimentos da licença.

O art. 225, § 1º, IV preceitua: "Incumbe ao Poder Público exigir, na forma da lei, para instalação de obra ou atividade potencialmente causadora de significativa degradação do meio ambiente, estudo prévio de impacto ambiental, ao qual se dará publicidade". Portanto, o instrumento formatado em 1986, recebeu, a partir de nossa Carta Maior de 1988, novos elementos que são incorporados no seu cômputo.

É necessário verificar que a Constituição Federal manda que a exigência se dê na forma da lei. O documento básico que regulamenta esse procedimento é a Resolução Conama n. 1. Como já visto, a Constituição Federal possui *status* hierárquico superior ao das normas de regulamentação, como é o caso das Resoluções. Esse tema tem sido motivo de debates, pois alguns especialistas entendem que a norma da PNMA, ao conceder a possibilidade ao Conama de determinar regras deliberativas, possibilita que esse órgão manifeste-se por meio de regras jurídicas, com *status* de lei. Ao contrário, em uma linha mais tradicional, outros autores entendem que as Resoluções seguem o disposto na hierarquia normativa, com *status* de norma regulamentadora. Alguns Estados brasileiros possuem leis ordinárias que regram o instituto de Epia e, de certa forma, a questão é resolvida.

Outro problema de ordem jurídica é determinar a abrangência adotada pelo legislador ao indicar o Epia somente para atividades de significativo impacto. Existe um bom critério de subjetividade nesse conceito.

A publicidade do ato é outra exigência constitucional. No Brasil, ela acontece de forma oral e escrita, conforme os patamares apresentados nas resoluções do Conama n. 1, de 1986, e n. 9, de 3 de dezembro de 1987, respectivamente, sobre estudos de impacto ambiental e audiências públicas. Em relação a esse último instituto, a norma determina que o órgão ambiental realize as audiências públicas sempre que julgar necessário, por solicitação de uma entidade civil, do Ministério Público ou por cinquenta ou mais cidadãos. Constado o pedido, nessas condições e não efetuada a audiência, a licença será nula. É importante destacar que, em razão da complexidade do tema ou da localização geográfica dos solicitantes, poderá haver mais de uma audiência sobre o mesmo projeto.

Nessas verificações apontadas, incluem-se os requisitos legais constantes na esfera de atuação e competência de cada um dos entes da federação.

O Epia brasileiro presta-se tanto a políticas quanto a planos. Um exemplo dessa verificação está no art. 7º, IV, do Decreto n. 99.274, de 6 de junho de 1990 (regulamenta a Lei n. 6.938, de 1981), que, nesse sentido, determina que

> compete ao Conama, quando julgar necessário, o estudo sobre as alternativas e possíveis consequências ambientais de projetos públicos ou privados, requisitando aos órgãos federais, estaduais ou municipais ou outras entidades, informações e apreciação de estudo de impacto ambiental em caso de dano potencial significativo.

O que se nota, a contrário *sensu*, é que o Epia no Brasil está destinado a embasar somente processos de licenciamento ambiental. O entendimento mostrado conclui que o Epia integra-se também no equacionamento de planos e processo, assim como projetos públicos e privados.

No Brasil, os requisitos necessários para a instalação de obra ou atividade potencialmente causadora de significativa degradação ambiental (§ 1º, IV da Constituição Federal) consubstanciam-se na exigência de elaboração e aprovação do Epia assim como do Relatório de Impacto ao Meio Ambiente (Rima).

O Epia é constituído por um conjunto de atividades científicas e técnicas que incluem o diagnóstico ambiental, a identificação, a previsão e a medição dos impactos, a interpretação e a valorização dos impactos, a definição de medidas mitigadoras e programas de monitoração dos impactos ambientais (necessários para a avaliação deles).

O Rima é um documento mais simplificado com vistas à leitura de leigos, devendo esclarecer, em linguagem corrente, todos os elementos da proposta e do estudo, de modo que estes possam ser utilizados na tomada de decisão e divulgados para o público em geral e, em especial, para a comunidade afetada. O Rima consubstancia as conclusões do Epia e deve conter a discussão dos impactos positivos e negativos considerados relevantes.

O Epia e o Rima retratam documentalmente a avaliação do impacto ambiental. Esse processo de avaliação (AIA) é um instrumento de política ambiental formado por um conjunto de procedimentos cujo objetivo é assegurar, desde o início do processo, a realização do exame sistemático dos impactos ambientais de uma determinada ação proposta (projeto, programa, plano ou política) e de suas alternativas. Isso deve ser efetuado de forma que os resultados sejam apresentados adequadamente ao público e aos responsáveis pela tomada de decisão, para que possam ser devidamente considerados como componentes integrados ao desenvolvimento dos projetos e como parte do processo de otimização de decisão, proporcionando uma retroalimentação contínua entre as conclusões (materialização) e a concepção da proposta.

Os procedimentos do Epia e do Rima são relativamente recentes no país, estando ainda em fase de críticas e construções que objetivem atender o desenvolvimento sustentável. Nesse âmbito, são apontadas algumas dessas questões.

Abrangência

Vários dos atuais projetos em busca do desenvolvimento, como é comumente entendido, são empreendimentos associados a processos que aceleram, de forma violenta, a transformação do meio ambiente, em geral, degradando-o. Dessa forma, justifica-se a ampla necessidade de uma avaliação cuidadosa para determinar a abrangência dos estudos ambientais para cada projeto, o que não tem sido feito, uma vez que é habitual limitar a avaliação ao entorno do projeto.

Limitações teóricas

Como todo estudo, o relatório de impacto ambiental (que é um instrumento de conhecimento, gerenciamento e preparação do meio ambiente) também apresenta limitações por causa das considerações teóricas para sua elaboração. Pode-se ressaltar, por exemplo:

- No caso de uma usina hidrelétrica, considerando-se uma bacia hidrográfica, uma certa porção de atmosfera ("bolha" ou calota aérea) e uma certa área de solo e subsolo, o somatório dos impactos descritos nos Rimas dos vários empreendimentos nelas localizados não poderá ser considerado como a totalidade dos impactos efetivamente provocados pelos empreendimentos no meio ambiente (em razão da sinergia entre diferentes impactos descritos isoladamente), uma vez que cada Rima poderá, ou não, considerar os demais empreendimentos e, até mesmo, poderá haver impactos gerados por empreendimentos e ações que, isoladamente, não serão avaliados por cada Rima, mas, no somatório final, possuirão idêntica relevância. Crê-se que seria melhor falar em Epia.
- O Rima (Epia) apresenta limitações de ordem científica pelo estabelecimento de limites disciplinares na obtenção do conhecimento holístico (linguagens diferentes, especialização de profissionais, áreas isoladas etc.), na quantificação (que nem sempre é possível), na qualificação (a detecção de certos elementos ainda não possui métodos, normas ou padrões), na modelagem (nem sempre possível ou disponível) e no estabelecimento de previsões. O conhecimento completo e exaustivo do meio ambiente é, assim, dificilmente atingível, ainda mais dentro do escasso tempo destinado aos estudos de impacto ambiental.

- O problema de significação, ou seja, daquilo que venha a ser impacto significativo, tende a gerar confusões, fazendo que alguns impactos possam ser considerados irrelevantes para o empreendimento em questão, mas que, somados a outras sobras, ou até mesmo isoladamente, poderão ter impactos não desprezíveis.

A Resolução n. 1 do Conama foi fixada para implementar a AIA em todo o Brasil, estabelecendo competências, responsabilidades, critérios técnicos e diretrizes básicas, além de especificar as atividades obrigatoriamente sujeitas a esses procedimentos.

É interessante ressaltar que a listagem das atividades não se esgota por si. Trata-se de uma listagem meramente exemplificativa.

O art. 2º da Resolução diz que dependerá do EIA e respectivo Rima o licenciamento de atividades modificadoras do meio ambiente. A listagem, nesse caso, indicada no anexo da norma, obriga o ente público a solicitar o estudo. Trata-se de um ato administrativo vinculado; nos demais casos, o órgão competente terá o poder discricionário para proceder ou não ao estudo, tendo como base o significativo impacto.

O texto constitucional, por sua vez, também é bem claro ao exigir o Epia para obras ou atividades de significativo impacto, ou seja, quaisquer obras ou atividades estão sujeitas a essa obrigação se estiverem incluídas na característica apontada. Esse argumento, por sinal, pode perfeitamente ser levantado em ações jurisdicionais, caso não seja cumprido.

Procedimentos para elaboração de Epia

O roteiro a seguir indica, de forma metodológica, esses procedimentos. Trata-se de base normativa de ordem geral, mas devem ser contabilizadas as demais normas de caráter estadual, municipal e até internacional.

Informações gerais

A identificação do empreendimento inclui: nome e razão social; endereço para correspondência; inscrição estadual e CNPJ, histórico do empreendimento; nacionalidade de origem das tecnologias a serem empregadas; informações gerais que identifiquem o porte do empreendimento; tipos de atividades a serem desenvolvidas, incluindo as principais e as secundárias; síntese dos objetivos do empreendimento e sua justificativa no que se refere à importância no contexto socioeconômico do país, da região, do estado e do município; localização geográfica proposta para o empreendimento, apresentada em mapa ou croqui, incluindo vias de acesso e bacia hidrográfica; previsão das etapas de implantação do empreendimento; empreendimento(s) associado(s) e decorrente(s); nome e endereço para contatos relativos ao Epia/Rima.

Caracterização do empreendimento

Descrição do empreendimento nas fases de planejamento, implantação, operação e, ser for o caso, desativação.

Quando a implantação ocorrer em etapas ou quando forem previstas expansões, as informações deverão ser detalhadas para cada uma delas, devendo apresentar também esclarecimentos sobre alternativas tecnológicas e/ou locacionais.

Áreas de influência

Apresentação dos limites da área geográfica a ser afetada direta ou indiretamente pelos impactos, denominada área de influência do projeto, a qual deverá conter as áreas de incidências dos impactos, abrangendo os distintos contornos para as diversas variáveis enfocadas. A Resolução do Conama n. 1 determina que, em todos os casos, as bacias hidrográficas devem ser contabilizadas na análise.

É necessário apresentar igualmente a justificativa da definição das áreas de influência dos impactos, acompanhada de mapeamento.

Diagnóstico ambiental da área de influência

Devem-se apresentar descrição, análise dos fatores ambientais e suas interações, caracterizando a situação ambiental da área de influência antes da implantação do empreendimento. Esses fatores englobam as variáveis suscetíveis de sofrer, direta ou indiretamente, efeitos significativos das ações executadas nas fases de planejamento, implantação, operação e, quando for o caso, desativação do empreendimento, assim como as informações cartográficas com a área de influência devidamente caracterizada, em escalas compatíveis com o nível de detalhamento dos fatores ambientais estudados.

Qualidade ambiental

Em um quadro sintético, devem-se expor as interações dos fatores ambientais físicos, biológicos e socioeconômicos, indicando os métodos adotados para sua análise com o objetivo de descrever as inter-relações entre os componentes bióticos, abióticos e antrópicos do sistema a ser afetado pelo empreendimento.

Além do quadro citado, devem ser identificadas as tendências evolutivas daqueles fatores importantes para caracterizar a interferência do empreendimento.

Fatores ambientais

Meio físico

São abordados os aspectos necessários para a caracterização do meio físico, de acordo com o tipo e o porte do empreendimento e segundo as características da região. São incluídos aqueles aspectos cuja consideração ou detalhamento podem ser necessários, por exemplo:

- Clima e condições meteorológicas da área potencialmente atingida pelo empreendimento.
- Qualidade do ar na região.
- Níveis de ruído na região.
- Formação geológica da área potencialmente atingida pelo empreendimento.
- Formação geomorfológica da área potencialmente atingida pelo empreendimento.
- Solos da região na área em que estes serão potencialmente atingidos pelo empreendimento.
- Recursos hídricos, sendo abordados hidrologia superficial, hidrogeologia, oceanografia física, qualidade das águas e usos da água.

Meio biológico

Os aspectos abordados são aqueles que caracterizam o meio biológico, de acordo com o tipo e o porte do empreendimento e segundo as características da região. São incluídos os aspectos cuja consideração ou detalhamento possam ser necessários, ou seja, os ecossistemas terrestres e/ou aquáticos existentes na área de influência do empreendimento, entre outros.

Meio antrópico

São abordados os aspectos necessários para caracterizar o meio antrópico, de acordo com o tipo e o porte do empreendimento e segundo as características da região. Essa caracterização deve ser feita pelas informações listadas a seguir, levando-se em conta, basicamente, duas linhas de abordagem: uma que considera as populações existentes na área atingida diretamente pelo empreendimento; outra que apresenta as inter-relações próprias do meio antrópico regional, passíveis de alterações significativas por efeitos indiretos do empreendimento. Quando procedentes, as variáveis enfocadas no meio antrópico devem ser apresentadas em séries históricas significativas e representativas, visando à avaliação de sua evolução temporal.

Entre os aspectos cuja consideração e detalhamento podem ser necessários, incluem-se:

- Dinâmica populacional na área de influência do empreendimento.
- Uso e ocupação do solo com informações, em mapa, na área de influência do empreendimento.
- Nível da vida na área de influência do empreendimento.
- Estrutura produtiva e de serviços.
- Organização social na área de influência.

Análise dos impactos ambientais

Esse item destina-se à apresentação da análise (identificação, valorização e interpretação) dos prováveis impactos ambientais ocorridos nas fases de planejamento, implantação, operação e, se for o caso, desativação do empreendimento sobre os meios físico, biológico e antrópico, devendo ser determinados e justificados os horizontes de tempo considerados.

Os impactos são avaliados segundo os critérios descritos no item "Diagnóstico ambiental da área de influência" e podem, para efeito de análise, ser classificados como: impactos diretos e indiretos; benéficos e adversos; temporários, permanentes e cíclicos; imediatos, em médio e longo prazo; reversíveis e irreversíveis; locais, regionais e estratégicos.

A análise dos impactos ambientais inclui, necessariamente, identificação, previsão de magnitude e interpretação da importância de cada um deles. Isso permite uma apreciação abrangente das repercussões do empreendimento sobre o meio ambiente, entendido na sua forma mais ampla.

O resultado dessa análise constitui um prognóstico da qualidade ambiental da área de influência do empreendimento, útil não só para os casos de adoção do projeto e suas alternativas, como também na hipótese de sua não implementação.

Essa análise deve ser apresentada em duas formas:

- Uma síntese conclusiva dos impactos relevantes de cada fase prevista para o empreendimento (planejamento, implantação, operação e desativação, em caso de acidentes), acompanhada da análise (identificação, previsão de magnitude e interpretação) de suas interações.
- Uma descrição detalhada dos impactos sobre cada fator ambiental relevante considerado no diagnóstico ambiental, a saber, o físico, o biológico e o antrópico.

É preciso mencionar os métodos usados para identificação dos impactos, as técnicas utilizadas para a previsão da magnitude e os critérios adotados para a interpretação e a análise de suas interações.

Proposição de medidas mitigadoras

Nesse item, devem ser explicitadas medidas que minimizem os impactos adversos identificados e quantificados no item anterior. Essas medidas devem ser apresentadas e classificadas quanto: à sua natureza preventiva ou corretiva, avaliando, inclusive, a eficiência dos equipamentos de controle de poluição em relação aos critérios de qualidade ambiental e aos padrões de disposição de efluentes líquidos, emissões atmosféricas e resíduos sólidos; à fase do empreendimento em que deverão ser adotadas; ao planejamento, à implantação, à operação e à desativação e para o caso de acidentes; ao fator ambiental a que se destinam: físico, biológico ou socioeconômico; à responsabilidade pela implementação: empreendedor, poder público ou outros; e ao seu custo.

Devem-se também mencionar os impactos adversos que não poderão ser evitados ou mitigados.

Programa de acompanhamento e monitoramento dos impactos ambientais

Nesse item, devem ser apresentados os programas de acompanhamento da evolução dos impactos ambientais positivos e negativos causados pelo empreendimento, considerando-se as fases de planejamento, implantação, operação, desativação e, quando for o caso, de acidentes.

Conforme o caso, podem ser incluídas: indicação e justificativa dos parâmetros selecionados para a avaliação dos impactos sobre cada um dos fatores ambientais considerados; indicação e justificativa da rede de amostragem, incluindo seu dimensionamento e sua distribuição espacial; indicação e justificativa dos métodos de coleta e análise de amostras; indicação e justificativa da periodicidade de amostragem para cada parâmetro, segundo os diversos fatores ambientais; indicação e justificativa dos métodos a serem empregados no processamento das informações levantadas, a fim de retratar o quadro da evolução dos impactos ambientais causados pelo empreendimento.

Relatório de Impacto ao Meio Ambiente (Rima)

O Rima reflete as conclusões do Epia. Suas informações técnicas devem ser expressas em linguagem acessível ao público, ilustradas por mapas com escalas adequadas, quadros, gráficos e outras técnicas de comunicação visual, de modo que se possam entender, claramente, as possíveis consequências ambientais e suas alternativas, comparando as vantagens e desvantagens de cada uma delas.

Em linhas gerais, ele deve conter:

- Objetivos e justificativas do projeto, sua relação e compatibilidade com as políticas setoriais, os planos e os programas governamentais.
- Descrição do projeto e suas alternativas tecnológicas e locacionais, especificando, para cada uma delas, nas fases de construção e operação: área de influência, matérias-primas, mão de obra, fontes de energia, processos e técnicas operacionais, efluentes, emissões e resíduos, per-

das de energia, empregos diretos e indiretos a serem gerados, relação custo/benefício dos ônus e benefícios socioambientais.

- Síntese do diagnóstico ambiental da área de influência do projeto; descrição dos impactos ambientais, considerando o projeto, as suas alternativas, os horizontes de tempo de incidência dos impactos e indicando métodos, técnicas e critérios adotados para sua identificação, quantificação e interpretação.
- Caracterização da qualidade ambiental futura da área de influência, comparando as diferentes situações de adoção do projeto e de suas alternativas, bem como a hipótese de sua não realização.
- Descrição do efeito esperado das medidas mitigadoras previstas em relação aos impactos negativos, mencionando aqueles que não puderem ser evitados e o grau de alteração esperado.
- Programa de acompanhamento e monitoramento dos impactos, recomendação quanto à alternativa mais favorável (conclusões e comentários de ordem geral).

Do Rima, devem constar o nome e o número do registro na entidade de classe competente de cada um dos profissionais integrantes da equipe técnica que elaborou o relatório.

Limitações dos Eias e Rimas na prática brasileira

No atual sistema de AIA, as principais limitações que podem ser identificadas na prática de Eias e Rimas são da seguinte natureza:

- O quadro jurídico-institucional existente baseia-se na legislação norte-americana, que utiliza os Epias/Rimas como instrumento de planejamento, e a prática está calcada na abordagem francesa, que utiliza os Epias/Rimas como documento de licenciamento ambiental.
- A inexistência de monitoramento, ao menos em escala, é compatível com as dimensões do Brasil e com sua problemática ambiental. Existem apenas casos isolados em determinadas regiões onde o monitoramento é executado.
- A fragilidade de trabalho em equipes multi, inter ou transdisciplinares é elemento cultural do povo brasileiro.

- A situação extremamente precária da maioria dos órgãos e entidades ambientais estaduais e até municipais (ausência de monitoramento, de informações, de recursos humanos e de condições operativas).
- O envolvimento do público na tomada das decisões, na maioria das vezes, formal, previsível e orientado.
- A sobreposição de interesses políticos às conclusões contidas nos Eias/ Rimas.
- A produção de documentos inadequados.

No atual cenário brasileiro, a elaboração de documentos inadequados deve-se aos seguintes motivos:

- Documentos viciosos: resultam de compromisso tácito da consultoria com o empreendedor, gerando informações distorcidas por interesses pecuniários. A consultoria torna-se um advogado de defesa do empreendedor, em vez de manter a exigida imparcialidade técnico-científica. Além disso, mesmo não atreladas a quaisquer interesses específicos, elas ficam, de certa forma, presas ao deferimento da licença, sob pena de não conseguirem outros trabalhos.
- Documentos sem conteúdo científico (sem dados primários): resultam da denominada "indústria de Rimas", em que dados secundários (muitas vezes estrangeiros) referentes ao empreendimento e ao meio ambiente são utilizados.
- Documentos com informação insuficiente: podem gerar falta de integração da equipe, resultando em um documento desconexo e sem a devida abrangência ambiental; um longo relatório acadêmico-profissional sem informações suficientes sobre o empreendimento e o meio ambiente e sem objetividade; e falta de capacitação da equipe e/ou recursos insuficientes para realização de pesquisas, análise e estudos.
- Os Termos de Referência feitos pelo Poder Público e pelo empreendedor sem estabelecer claramente as necessidades prementes; o que, ao final, exige complementação dos estudos, atrasando o Epia/Rima e, consequentemente, as licenças. Em outras ocasiões, essa omissão leva o empreendimento a embates jurisdicionais.

RESOLUÇÃO CONAMA N. 237, DE 1997

A Constituição Federal atribui à União, aos estados e ao Distrito Federal a missão de legislar sobre a proteção ao meio ambiente (competência concorrente). O município pode legislar em caso de interesse local (nesse sentido, deve ser dada a devida atenção para regras dos municípios envolvidos nas atividades do setor energético).

Para executar ações administrativas para combater a poluição (por exemplo, licenças ambientais e fiscalização) e preservar florestas (por exemplo, vistorias para ratificar cumprimento da reserva legal), a competência é comum entre os órgãos e/ou entidades competentes da União, dos estados, municípios e Distrito Federal. A ressalva fica por conta da regulamentação já mencionada da Lei Complementar n. 140, de 2011. O certo é que está em curso a Ação Direta de Inconstitucionalidade ajuizada pela Associação Nacional dos Servidores da Carreira de Especialista em Meio Ambiente (Asibama) perante o Supremo Tribunal Federal, alegando, entre outros temas, a violação ao art. 225 da Constituição Federal, pois, segundo a entidade: "agride violentamente o princípio e o dever constitucional da cooperação quando, em vários dispositivos, isola, limita e segrega competências ambientais de fiscalização". Para a entidade, "trata-se de um verdadeiro rebaixamento da proteção ambiental". Nesse sentido, alguns artigos da Lei n. 6.938, de 1981, foram revogados, como os §§ 2º, 3º e 4º do art. 10 e o § 1º do art. 11.

No que se refere à indicação de competências aos entes federados, elas estão relacionadas nos artigos 7º ao 10 da Lei Complementar, fator que, de certa forma, contraria o texto constitucional do parágrafo único do art. 23 que determina cooperação e não separação de tarefas.

Dos instrumentos de cooperação institucional, o art 4º enumera os consórcios públicos, convênios e acordos de cooperação técnica, delegações, dentre outros. Aponta também a Comissão Tripartite, agente criado sem respaldo de sua participação no Sistema Nacional do Meio Ambiente (Sisnama).

Outro ponto modificado pela Lei Complementar, que altera a Resolução Conama n. 237 de 1997, é a não vinculação dos pareceres técnicos de outros entes da federação quando a licença ou autorização está sendo conduzida por um deles.

Em geral, os demais termos foram mantidos, como o art. 19 da Resolução Conama n. 237 de 1997: os empreendimentos e atividades podem perder suas respectivas licenças ambientais no caso de violações a condicionantes legais, omissão de informação, superveniência e violação de graves riscos ambientais e de saúde.

Nesse caso, indaga-se: como ficariam as concessões outorgadas pelas agências reguladoras? Acompanhariam a decisão do órgão ambiental ou apostariam em práticas isoladas?

O licenciamento ambiental, conforme instituído pela citada norma e seus regulamentos, constitui um sistema que se define como o processo de acompanhamento sistemático das consequências ambientais de uma atividade que se pretenda desenvolver. Tal processo desenvolve-se desde as etapas iniciais do planejamento da atividade, pela emissão de três licenças: a licença prévia (LP), a licença de instalação (LI) e a licença de operação (LO), contendo, cada uma delas, restrições que condicionam a execução do projeto e as medidas de controle ambiental da atividade. O processo inclui, ainda, as rotinas de acompanhamento das licenças concedidas, vinculadas ao monitoramento dos efeitos ambientais do empreendimento, componentes essenciais do sistema.

O processo de licenciamento compreende três fases, conforme descritas a seguir:

- Licença prévia (LP): é o documento que deve ser solicitado pelo empreendedor, obrigatoriamente, na fase preliminar do planejamento da atividade, correspondendo à etapa de estudos para a sua localização.
- Licença de instalação (LI): é o documento que deve ser solicitado, obrigatoriamente, pelo empreendedor do projeto antes da implantação do empreendimento. A solicitação da LI está condicionada à apresentação de projeto detalhado do empreendimento. Sua concessão implica o compromisso do interessado em manter o projeto final compatível com as condições de seu deferimento. Para que essa fase se concretize, é necessário que todas as exigências constantes da LP tenham sido atendidas.
- Licença de operação (LO): é o documento concedido pelo órgão ambiental competente, devendo ser solicitado antes de o empreendimento entrar em operação. Sua concessão está condicionada à vistoria, ao teste de equipamentos ou a qualquer meio de verificação técnica.

A solicitação da LO é de caráter obrigatório, e sua concessão implica o compromisso do interessado em manter o funcionamento dos equipamentos de controle de poluição e/ou programa de controle e monitoramento ambiental atendendo às condições estabelecidas no seu deferimento. Para que essa fase se concretize, é necessário que todas as exigências relativas à LI tenham sido satisfeitas. Sendo aprovada essa etapa, a LO será concedida, devendo ser publicada. Uma vez concedida a LO, o órgão licenciador deverá renovar a licença periodicamente, o que ocorre após a realização de vistoria ao empreendimento, para verificar a execução e os resultados dos programas.

A Resolução em seu art. 12 prevê procedimentos simplificados em caso de empreendimentos de pequeno potencial de impacto ambiental. Um exemplo é o Agravo Regimental na Suspensão de Segurança (AGSS n. 28.045 – www.jusbrasil.com.br/jurisprudencia/2291375/agravo-regimental-na-suspensao-de-seguranca-agss-28045-pi-20020100028045-0-trf1, acesso em 2 de abril de 2013) relacionado ao Licenciamento Simplificado. No caso, discutiu-se a falta de prova em relação ao potencial impacto de uma termelétrica no Estado do Piauí. Na decisão, argumentou-se que o perigo de falta de energia no Brasil, principalmente no Nordeste, não desapareceu e a decisão do primeiro grau poderia causar grave lesão do Estado do Piauí, sendo que os Estados podem legislar sobre o tema.

O art. 3º permite ao órgão ambiental competente verificar se a atividade não é potencialmente causadora de significativa degradação do meio ambiente e, assim, definir outros estudos ambientais pertinentes ao respectivo processo de licenciamento. Nesse caso, não será necessário à execução do Epia/Rima.

A norma indica os empreendimentos que obrigam o órgão ambiental competente a proceder ao licenciamento ambiental no art. 2º, § 1º, da Resolução n. 237, de 1997 (ato administrativo vinculado – Anexo 1). As outras atividades não relacionadas estão sob a égide de discricionariedade do órgão ambiental competente, conforme preceitua o § 2º. O art. 3º diz que, para atividades que possam causar significativo impacto ambiental, serão exigidos, para a licença ambiental, o Epia e o Rima.

O procedimento de licenciamento ambiental, conforme preceitua o art. 10, obedecerá às seguintes etapas:

- Definição pelo órgão ambiental competente e o empreendedor dos documentos e estudos necessários que farão parte dos estudos e levantamentos – Termo de Referência.
- Requerimento de licença.
- Análise do documento pelo órgão ambiental.
- Solicitação de esclarecimentos e complementações.
- Audiência pública (se for o caso) e solicitação de esclarecimentos decorrentes dela.
- Emissão de parecer técnico.
- Deferimento ou indeferimento, com a devida publicidade.

Os prazos estabelecidos para os procedimentos relativos ao licenciamento ambiental estão indicados nos arts. 14 ao 18 da Resolução. A regra básica é que a conclusão do pleito ocorra em seis meses. Caso o empreendimento tenha Epia/Rima, o prazo será de até doze meses. Admite-se alteração do prazo, desde que justificado o pedido e a concordância do empreendedor e órgão ambiental. A contagem dos prazos é suspensa nos casos em que o estudo for devolvido para complementação pelo empreendedor. A Lei Complementar n. 140 de 2011, em seu art. 14 e parágrafos, oferecem outras instruções, como a do parágrafo 3º que diz que, no caso de decurso dos prazos de licenciamento, sem a emissão da licença ambiental, não implica emissão tácita nem autoriza a prática de ato que dela dependa ou decorra, mas instaura a competência supletiva e sobre a renovação. O art. 15 fala que as licenças ambientais devem ser requeridas com antecedência mínima de 120 dias da expiração de seu prazo de validade, fixado na respectiva licença, ficando esse prazo automaticamente prorrogado até a manifestação definitiva do órgão ambiental competente.

Após mais de duas décadas de sua implantação, pode-se garantir que o Sistema de Licenciamento Ambiental (SLA) contribuiu para a construção de um novo paradigma envolvendo meio ambiente e desenvolvimento, mas ainda deve ser aperfeiçoado.

A Resolução Conama n. 6, de 16 de setembro de 1987, dispõe sobre o licenciamento ambiental do setor de geração de energia elétrica.

Essa norma estabelece que as concessionárias de exploração, geração e distribuição de energia elétrica, ao submeterem seus empreendimentos ao licenciamento ambiental perante o órgão estadual competente, devem prestar informações técnicas sobre o empreendimento, conforme estabelecem os termos da legislação ambiental pelos procedimentos definidos nessa Resolução. Fica a cargo do Instituto Brasileiro de Meio Ambiente (Ibama) supervisionar os entendimentos nesse sentido.

Por esse documento, caso algum empreendimento necessite ser licenciado por mais de um estado, os órgãos estaduais devem manter entendimento prévio para uniformizar as exigências. Esse dispositivo parece ter perdido sua validade, uma vez que o art. 4º, II, da Resolução Conama n. 237, de 1997, assim estabelece: "compete ao Ibama o licenciamento ambiental de empreendimentos e atividades de âmbito nacional ou regional, a saber: localizadas ou desenvolvidas em dois ou mais Estados". Esse dispositivo foi mantido na Lei Complementar n. 140, de 2011, em seu art. 9º, XIV, letra d.

O art. 3º da Resolução permite que os órgãos estaduais estabeleçam etapas e especificações adequadas às características dos empreendimentos; nesses casos, esses órgãos devem obedecer aos limites impostos, por conta da competência da União em editar normas gerais.

Em relação às atividades alistadas no art. 2º da Resolução Conama n. 1, de 1986, o estudo de impacto ambiental deve ser entregue antes da LP, com o objetivo de apresentar aos órgãos estaduais um relatório sobre o planejamento dos estudos a serem executados, para fins de instruções adicionais, por parte dos estados-membros. Lembra-se aqui que, por conta do art. 20 da Resolução Conama n. 237, de 1997, os municípios também podem proceder à licença ambiental.

Segundo o art. 8º, § 2º, a análise da LP somente será efetivada após análise e aprovação do Rima. A norma oferece, ainda, regras para empreendimentos que entraram em operação antes e após 1986. No primeiro caso, a regularização se dará pela LO, sem Rima. No segundo, a regularização para obter LO requer apresentação do Rima.

De acordo com as novas regras trazidas pela Lei n. 10.847, de 15 de março de 1994, a concessão ocorrerá somente após a aprovação da LP pelo órgão ambiental competente e a disponibilidade hídrica concedida pela autoridade gestora de recursos hídricos. A empresa de pesquisas energéticas é a entidade responsável por providenciar esses documentos (ver a seguir).

A Instrução Normativa do Ibama n. 65, de 13 de abril de 2005, com intuito de organizar os procedimentos de licenciamento ambiental dos empreendimentos geradores de energia elétrica e com a meta de garantir maior qualidade, agilidade e transparência, editou uma norma que trata de procedimentos para o licenciamento de usinas hidrelétricas (UHE) e pequenas centrais hidrelétricas (PCH), consideradas de significativo impacto ambiental. Esse documento cria também o Sistema Informatizado de Licenciamento Ambiental Federal (Sislic), módulo UHE/PCH.

A seguir, serão apontados os atos e procedimentos administrativos necessários ao licenciamento ambiental.

Documentos necessários ao licenciamento

O Quadro 3.1 traz uma listagem exemplificativa de tais documentos, uma vez que tanto os Estados, como o Distrito Federal e Municípios, conforme as suas competências, podem determinar outros requisitos, desde que obedeçam as normas gerais da União.

A Lei n. 10.847, de 15 de março de 2004, criou a Empresa de Pesquisa Energética (EPE) (empresa pública, vinculada ao Ministério de Minas e Energia, ver inc. II, art. 5º do Decreto-lei n. 200, de 25 de fevereiro de 1967, e art. 5º do Decreto-lei n. 900, de 29 de setembro de 1969) com a finalidade de prestar serviços na área de estudos e pesquisas destinadas a subsidiar o planejamento do setor energético.

Dentre suas competências, podem-se destacar:

- A obtenção de licença prévia ambiental e a declaração de disponibilidade hídrica, ambas necessárias às licitações, envolvendo empreendimentos de geração hidrelétrica e de transmissão de energia elétrica selecionadas.
- O desenvolvimento de estudos de impacto social, a viabilidade técnico-econômica e socioambiental para empreendimentos de energia elétrica e de fontes renováveis.
- A promoção de estudos e a produção de informações para subsidiar planos e programas de desenvolvimento energético ambientalmente sustentável, inclusive de eficiência energética.

No que se refere às licitações para contratação de energia elétrica, segundo o art. 11 da Lei n. 10.848, de 15 de março de 2004, elas devem ser reguladas pela Aneel.

Quadro 3.1 – Documentos necessários ao licenciamento.

Tipos de licença	Hidrelétricas	Termoelétricas	Linhas de transmissão
Licença prévia (LP)	• Requerimento de licença prévia • Portaria do Ministério de Minas e Energia (MME) autorizando o estudo da viabilidade • Relatório de Impacto Ambiental (Rima) sintético e integral, quando necessário • Cópia da publicação de pedido da LP	• Requerimento de licença prévia • Cópia da publicação de pedido da LP • Portaria do MME autorizando o estudo da viabilidade • Alvará de pesquisa ou lavra, quando couber • Manifestação da prefeitura • Rima (sintético e integral)	• Requerimento de licença prévia • Cópia da publicação de pedido da LP • Rima (sintético e integral)
Licença de instalação (LI)	• Relatório do estudo de viabilidade • Requerimento de licença de instalação • Cópia da publicação do pedido de LI • Cópia do decreto que outorga a concessão do aproveitamento hidrelétrico • Projeto básico ambiental	• Requerimento da licença de instalação • Cópia da publicação da concessão de LP • Cópia da publicação do pedido de LI • Relatório de viabilidade aprovado pelos órgãos competentes • Projeto básico ambiental	• Requerimento da licença de instalação • Cópia da publicação da concessão de LP • Cópia da publicação do pedido de LI • Projeto básico ambiental
Licença de operação (LO)	• Requerimento da licença de operação • Cópia da publicação da concessão de LI • Cópia da publicação do pedido de LO	• Requerimento da licença de operação • Cópia da publicação da concessão de LI • Cópia da publicação do pedido de LO • Portaria de aprovação do projeto básico • Portaria do MME autorizando a implantação do empreendimento	• Requerimento da licença de operação • Cópia da publicação da concessão de LI • Cópia da publicação do pedido de LO • Cópia da Portaria de aprovação do projeto • Cópia da Portaria do MME (Servidão Administrativa)

Audiências públicas

A Resolução do Conama n. 1 regulamenta o princípio da participação pública na modalidade escrita e falada no contexto dos estudos ambientais. É o que garante o art. 11, exceto em caso de sigilo industrial quando solicitado e demonstrado pelo interessado.

O Rima será acessível ao público; seus documentos estarão à disposição de todos interessados nas bibliotecas dos órgãos ambientais, inclusive no período de análise técnica. Outros órgãos públicos que tiverem relação direta com o empreendimento receberão cópia do Rima para conhecimento e manifestação.

O órgão ambiental competente determinará prazo para o recebimento de comentários feitos pelos órgãos públicos e por demais interessados.

A oralidade é garantida pela Resolução do Conama n. 9, de 3 de dezembro de 1987, que dispõe sobre as audiências públicas. O objetivo dessa Resolução é dar conhecimento aos interessados dos resultados e análises obtidas pelos estudos; caberá ao Rima dirimir dúvidas e recolher críticas e sugestões dos presentes.

Após o recebimento do Rima, o órgão ambiental fixará, em edital, e anunciará, pela imprensa local, a abertura do prazo de pelo menos 45 dias para a solicitação da audiência pública. Decidido pela audiência, o órgão ambiental convocará os solicitantes por meio de correspondência registrada e pela imprensa local.

A audiência deve ser em local de fácil acesso aos interessados. Tendo em vista a localização geográfica dos interessados que solicitaram a realização da audiência e a complexidade do tema que está sendo tratado, sua realização ocorrerá quantas vezes for necessária.

A ata da audiência será anexada aos demais documentos escritos e servirão de base, juntamente com o Rima, para análise e parecer da decisão final do órgão ambiental quando houver aprovação ou não da obra ou atividade.

PADRÕES DE QUALIDADE AMBIENTAL

Objetivando-se atingir as metas apregoadas pela PNMA e atender aos princípios por ela enunciados, os parâmetros científicos e técnicos servem para a valoração da qualidade de vida sadia e o equilíbrio ecológico, conforme determina o art. 225 da Constituição Federal.

O professor Milaré (2001) enfatiza as características dos padrões de qualidade ambiental: "em assegurar um determinado propósito, como, por exemplo, saúde, proteção paisagística etc."; "a aceitação pela sociedade dos níveis ou graus fixados pelos padrões estabelecidos". Os padrões, como entende Milaré (2001), "são estabelecidos por Resoluções do Conselho Nacional de Meio Ambiente". Os Conselhos de Meio Ambiente estaduais e municipais também podem formular os padrões de qualidade ambiental, desde que atendam às regras gerais emanadas pela União. Destacam-se, a seguir, algumas dessas resoluções que se relacionam com as atividades do setor elétrico:

- A Resolução Conama n. 5, de 15 de julho de 1989, institui o Programa Nacional de Controle da Qualidade do Ar (Pronar).
- A Resolução Conama n. 8, de 6 de dezembro de 1990, estabelece, em âmbito nacional, limites máximos de emissão de poluentes do ar.
- A Resolução Conama n. 3, de 28 de junho de 1990, dispõe sobre padrões de qualidade do ar.
- A Resolução Conama n. 357, de 17 de março de 2005, estabelece padrões de qualidade de água.
- A Resolução Conama n. 1, de 8 de agosto de 1999, determina os padrões, critérios e diretrizes quanto à emissão de ruídos.

Zoneamento ambiental

O zoneamento tem por objetivo regrar o uso e a ocupação de áreas de domínio público ou privado, a fim de preservar e conservar o meio ambiente. Tanto no planejamento como para recuperar áreas merecedoras de proteção, o zoneamento será concretizado sob a forma de várias normas jurídicas, ora para proteção de bens ambientais, ora como obrigatórias para as diversas atividades que causam danos ao meio ambiente. Os componentes do Estado Federado, a partir da competência que lhe é outorgada pela Constituição Federal, podem estabelecer o zoneamento ambiental. Conforme indicado a seguir, o setor energético obriga-se com diversas normas jurídicas desse teor.

- A Lei n. 7.661, de 16 de maio de 1988, institui o Plano de Gerenciamento Costeiro.

- A Lei n. 6.803, de 2 de julho de 1980, estabelece diretrizes básicas para o zoneamento industrial nas áreas críticas de poluição.
- O Decreto n. 4.297, de 10 de julho de 2002, institui o zoneamento ecológico econômico.
- A Lei n. 9.985, de 18 de julho de 2000, institui o Sistema Nacional de Unidades de Conservação.

Incentivos à produção e instalação de equipamentos e à criação ou absorção de tecnologia, voltados para a melhoria da qualidade ambiental

O art. 13 da Lei n. 6.938, de 1981 (PNMA), diz que o Poder Executivo incentivará as atividades voltadas para o meio ambiente, visando ao desenvolvimento de pesquisas no país e de processos tecnológicos destinados a reduzir a degradação da qualidade ambiental, e incentivará também a fabricação de equipamentos antipoluentes e outras iniciativas que propiciem a racionalização do uso de recursos ambientais. Em seu parágrafo único, a norma informa que os órgãos, programas e entidades do Poder Público destinados ao incentivo de pesquisas científicas e tecnológicas considerarão, entre suas metas, o apoio aos projetos que objetivem a aquisição e o desenvolvimento de conhecimentos básicos e aplicáveis na área ambiental e ecológica.

Criação de espaços protegidos

Com base no art. 225, III, da Constituição Federal, o Poder Público é incumbido, em relação a certas áreas e localidades, bem como aos seus componentes, de zelar para que tenham proteção específica, proibindo quaisquer atividades que comprometam a integridade dos atributos que justifiquem sua proteção. A Lei n. 9.985, de 17 de julho de 2000, cria o Sistema Nacional de Unidades de Conservação (SNUC), instrumento que regula os usos e as ocupações desses espaços especialmente protegidos. Protege áreas de entorno, corredores ecológicos e mosaicos, determinando limitações de usos, dividindo essas áreas em dois grupos: de proteção integral e de proteção sustentável.

SISTEMA NACIONAL DE INFORMAÇÕES

O capítulo da Constituição Federal que trata dos direitos e deveres individuais e coletivos indica no art. 5º, XIV, que é assegurado a todos o acesso à informação e resguardado o sigilo da fonte necessário ao exercício profissional. Por sua vez, o inc. XXXIII do art. 5º diz que todos têm direito de receber dos órgãos públicos informações de seu interesse particular, coletivo ou geral, as quais serão prestadas no prazo da lei, sob pena de responsabilidade, ressalvadas aquelas cujo sigilo seja imprescindível para segurança da sociedade e do Estado.

A Lei n. 6.938, de 1981, que determina a Política Nacional do Meio Ambiente, cria pelo art. 9º, VII, o Sistema Nacional de Informações sobre o Meio Ambiente.

A Lei n. 10.650, de 16 de abril de 2003, dispõe sobre o acesso aos dados e informações existentes nos órgãos e entidades integrantes do Sisnama. A norma é direcionada aos órgãos e entidades da administração pública que sejam integrantes do Sisnama. Esses entes devem permitir o acesso público aos documentos, expedientes e processos administrativos que tratem de matéria ambiental, e fornecer as informações ambientais que estejam sob sua guarda, em meio escrito, visual, sonoro ou eletrônico, sobre qualidade do meio ambiente, emissões de efluentes, acidentes etc.

A norma permite o sigilo (comercial, industrial, financeiro ou qualquer outro protegido por lei). Para tanto, as pessoas físicas ou jurídicas que quiserem valer-se desse expediente devem indicar o intento de forma expressa e fundamentada.

Outros instrumentos da Política Nacional do Meio Ambiente devem ser referenciados: o Cadastro Técnico Federal de Atividades e Instrumentos de Defesa ambiental e o Cadastro Técnico Federal de Atividades Potencialmente Poluidoras ou Utilizadoras de Recursos Ambientais, ambos regulados no art. 17 da Lei n. 6.938/81.

Por fim, cumpre ainda registrar os instrumentos econômicos, como concessão florestal, servidão ambiental, o seguro ambiental e as penalidades disciplinares ou compensatórias.

A Resolução Conama n. 371, de 5 de abril de 2006, estabelece diretrizes aos órgãos ambientais para cálculo, cobrança, aplicação, aprovação e controle de gastos de recursos advindos de compensação ambiental, conforme a Lei n. 9.985, de 18 de julho de 2000, que institui o Sistema Nacional de Unidades de Conservação (SNUC) e a Portaria MMA n. 416, de 2012, que cria, no âmbito do Ministério do Meio Ambiente, a Câmara Federal de Compensação Ambiental (CFCA). O Decreto n. 6.848, de 14 de maio de 2009, altera e acrescenta dispositivos ao Decreto n. 4.340, de 22 de agosto de 2002, para regulamentar a compensação ambiental.

SITUAÇÃO DOS ESTADOS

A seguir, indica-se a situação legal de proteção ao meio ambiente de alguns estados brasileiros.

Acre

A Lei n. 1.117, de 26 de janeiro de 1994, cria a Política Ambiental do Estado.

A Lei n. 1.022, de 21 de janeiro de 1992, cria o Sistema Estadual e o Conselho de Meio Ambiente.

A Lei n. 1.500, de 15 de julho de 2003, institui a Política Estadual de Recursos Hídricos, cria o Sistema Estadual de Gerenciamento de Recursos Hídricos do Estado do Acre, dispõe sobre infrações e penalidades aplicáveis e dá outras providências.

Alagoas

A Lei n. 4.090, de 5 de dezembro de 1979, dispõe sobre a Proteção do Meio Ambiente.

A Lei n. 5.965, de 10 de novembro de 1997, dispõe sobre a Política Estadual de Recursos Hídricos e institui o Sistema Estadual de Gerenciamento de Recursos Hídricos.

Amapá

A Lei Complementar n. 5, de 18 de agosto de 1994, institui o Código de Proteção Estadual do Meio Ambiente.

A Lei n. 5.887, de 9 de maio de 1995, dispõe sobre a Política Estadual do Meio Ambiente.

A Lei n. 686, de 7 de junho de 2002, dispõe sobre a Política de Gerenciamento de Recursos Hídricos do Estado do Amapá e dá outras providências.

Amazonas

A Lei n. 1.532, de 6 de julho de 1982, disciplina a Política Estadual de Prevenção e Controle da Poluição, Melhoria e Recuperação do Meio Ambiente e da proteção aos Recursos Naturais.

A Lei n. 2.712, de 28 de dezembro de 2001, disciplina a Política Estadual de Recursos Hídricos e estabelece o Sistema Estadual de Gerenciamento de Recursos Hídricos.

Bahia

A Lei n. 7.799, de 7 de fevereiro de 2001, institui a Política Estadual de Administração dos Recursos Ambientais.

A Lei n. 6.855, de 12 de maio de 1995, dispõe sobre a Política, o Gerenciamento e o Plano Estadual de Recursos Hídricos.

Ceará

A Lei n. 11.411, de 28 de dezembro de 1987, dispõe sobre a Política Estadual do Meio Ambiente e cria o Conselho Estadual do Meio Ambiente (Coema) e a Superintendência Estadual do Meio Ambiente (Semace).

A Lei n. 11.996, de 24 de julho de 1992, dispõe sobre a Política Estadual de Recursos Hídricos e institui o Sistema Integrado de Gestão de Recursos Hídricos (SIGERH).

Distrito Federal

A Lei n. 41, de 13 de setembro de 1989, dispõe sobre a Política Ambiental.

A Lei n. 2.725, de 13 de junho de 2001, institui a Política de Recursos Hídricos do Distrito Federal e cria o Sistema de Gerenciamento de Recursos Hídricos do Distrito Federal.

Espírito Santo

A Lei n. 5.818, de 29 de dezembro de 1998, dispõe sobre a Política Estadual de Recursos Hídricos, institui o Sistema Integrado de Gerenciamento e Monitoramento dos Recursos Hídricos do Estado do Espírito Santo (SIGERH/ES) e dá outras providências.

Goiás

A Lei n. 8.544, de 17 de outubro de 1978, dispõe sobre o controle da poluição do meio ambiente.

Lei n. 13.123, de 16 de julho de 1997, estabelece normas de orientação à Política Estadual de Recursos Hídricos, bem como ao Sistema Integrado de Gerenciamento de Recursos Hídricos (SIGERH).

Minas Gerais

A Lei n. 7.772, de 8 de setembro de 1980, dispõe sobre proteção, conservação e melhoria do meio ambiente.

A Lei n. 13.199, de 29 de janeiro de 1999, dispõe sobre a Política Estadual de Recursos Hídricos.

Pará

A Lei n. 5.887, de 9 de maio de 1995, dispõe sobre a Política Estadual do Meio Ambiente.

A Lei n. 6.381, de 25 de julho de 2001, dispõe sobre a Política Estadual de Recursos Hídricos e institui o Sistema Estadual de Gerenciamento de Recursos Hídricos.

Paraíba

A Lei n. 4.335, de 16 de dezembro de 1981, dispõe sobre a prevenção e o controle da poluição ambiental, estabelece normas disciplinadoras da espécie e dá outras providências.

A Lei n. 6.308, de 2 de julho de 1996, publicada em 3 de julho de 1996, institui a Política Estadual de Recursos Hídricos.

Paraná

A Lei n. 12.726, de 26 de novembro de 1999, institui a Política Estadual de Recursos Hídricos.

Pernambuco

A Lei Estadual n. 5.887 de 9, de maio de 1995, dispõe sobre a Política Estadual do Meio Ambiente.

A Lei n. 11.426, de 17 de janeiro de 1997, dispõe sobre a Política Estadual de Recursos Hídricos e o Plano Estadual de Recursos Hídricos, e institui o Sistema Integrado de Gerenciamento de Recursos Hídricos.

Piauí

A Lei n. 4.854, de 10 de julho 1996, dispõe sobre a Política de Meio Ambiente do Estado do Piauí.

A Lei n. 5.165, de 17 de agosto de 2000, dispõe sobre a Política Estadual de Recursos Hídricos e institui o Sistema Estadual de Gerenciamento de Recursos Hídricos.

Rio de Janeiro

Não dispõe de Política do Meio Ambiente.

A Lei n. 3.239, de 2 de agosto de 1999, institui a Política Estadual de Recursos Hídricos e cria o Sistema Estadual de Gerenciamento de Recursos Hídricos.

Rio Grande do Norte

A Lei Complementar n. 272, de 3 de março de 2004, dispõe sobre a Política e o Sistema Estadual do Meio Ambiente, as infrações e sanções administrativas ambientais, as unidades estaduais de conservação da natureza e institui medidas compensatórias ambientais.

A Lei n. 6.367, de 14 de janeiro de 1993, institui o Plano Estadual de Recursos Hídricos.

Rio Grande do Sul

A Lei n. 7.488, de 14 de janeiro de 1981, dispõe sobre a proteção do meio ambiente e o controle da poluição.

A Lei n. 11.520, de 3 de agosto de 2000, institui o Código Estadual do Meio Ambiente do Estado do Rio Grande do Sul.

A Lei n. 8.735, de 4 de novembro de 1988, estabelece os princípios e as normas básicas para a proteção dos recursos hídricos.

Rondônia

A Lei n. 547, de 30 de dezembro de 1993, dispõe sobre a criação do Sistema Estadual de Desenvolvimento Ambiental de Rondônia (Sedar) e seus instrumentos, estabelece medidas de proteção e melhoria da qualidade do meio ambiente, define a Polícia Estadual de Desenvolvimento Ambiental, cria o Fundo Especial de Desenvolvimento Ambiental (Fedaro) e o Fundo Especial de Reposição Florestal.

A Lei Complementar n. 255, de 25 de janeiro de 2002, institui a Política Estadual de Recursos Hídricos e o Sistema Estadual de Gerenciamento de Recursos Hídricos.

Roraima

A Lei Complementar n. 7, de 26 de agosto de 1994, institui o Código de Proteção ao Meio Ambiente para a Administração da Qualidade Ambiental, Proteção, Controle e Desenvolvimento do Meio Ambiente e Uso Adequado dos Recursos Naturais do Estado de Roraima.

A Lei n. 547, de 23 de junho de 2006, dispõe sobre a Política Estadual de Recursos Hídricos e institui o Sistema Estadual de Gerenciamento de Recursos Hídricos.

Santa Catarina

A Lei n. 14.675, de 13 de abril de 2009, institui o Código Estadual do Meio Ambiente.

A Lei n. 9.748, de 30 de novembro de 1994, dispõe sobre a Política Estadual de Recursos Hídricos.

São Paulo

A Lei n. 9.509, de 20 de março de 1997, dispõe sobre a Política Estadual do Meio Ambiente.

A Lei n. 7.663 de 30 de dezembro de 1991, estabelece normas de orientação à Política Estadual de Recursos Hídricos bem como ao Sistema Integrado de Gerenciamento de Recursos Hídricos (alterada pela Lei n. 9.034/94).

Sergipe

A Lei n. 3.870, de 25 de setembro de 1997, dispõe sobre a Política Estadual de Recursos Hídricos, institui o Sistema Integrado de Gerenciamento de Recursos Hídricos e dá outras providências.

Tocantins

A Lei Estadual n. 261, de 20 de fevereiro de 1991, dispõe sobre a Política Ambiental do Estado do Tocantins.

A Lei n. 1.307, de 22 de março de 2002, dispõe sobre a Política Estadual de Recursos Hídricos.

BENS AMBIENTAIS PROTEGIDOS

São indicados, em seguida, os bens ambientais protegidos no Brasil, na forma da classificação metodológica de meio ambiente natural, cultural, artificial e do trabalho.

Para a melhor interpretação no que diz respeito ao cumprimento das leis e dos sistemas de gestão, é preciso anotar com atenção qual é o conceito jurídico de meio ambiente no Brasil.

A Lei n. 6.938, de 1991 (PNMA), em seu art. 3º, I, conceitua meio ambiente como "conjunto de condições, leis, influências e interações de ordem física, química e biológica, que permite, abriga e rege a vida em todas as suas formas".

Adotando o entendimento de estudos clássicos do Direito Ambiental, metodologicamente, existem quatro aspectos do meio ambiente que devem ser observados em leituras e verificações para gestão, controle e penalização de atividades e atitudes que possam lesar ou ameaçar o bem de todos.

- Meio ambiente natural: constituído pelos recursos naturais, águas interiores, superficiais e subterrâneas; estuários; mar territorial, solo; subsolo; elementos da biosfera, fauna e flora (na forma do art. 3º, V, da Lei n. 6.938/81).
- Meio ambiente cultural: constituído do patrimônio histórico, artístico, arqueológico, paisagístico, turístico. As formas de expressão, os modos de criar, fazer e viver etc. (com base nos arts. 215 e 216 da Constituição Federal).
- Meio ambiente artificial: constituído pelo espaço urbano construído, conjunto de edificações e equipamentos públicos e coletivos (art. 182 da Constituição Federal e o Estatuto da Cidade – Lei n. 10.257, de 2001). Embora não pertença à categoria de espaço urbano, a área rural mereceu destaque constitucional. O art. 186, II, diz que a propriedade rural cumpre sua função social na utilização adequada dos recursos naturais disponíveis e preservação do meio ambiente.
- Meio ambiente do trabalho: proteção a saúde (física, psíquica, emocional e intelectual) do homem trabalhador, de sua família, ao bairro etc. (supedâneo do art. 200, VIII).

Enumeram-se, a seguir, as normas jurídicas que devem ser observadas pelo setor de energia no Brasil. Nota-se que o processo é dinâmico e exaustivo, a relação apresentada não esgota outras normas jurídicas não mencionadas e algumas têm destinação a todos os aspectos do meio ambiente, como é o caso da Lei n. 12.187, de 29 de dezembro de 2009, que institui a Política Nacional sobre Mudança do Clima. A Lei n. 11.828, de 20 de novembro de 2008, dispõe sobre medidas tributárias aplicáveis às doações em espécie recebidas por instituições financeiras controladas pela União que são destinadas a ações de prevenção, monitoramento e combate ao desmatamento e de promoção da conservação e do uso sustentável das florestas brasileiras. O Decreto n. 7.037, de 21 de dezembro de 2009, aprova o Programa Nacional de Direitos Humanos.

Nesse sentido, há ainda a Portaria n. 32, de 19 de março de 2010, que disciplina os procedimentos para análise de processos de licenciamento ou de autuação com passivo ambiental anterior a 2007; a Instrução Normativa n. 2, de 27 de março de 2012, do Ministério do Meio Ambiente (Ibama) que estabelece as bases técnicas para programas de educação ambiental apresentados como medidas mitigadoras ou compensatórias, em cumprimento às condicionantes das licenças ambientais emitidas pelo Ibama.

Meio ambiente natural

- A Lei n. 3.824, de 23 de novembro de 1960, torna obrigatória a destoca e limpeza de bacias hidráulicas dos açudes, represas e lagos superficiais.
- A Lei n. 5.197, de 3 de janeiro de 1967, estabelece o Código de Proteção à Fauna.
- A Lei n. 6.567, de 24 de setembro de 1978, dispõe sobre regime especial para a exploração e o aproveitamento das substâncias minerais.
- A Lei n. 7.661, de 16 de maio de 1988, institui o Plano Nacional de Gerenciamento Costeiro.
- A Lei n. 7.754, de 14 de abril de 1989, estabelece medidas para proteção de florestas existentes nas nascentes dos rios.
- A Lei n. 7.805, de 18 de julho de 1989, que altera o Decreto-lei n. 227, de 28 de fevereiro de 1967, cria o regime de permissão de lavra garimpeira e extingue o regime de matrícula.
- A Lei n. 7.653, de 1989, altera a redação dos arts. 18, 27, 33 e 34 da Lei n. 5.197, de 3 de janeiro de 1967, que dispõe sobre a proteção à fauna e dá outras providências.
- A Lei n. 9.433, de 1997, cria a Lei de Recursos Hídricos e estabelece o Sistema Nacional de Recursos Hídricos.

- A Lei n. 9.985, de 18 de julho de 2000, institui o Sistema Nacional de Unidades de Conservação (SNUC).
- O Decreto-lei n. 227, de 28 de fevereiro de 1967, dá nova redação ao Decreto-lei n. 1.985, de 29 de janeiro de 1967 (Código de Minas).
- O Decreto n. 4.771, de 15 de setembro de 1965, dispõe sobre o Código Florestal, alterado pela MP n. 2.052, de 29 de junho de 2000, que também foi alterada pela MP n. 2.166/67, de 24 de agosto de 2001.
- O Decreto-lei n. 221, de 28 de fevereiro de 1967, dispõe sobre a proteção e o estímulo à pesca.
- O Decreto n. 750/93, protege o bioma Mata Atlântica.
- O Decreto n. 2.473/98 cria o Programa Florestas Nacionais.
- O Decreto n. 4.340, de 22 de agosto de 2002, regulamenta artigos da Lei n. 9.985, de 18 de julho de 2000, que dispõe sobre o Sistema Nacional de Unidades de Conservação da Natureza.
- O Decreto n. 2.519, de 16 de março de 1998, promulga a convenção sobre biodiversidade.
- O Decreto n. 2.652, de 1º de julho de 1998, promulga a convenção quadro das Nações Unidas sobre mudanças climáticas.
- A Resolução Conama n. 10, de 1987, determina que, para fazer face à reparação dos danos ambientais causados pela destruição de florestas e outros ecossistemas, o licenciamento de obras de grande porte, assim considerado pelo órgão licenciador com fundamento no Rima, terá sempre, como um dos seus pré-requisitos, a implantação de uma estação ecológica pela entidade ou empresa responsável pelo empreendimento, preferencialmente junto à área afetada.
- O Decreto n. 3.515, de 20 de junho de 2000, cria o Fórum Brasileiro de Mudanças Climáticas.
- A Resolução Conama n. 16, de 1989, institui o Programa Integrado de Avaliação e Controle Ambiental da Amazônia Legal.
- A Resolução Conama n. 274, de 29 de novembro de 2000, estabelece padrões de qualidade de água e balneabilidade.
- A Resolução Conama n. 302, de 20 de março de 2002, estabelece parâmetros, definições e limites para as áreas de proteção permanente (APP) de reservatório artificial e a instituição obrigatória de plano ambiental de conservação do seu entorno.

- A Resolução Conama n. 303, de 20 de março de 2002, dispõe sobre parâmetros, definições e limites das APP.
- A Resolução Conama n. 357, de 17 de março de 2005, dispõe sobre a classificação dos corpos de água e diretrizes ambientais para seu enquadramento e estabelece as condições de lançamento de efluentes.
- O Decreto n. 6.698, de 17 de dezembro de 2008, declara as águas jurisdicionais marinhas brasileiras Santuário de Baleias e Golfinhos do Brasil.
- A Lei n. 12.651, de 25 de maio de 2012, dispõe sobre a proteção da vegetação nativa; altera as Leis n. 6.938, de 31 de agosto de 1981, Lei n. 9.393, de 19 de dezembro de 1996, e Lei n. 11.428, de 22 de dezembro de 2006; revoga as Leis n. 4.771, de 15 de setembro de 1965, e Lei n. 7.754, de 14 de abril de 1989, e a Medida Provisória n. 2.166/67, de 24 de agosto de 2001.
- A Medida Provisória n. 571, de 25 de maio de 2012, altera a Lei n. 12.651, de 2012.

Meio ambiente cultural

- A Lei n. 3.924/61 dispõe sobre os monumentos arqueológicos e pré-históricos.
- A Lei n. 6.001/73 institui o Estatuto do Índio.
- A Lei n. 6.513, de 20 de dezembro de 1977, dispõe sobre a criação de áreas especiais e locais de interesse turístico e sobre o inventário com finalidades turísticas dos bens de valor cultural e natural.
- O Decreto-lei n. 25, de 30 de novembro de 1937, organiza o patrimônio histórico e artístico nacional.
- O Decreto-lei n. 4.146/42 dispõe que os depósitos fossilíferos são de propriedade da União e sua extração depende de autorização do Departamento Nacional da Produção Mineral.
- O Decreto n. 99.556/90 dispõe sobre a proteção das cavidades naturais subterrâneas existentes no território nacional.
- O Decreto n. 1.141/94 dispõe sobre as ações de proteção ambiental, saúde e apoio às atividades produtivas para comunidades indígenas.
- O Decreto n. 1.775/96 dispõe sobre o procedimento administrativo de demarcação de terras indígenas.

- O Decreto s/n, de 10 de outubro de 2003, institui grupo de trabalho interministerial encarregado de analisar as demandas apresentadas pela sociedade civil organizada, representativa dos atingidos por barragens, e encaminhar propostas para o equacionamento dos pleitos apresentados.
- A Resolução Conama n. 5, de 6 de agosto de 1987, aprova o Programa Nacional de Proteção ao Patrimônio Espeleológico.
- O Decreto n. 754, de 9 de abril de 2012, sistematiza e regulamenta a atuação dos órgãos públicos federais, estabelecendo procedimentos a serem observados para autorizar e realizar estudos de aproveitamento de potenciais de energia hidráulica e sistemas de transmissão e distribuição de energia elétrica no interior de unidades de conservação de uso sustentável.
- A Portaria Funai n. 116, de 15 de fevereiro de 2012, fixa diretrizes para a demarcação de terras indígenas.
- A Instrução Normativa Funai n. 1, de 9 de janeiro de 2012, estabelece normas sobre a participação da Funai no processo de licenciamento ambiental de empreendimentos ou atividades potencial e efetivamente causadoras de impactos ambientais e socioculturais que afetem terras e povos indígenas.

Meio ambiente artificial

- A Lei n. 6.766, de 19 de dezembro de 1979, dispõe sobre o parcelamento do solo.
- A Lei n. 6.803, de 2 de julho de 1980, dispõe sobre as diretrizes básicas para o zoneamento industrial nas áreas críticas de poluição.
- A Lei n. 10.257, de 10 de julho de 2001, estabelece o Estatuto da Cidade.
- A Resolução Conama n. 2/90 institui, em caráter nacional, o Programa Nacional de Educação e Controle da Poluição Sonora.
- A Resolução Conama n. 13/95 determina tarefas para empresas que produzam, importem, exportem, comercializem ou utilizem substâncias controladas pelo Programa Brasileiro de Eliminação da Produção e do Consumo das Substâncias que Destroem a Camada de Ozônio.

- A Resolução Conama n. 257/99 disciplina o descarte e o gerenciamento ambientalmente adequado de pilhas e baterias usadas, no que tange à coleta, à reciclagem, ao tratamento ou à disposição final.

Meio ambiente do trabalho

- A Lei n. 6.514, de 22 de dezembro de 1977, altera o capítulo V, do título II da CLT, relativo à segurança e à medicina do trabalho.
- A Lei n. 7.369, de 20 de setembro de 1986, institui o salário adicional no setor de energia elétrica em condições de periculosidade.
- A Lei n. 9.795/99 que dispõe sobre a educação ambiental e institui a Política Nacional de Educação Ambiental, elenca, no art. 3º, as incumbências dos diversos seguimentos da sociedade. Dentre eles, ressalta-se o dever das empresas, instituições públicas e privadas de promover programas destinados à capacitação dos trabalhadores, visando à melhoria do meio ambiente do trabalho.
- O Decreto n. 93.412, de 14 de outubro de 1986, revoga o Decreto n. 92.212, de 26 de dezembro de 1985 e regulamenta a Lei n. 7.369, de 20 de setembro de 1985, que institui salário adicional para empregados do setor de energia elétrica em condições de periculosidade.
- O Decreto Legislativo n. 2/92 aprova o texto da Convenção n. 155, da Organização Internacional do Trabalho (OIT), sobre segurança e saúde dos trabalhadores e o meio ambiente de trabalho, adotado em Genebra em 1981, durante a 67ª Seção da Conferência Internacional do Trabalho.

Normas regulamentadoras de segurança e saúde no trabalho

- NR1: disposições gerais.
- NR2: inspeção prévia.
- NR3: embargo ou interdição.
- NR4: serviços especializados em engenharia de segurança e em medicina do trabalho.
  - Proposta para modificação da NR4.
  - Sistematização final da NR4.
  - Grupo de trabalho tripartite – NR4.

- NR5: comissão interna de prevenção de acidentes (Cipa).
  - Manual Cipa.
- NR6: equipamentos de proteção individual (EPI).
- NR7: programas de controle médico de saúde ocupacional.
- NR8: edificações.
- NR9: programas de prevenção de riscos ambientais.
- NR10: instalações e serviços em eletricidade.
  - proposta para modificação da NR10.
  - sistematização final da NR10.
  - grupo de trabalho tripartite – NR10.
- NR11: transporte, movimentação, armazenagem e manuseio de materiais.
- NR12: máquinas e equipamentos.
- NR13: caldeiras e vasos de pressão.
- NR14: fornos.
- NR15: atividades e operações insalubres.
- NR16: atividades e operações perigosas.
- NR17: ergonomia.
- NR18: condições e meio ambiente de trabalho na indústria da construção.
- NR19: explosivos.
- NR20: líquidos combustíveis e inflamáveis.
- NR21: trabalho a céu aberto.
- NR22: segurança e saúde ocupacional na mineração.
- NR23: proteção contra incêndios.
- NR24: condições sanitárias e de conforto nos locais de trabalho.
- NR25: resíduos industriais.
- NR26: sinalização de segurança.
- NR27: registro profissional do técnico de segurança do trabalho no Ministério do Trabalho pela Secretaria de Saúde no Trabalho ou pelas Delegacias Regionais do Trabalho.
- NR28: fiscalização e penalidades.
- NR29: norma regulamentadora de segurança e saúde no trabalho.
  - Portuário.
- NR30: norma regulamentadora de segurança e saúde no trabalho.

  - Aquaviário.
- NRR1: disposições gerais.
- NRR2: serviço especializado em prevenção de acidentes do trabalho rural (SEPATR)
- NRR3: comissão interna de prevenção de acidentes do trabalho rural (CIPATR).
- NRR4: equipamentos de proteção individual (EPI).
- NRR5: produtos químicos.

A Portaria Conjunta n. 259, de 7 de agosto de 2009 (MMA/Ibama), obriga o empreendedor a incluir no Epia e respectivo Rima, capítulo específico sobre as alternativas tecnológicas mais limpas para reduzir os impactos na saúde do trabalhador e no meio ambiente, incluindo poluição térmica, sonora e emissões nocivas ao sistema respiratório.

NORMAS ESPECÍFICAS

Nuclear

- A Lei n. 4.118, de 27 de agosto de 1962, dispõe sobre a Política Nacional de Energia Nuclear e cria a Comissão Nacional de Energia Nuclear.
- A Lei n. 6.453, de 17 de outubro de 1977, dispõe sobre a responsabilidade civil por danos nucleares e a responsabilidade criminal por atos relacionados com atividades nucleares.
- O Decreto-lei n. 1.809, de 7 de outubro de 1980, institui o Sistema de Proteção ao Programa Nuclear Brasileiro.
- A Lei n. 10.308, de 20 de novembro de 2001, dispõe sobre a seleção de locais, a construção, o licenciamento, a operação, a fiscalização, os custos, a indenização, a responsabilidade civil e as garantias referentes aos depósitos de rejeitos radioativos.

Atividades industriais e poluição

- O Decreto-lei n. 1.413, de 14 de agosto de 1975, dispõe sobre o controle da poluição do meio ambiente provocada por atividades industriais.

- A Lei n. 8.723, de 28 de outubro de 1993, dispõe sobre a redução de emissão de poluentes por veículos automotores.

Responsabilidade ambiental

- O Decreto n. 83.540, de 4 de junho de 1979, regulamenta a aplicação da Convenção Internacional sobre Responsabilidade Civil em Danos Causados por Poluição por Óleo, de 1969.
- A Lei n. 7.347, de 24 de julho de 1985, dispõe sobre a ação civil pública e de responsabilidade por danos causados ao meio ambiente, ao consumidor, a bens e direitos de valor artístico, histórico, turístico e paisagístico.
- A Lei n. 9.605, de 12 de fevereiro de 1998, dispõe sobre as sanções penais e administrativas derivadas de condutas e atividades lesivas ao meio ambiente.

Recursos hídricos

A Lei n. 9.433, de 8 de janeiro de 1997, trouxe um novo teor em relação à gestão das águas no Brasil. Até então tratada quase como um bem particular e sob a égide do setor elétrico, essa lei migrou de um modelo burocrático de administração para a gestão participativa, instituindo a Política Nacional de Recursos Hídricos e o Sistema Nacional de Gerenciamento de Recursos Hídricos. Dentre seus fundamentos, destacam-se:

- A água é um recurso natural limitado, dotado de valor econômico.
- Em situação de escassez, o uso prioritário dos recursos hídricos é o consumo humano e a de animais.
- A gestão dos recursos hídricos deve sempre proporcionar o uso múltiplo das águas.
- A bacia hidrográfica é a unidade territorial para implementação da Política Nacional de Recursos Hídricos e atuação do Sistema Nacional de Gerenciamento de Recursos Hídricos.
- A gestão dos recursos hídricos deve ser descentralizada e contar com a participação do Poder Público, dos usuários e das comunidades.

Entre os objetivos da norma, destacam-se a prevenção e a defesa contra eventos hidrológicos críticos de origem natural ou decorrente do uso inadequado dos recursos naturais. No que concerne às diretrizes da Política Nacional do Meio Ambiente, a gestão dos recursos hídricos deve adequar-se às diversidades físicas, bióticas, demográficas, econômicas, sociais e culturais das diversas regiões do país. Prevê ainda a gestão integrada com a gestão ambiental, zonas costeiras, com o uso do solo etc.

A lei aponta cinco instrumentos para implementação da Política Nacional de Recursos Hídricos:

- Os planos de recursos hídricos.
- O enquadramento dos corpos de água em classes, segundo os usos preponderantes da água.
- A outorga dos direitos de uso de recursos hídricos.
- A cobrança pelo uso de recursos hídricos.
- O sistema de informações sobre recursos hídricos.

Interessam particularmente ao setor elétrico os procedimentos de outorga de direito de uso de recursos hídricos. Nesse caso, a exigência traduz-se nos casos de derivação ou captação de parcela existente em um corpo de água, os lançamentos de resíduos líquidos ou gasosos (por exemplo, as termoelétricas) e o aproveitamento dos potenciais hidrelétricos.

A Lei n. 9.433/97 cria uma interessante composição de gestão, integrando vários setores da sociedade, segmentos públicos e privados, com deveres direcionados à administração harmônica da água. Integram o Sistema Nacional de Gerenciamento de Recursos Hídricos:

- O Conselho Nacional de Recursos Hídricos.
- A Agência Nacional de Água.
- Os Conselhos de Recursos Hídricos dos estados e do Distrito Federal.
- Os Comitês de Bacia Hidrográfica e os órgãos dos poderes públicos federal, estadual, municipal e do Distrito Federal, cujas competências relacionam-se com a gestão de recursos hídricos.

Conforme indicado no capítulo que trata das referências constitucionais, os corpos de água do Brasil podem ser de domínio federal ou estadual.

Portanto, no que se refere à gestão e, notadamente, quanto à outorga de direito de uso de recursos hídricos, é preciso verificar a área do corpo de água para identificar a dominialidade.

A Agência Nacional de Água (ANA) é responsável, para águas de domínio da União, por proceder o pedido de declaração de reserva de disponibilidade hídrica e outorgar de direito de uso de recursos hídricos. Notadamente em relação ao setor elétrico, a ANA tem como incumbência definir e fiscalizar as condições de operação de reservatórios por agentes públicos e privados, visando a garantir o uso múltiplo dos recursos hídricos das respectivas bacias hidrográficas. Nesse caso, as condições de operação dos reservatórios de aproveitamento hidrelétricos serão avaliadas em articulação com o Operador Nacional do Sistema Elétrico (ONS).

No que tange às outorgas direcionadas ao uso de potencial de energia hidráulica, o art. 7º da Lei n. 9.984/2000 determina que, para licitar a concessão ou autorizar o uso de potencial de energia hidráulica em corpo de água de domínio da União, a Aneel deverá promover, junto à ANA, a prévia obtenção de declaração da reserva de disponibilidade hídrica. No caso de o potencial hidráulico localizar-se em corpo de água de domínio dos estados ou do Distrito Federal, a declaração de reserva de disponibilidade hídrica será obtida com a devida articulação da entidade gestora de recursos hídricos desses entes federados.

A declaração de disponibilidade hídrica será transformada automaticamente, pelo respectivo poder outorgante, em outorga de direito de uso de recursos hídricos à instituição ou empresa que receber da Aneel a concessão ou a autorização de uso do potencial de energia hidráulica.

A Resolução ANA n. 131/2003, como já mencionado, dispõe sobre procedimentos para emissão de declaração da reserva de disponibilidade hídrica e de outorga de direito do uso de recursos hídricos para uso de potencial de energia hidráulica superior a 1 MW em corpo de água de domínio da União.

RESPONSABILIDADES EM SEDE AMBIENTAL: DANO E RESPONSABILIDADE PENAL, CIVIL E ADMINISTRATIVA

O art. 225, *caput*, da Constituição Federal, determina que cabe ao Poder Público e à coletividade o dever de defender e preservar o meio ambiente ecologicamente equilibrado e a sadia qualidade de vida para as presentes e futuras gerações. Com esse dispositivo, pode-se vislumbrar que todas as esferas de poder e todos os entes e agentes que, de alguma forma, perturbem o preceito constitucional no país estarão descumprindo o texto da Carta Magna.

Com intuito de proteger, restaurar bens ambientais e discutir comportamentos contrários ao desejo constitucional, o § 3º do art. 225 preceitua que "as condutas e atividades consideradas lesivas ao meio ambiente sujeitarão os infratores, pessoas físicas ou jurídicas, a sanções penais e administrativas, independentemente da obrigação de reparar os danos causados".

Nota-se que a Constituição não excetua as pessoas jurídicas de Direito Público, ou seja, mais uma vez, enfatiza-se a responsabilidade ambiental de todos brasileiros. Além disso, de acordo com o art. 5º, XXXV, da Constituição, a garantia de jurisdição estende-se tanto à ameaça de dano como à lesão já constatada.

Antes de adentrar nas responsabilidades jurisdicionais (civil e penal), ou mesmo de cunho administrativo, é necessário enfocar o conceito de dano ambiental. O professor Leite (2000), da UFSC, entende que:

> dano ambiental deve ser compreendido como toda lesão intolerável causada por qualquer ação humana (culposa ou não) ao meio ambiente, diretamente, como macrobem de interesse da coletividade, em uma concepção totalizante, e indiretamente, a terceiros, tendo em vista interesses próprios e individualizáveis e que refletem no macrobem.

O legislador pátrio não apresenta um conceito preciso de dano ambiental. Oferece, entretanto, no art. 3º, II, III e IV, da Lei n. 6.938, de 31 de agosto de 1981, respectivamente, o conceito jurídico de degradação da qualidade ambiental, poluição e poluidor, os quais são transcritos a seguir:

- Degradação ambiental: a alteração adversa das características do meio ambiente.
- Poluição: a degradação da qualidade ambiental resultante de atividades que, direta ou indiretamente:
  - prejudiquem a saúde, a segurança e o bem-estar da população;
  - criem condições adversas às atividades sociais e econômicas;
  - afetem desfavoravelmente a biota;
  - afetem as condições estéticas ou sanitárias do meio ambiente;
  - lancem matérias ou energia em desacordo com os padrões ambientais estabelecidos.

- Poluidor: pessoa física ou jurídica, de direito público ou privado, que seja responsável, direta ou indiretamente, por atividade causadora de degradação ambiental.

Dessa forma, com base nesses parâmetros e nos termos constitucionais, o legislador procurou fixar os critérios das responsabilidades civil, penal e administrativa. A seguir, enfoca-se cada uma dessas modalidades.

O dano ambiental sob a égide civil é caracterizado pelo sistema de responsabilidade objetiva, fundada no risco integral. A única condição é demonstrar o nexo de causalidade, ou seja, provar que o agente causador da poluição está ligado ao dano produzido. O eminente jurista Milaré (2001) explica:

> No regime da responsabilidade objetiva, fundada na teoria do risco da atividade, para que se possa pleitear a reparação do dano, basta a demonstração do evento danoso e do nexo de causalidade. A ação, da qual a teoria da culpa faz depender a responsabilidade pelo resultado, é substituída, aqui, pela assunção do risco em provocá-lo. É interessante ainda que a responsabilidade objetiva, fundada no risco integral, implica na irrelevância da licitude da atividade, ou seja, independe do agente estar dentro dos padrões de emissão traçados pela autoridade administrativa.

O autor ora citado (p. 433) explica que "é a potencialidade do dano que a atividade possa trazer aos bens ambientais que será objetivo de consideração". Para o Brasil, a lesão ou ameaça de dano não pode colocar em risco o patamar constitucional do art. 225, que é a garantia da sadia qualidade de vida e do equilíbrio ecológico para as presentes e futuras gerações.

Nesse sentido, alguns instrumentos jurisdicionais permitem a solicitação de tutela do Poder Judiciário. É o caso da Ação Civil Pública, Lei n. 7.347, de 24 de julho de 1985. Nesse tipo de demanda, apurado e constatado o fato, pode-se exigir da pessoa física ou jurídica, pública ou privada, a obrigação de restituir ou não o *status quo* da situação e/ou indenizar pelos prejuízos sofridos, no âmbito do dano difuso, coletivo e individual homogêneo (ver art. 81 da Lei n. 8.078, de 11 de setembro de 1990). Os agentes ativos (quem pode provocar a demanda perante o Poder Judiciário) da demanda, aos moldes do art. 5º da norma citada, podem ser: Ministério Público, União, estados, municípios, autarquias, empresa pública, fundações, sociedade de economia mista e associações (ONGs).

Os sujeitos passivos são aqueles que a lei caracteriza como poluidores. Outras ações de cunho civil podem ser propostas: ação popular, mandado de segurança coletivo e ação direta de inconstitucionalidade.

No campo penal, a Lei n. 9.605, de 12 de fevereiro de 1998, disciplina as condutas que levarão os poluidores a receberem as penalidades nesse campo. A novidade fica por conta da responsabilização penal da pessoa jurídica (privada ou pública) que depende de:

- A infração ter sido cometida em seu interesse ou benefício.
- Decisão de seu representante legal, contratual ou de seu colegiado.

É mister, nesse patamar, considerar as palavras do Dr. Milaré (2001):

> Estando, pois, diante de uma conduta realizada por pessoa jurídica, deve-se inicialmente avaliar se essa conduta foi efetuada em benefício ou visando a satisfazer os interesses sociais da pessoa jurídica e, num segundo momento, o elemento subjetivo, dolo ou culpa, quando na execução ou da determinação do ato gerador do delito, transferido, num ato de ficção, a vontade do dirigente à pessoa jurídica.

Existem dúvidas entre os doutrinadores quanto à abrangência da responsabilidade penal ante pessoas jurídicas de direito público. Alguns juristas entendem que, em caso de sua penalização, na verdade, a comunidade estaria sendo penalizada, uma vez que a sanção recairia sobre ela (caso das penas restritivas de direito cabíveis). Conforme o art. 8º da Lei n. 9.605, de 1998, as penas restritivas de direito são:

- Prestação de serviços à comunidade.
- Interdição temporária de direitos.
- Suspensão parcial ou total das atividades.
- Prestação pecuniária.
- Recolhimento domiciliar.

A norma não exclui a responsabilidade individual dos agentes públicos que concorrem para o desencadeamento do ato lesivo ao ambiente. A norma prescreve, em seu art. 54, para quem "causar poluição de qualquer natureza em níveis tais que resultem ou possam resultar em danos à saúde humana, ou que provoquem a mortandade de animais ou a destruição negativa da flora, penas de reclusão e detenção".

Na área da responsabilidade administrativa, o art. 70 da Lei n. 9.605/98 considera infração administrativa ambiental toda ação ou omissão que viole as regras de uso, gozo, promoção, proteção e recuperação do meio ambiente. As autoridades competentes para lavrar o auto de infração ambiental são os funcionários dos órgãos integrantes do Sisnama. A autoridade ambiental que tiver conhecimento de infração ambiental é obrigada a promover sua apuração imediata, sob pena de co-responsabilidade. O Decreto n. 6.686, de 10 de dezembro de 2008, altera e acrescenta dispositivos ao Decreto n. 6.514, de 2008: regulamenta as sanções aplicáveis às condutas e às atividades lesivas ao meio ambiente, no âmbito administrativo. Cumpre salientar que, com base no art. 129 da Constituição Federal, o Ministério Público é incumbido de diversas atividades institucionais. Dentre essas tarefas, destacam-se: promover, privativamente, a ação penal pública, na forma da lei (inc. I), e promover o inquérito civil e a ação civil pública para proteção do patrimônio público e social, do meio ambiente e de outros interesses difusos e coletivos (inc. III).

Do exposto, pode-se concluir que os danos (ou ameaças de lesão) que coloquem em risco a integridade de um bem ambiental podem levar pessoas físicas ou jurídicas a serem responsabilizadas no âmbito civil, penal e administrativo. As normas que regulamentam cada um desses aspectos da responsabilidade ambiental fixam as regras e, notadamente, determinam as competências dos entes que promoverão o processo de apuração do fato, sancionarão, sentenciarão etc.

Aspectos internacionais

O Direito Internacional divide-se em público e privado. Não há o reconhecimento explícito do direito e interesse difuso. O tema ambiental é acolhido no âmbito do Direito Internacional Público, embora existam encaminhamentos que podem ser efetivados no âmbito privado. As fontes de Direito Internacional são: a doutrina, os princípios, os tratados, os costumes e a jurisprudência.

Embora possam ser citados pactos e sentenças internacionais na área ambiental, advindos do início do século XX, somente após a Conferência de Estocolmo, ocorrida em 1972, o tema consolidou-se na égide internacional. A partir daí, os princípios ali enunciados, bem como os fatos ocorridos pós-conferência, acabaram por iluminar todo arsenal jurídico-ambiental dos países. A Rio-92, na verdade, conseguiu que o assunto se popularizasse, uma vez que teve grande índice de participação da sociedade civil e foi a reunião em torno do tema que contou com a presença do maior número de chefes de Estado, que acabaram consignando, em seus Estados, as conquistas da Conferência. As Conferências que se seguiram relacionadas ao tema ambiental sob a égide e importância das Nações Unidas, tanto em 2002 (Joanesburgo) como a Rio +20, em nada contribuíram para a evolução dos compromissos internacionais.

O tema ambiental encontra grandes obstáculos na esfera internacional, pela diversidade de sistemas jurídicos dos Estados. A soberania dos Estados é um entrave para o caminho harmônico necessário, uma vez que existem bens ambientais compartilhados entre países que devem ser cuidados; a poluição transfronteiriça, que lesa países sem que se garanta o retorno da responsabilidade do dano, fragiliza cada vez mais bens ambientais; e também a preocupação quanto a bens comuns da humanidade (por exemplo, fundos marinhos), ou mesmo bens de preocupação comum da humanidade (como é o caso da biodiversidade), ainda são tratados de forma segmentada.

Outro problema é a penalização internacional. Ainda que se admita todo um arsenal internacional para sancionar atos contrários ao bem-estar e ao equilíbrio ecológico, a efetivação ainda é frágil, tendo em vista a supremacia econômica de alguns Estados em detrimento de outros.

O certo é que, em sede internacional, o Direito Ambiental é ainda muito incipiente, necessitando de estudos profundos para poder alcançar o consenso planetário a respeito da vida de toda humanidade.

O Brasil possui acordos bi e multilaterais e adota quase todos os princípios internacionais enunciados nas conferências internacionais ambientais. Os tratados assinados devem passar por um complexo caminho interno. Basicamente, devem ser ratificados pelo Poder Legislativo e, depois, promulgados pelo Executivo. A Constituição de 1988, em seu art. 5º, § 2º, determina que os direitos e as garantias assinaladas (direitos individuais e coletivos expressos no capítulo I) não excluem outros decorrentes dos tratados internacionais em que a República Federativa do Brasil seja parte. O § 3º diz que os tratados e convenções internacionais sobre direitos humanos que forem aprovados, em dois turnos, em cada Casa do Congresso Nacional, por três quintos dos votos dos respectivos membros, serão equivalentes a emendas constitucionais.

É importante ressaltar que, apesar das dificuldades apontadas, os países, mormente com interesses econômicos comuns, têm procurado agregar-se por meio de pactos de integração (ainda que de cunho econômico). Parece que, apesar da vertente econômica, a harmonização ambiental é indispensável, considerando a competitividade entre os países-membros que pretendem a parceria. Dessa forma, os blocos regionais iniciam a construção de aparatos jurídicos capazes de assegurar a efetividade do bloco.

Nesse diapasão, os empreendimentos que podem causar danos a outros Estados devem respaldar suas atividades na obediência dos diversos documentos assinados pelo Brasil na área ambiental.

Planejamento energético e desenvolvimento sustentável

4

As relações básicas da energia e, em seu bojo, a energia elétrica, com o desenvolvimento e o ambiente foram apresentadas inicialmente com ênfase às principais soluções energéticas para construção de um modelo sustentável de desenvolvimento. Enfatizou-se também a importância de uma visão integrada, considerando a energia no âmbito mais amplo da infraestrutura, de forma sinérgica com água, saneamento, transporte, telecomunicações, entre outros aspectos.

Em seguida, já com foco específico no setor elétrico, foram abordados os aspectos tecnológicos e socioambientais, assim como a legislação ambiental relacionada com as áreas de geração, transmissão e distribuição de energia elétrica.

Uma breve avaliação do cenário apresentado demonstra a existência de um conjunto básico de informações, legislação e práticas para que se possa orientar o sistema brasileiro de energia elétrica a um modelo sustentável de desenvolvimento. Indica também as dificuldades que têm sido encontradas, inerentes a qualquer processo de mudança de paradigma. É uma questão complexa que precisa ser enfrentada o mais rapidamente possível por todos os atores sérios envolvidos no cenário, em resposta ao crescente atual aumento de grandes desastres e ameaças ambientais e os consequentes problemas sociais.

O encaminhamento da solução, no entanto, ressalta um aspecto básico e simples da questão: já se dispõe de arcabouço metodológico adequado para tratar a referida complexidade? Os processos de planejamento e gestão disponíveis estão preparados para permitir o tratamento da questão energética de uma forma integrada, multidisciplinar e participativa?

Tais questões precisam ser avaliadas e verificadas, mesmo que a situação do país apresente um problema básico bem mais complicado de se resolver, uma vez que envolve principalmente aspectos políticos e institucionais, que são a não existência de um processo de planejamento bem estruturado de longo prazo e a falta de independência das agências reguladoras, cuja principal missão é representar, ao longo do tempo, o Estado, zelando assim pela continuidade de políticas perante os diversos governos que se sucedem.

Neste capítulo, será demonstrado que o setor de energia, elétrica ou não, dispõe e tem domínio das ferramentas necessárias para desenvolver os processos de planejamento e gestão adequados.

Acontece, no entanto, que a prática encontra-se distanciada dos métodos e das metodologias já disponíveis para elaboração de estudos e simulações, para desenvolvimento de avaliações integradas, para análise multicriterial, para orientação da tomada de decisão e análise de riscos, entre outros aspectos importantes.

As limitações atualmente encontradas na prática devem-se às mais diversas razões, dentre as quais se salientam:

- A grande ênfase aos aspectos técnicos e econômicos em detrimento dos demais, conforme tem sido apontado ao longo de praticamente todo este livro.
- A situação atual do processo de licenciamento ambiental no país, que ainda encontra dificuldades na implementação prática, consubstanciando um cenário de transição sujeito a pressões e ajustamentos transitórios. Esse processo evolutivo, como tem acontecido em grande parte das obras do setor elétrico, pode ser caracterizado por uma significativa separação entre as práticas de projeto e de avaliação ambiental. Existe uma forte dicotomia que poderia ser evitada por meio da introdução de ações e interações multi e interdisciplinares desde as etapas de concepção e planejamento dos projetos. Isso redundaria em avaliações integradas, congregando as empresas e os órgãos e entidades do setor elétrico, e até mesmo de outros setores, e aperfeiçoando a interação destes com os demais órgãos envolvidos, em especial os relacionados com o meio ambiente.
- A falta de tradição e hábito em trabalhos multi e interdisciplinares e, principalmente, em processo de decisão participativa. A decisão parti-

cipativa traz um desafio adicional de que os estudos e dimensionamentos sejam desenvolvidos segundo critérios que permitam a avaliação sob pontos de vista dos diversos atores afetados pelo projeto. Isso certamente vai requerer do setor de energia elétrica mais ênfase na experiência e no aprendizado obtidos das audiências públicas, que vêm sendo vivenciadas há alguns anos.

- A limitada divulgação de práticas e conceitos relacionados com a análise integrada dos projetos. A disseminação desse conhecimento, de forma prática, para os diversos grupos envolvidos com a questão, vai requerer um grande esforço de recapacitação, capacitação e treinamento, além da desconstrução de hábitos e ideias arraigadas, em certos casos.
- Há dificuldade, no cenário atual, da obtenção confiável de diversos dados e informações para utilização na análise, uma vez que não há tradição nesse sentido. Embora apresente uma respeitável experiência no planejamento e na análise de projetos, principalmente sob o enfoque técnico e econômico, o setor elétrico também se ressente, em diversos aspectos, da falta de dados e informações confiáveis. Essa preocupação com dados e informação tem sido evidenciada mais recentemente, por exemplo, nas ações dos órgãos reguladores, visando à obtenção, ao cálculo e à monitoração dos diversos indicadores, e a variáveis necessárias para acompanhamento do desempenho do sistema elétrico. No caso da inserção ambiental, nos projetos do setor elétrico, os principais desafios estariam na maior complexidade, nas formas de tratamento e nas dimensões da massa das informações e dos dados requeridos.

O cenário do planejamento energético, visitado logo adiante neste capítulo, mostra que a maior parte das limitações alistadas pode ser superada pela utilização, nos processos de planejamento e avaliação dos projetos elétricos, de métodos e metodologia já disponibilizados. Além disso, apresenta grande abrangência e capacidade para modelagem e tratamento de aspectos qualitativos em conjunto com os quantitativos, estando, então, apto a acolher formas de análise subjetivas e participativas.

Nesse contexto, encontram-se métodos e procedimentos organizados que permitem a análise do problema segundo etapas concatenadas e coordenadas que admitem ações participativas em momentos convenientes, assim como a utilização de metodologias e métodos matemáticos de otimização adequados. Essas diversas formas de tratamento do problema certamente deverão ser consideradas para cada caso sob análise, com vistas à definição daquela que melhor se aplica.

A questão da confiança nos dados e nas informações, por sua vez, poderá ser tratada da forma usual para esses casos: inicia-se com os dados existentes complementados por outros típicos e representativos, ao mesmo tempo em que se implementa um processo consistente e robusto de coleta e tratamento de dados, os quais serão integrados continuamente aos já existentes. Isso redundará em dados e informações mais confiáveis ao longo do tempo.

Neste capítulo, busca-se esclarecer como tudo isso poderá funcionar para que o planejamento energético (em especial o da energia elétrica) seja orientado para o desenvolvimento sustentável.

Dessa forma, tomando como base o papel e a participação da energia elétrica na sustentabilidade e a importância da visão e avaliação integrada de recursos, aborda-se inicialmente o planejamento energético, com ênfase às suas relações com a matriz e as políticas energéticas. Em seguida, abordam-se indicadores de desenvolvimento sustentável, que poderão ser utilizados no processo de planejamento, por exemplo, para medir o grau de sustentabilidade atingido.

Finalmente, são destacados os seguintes métodos e metodologias de análise que, dentre outros, se mostram adequados aos problemas em questão: o planejamento integrado de recursos (PIR), que considera a visão integrada e a decisão participativa; e a avaliação dos custos completos, que, em conjunto com métodos de mensuração das externalidades, facilita a inclusão de custos e benefícios socioambientais nas análises de projetos.

PLANEJAMENTO ENERGÉTICO

Ao enfocar a estrutura e os processos de planejamento energético em um contexto orientado ao desenvolvimento sustentável, deve-se, inevitavelmente, considerar a forte interação e garantir a coerência com outras duas questões fundamentais: as políticas e a matriz energéticas.

Não é o que se vê no cenário energético atual do país, mesmo quando se considera sua evolução histórica. O planejamento energético ainda tem muito a ser desenvolvido, além de apresentar diferentes graus de evolução, dependendo do setor considerado. Políticas energéticas existem, mas são orientadas muito mais por questões momentâneas ou influências externas do que por uma estratégia de longo prazo, o que deixa ainda muito mais distante a introdução de uma visão integrada e sustentável.

Nesse contexto, em consonância com as forças atuantes na construção de um modelo sustentável de desenvolvimento, o planejamento energético tem evoluído conceitualmente para processos e modelos voltados a incorporar mais adequadamente a ênfase aos usos finais e à eficiência energética, à questão ambiental e à decisão participativa, envolvendo os atores afetados pelos projetos em análise. Essa evolução, contudo, ainda tem encontrado resistência principalmente nos países onde as questões social e ambiental ainda estão em fase de afirmação (como é o caso do Brasil) ou até mesmo não são consideradas.

Alguns aspectos importantes podem ser destacados em razão do grande impacto causado no planejamento energético nas últimas décadas:

- A evolução de um pensamento voltado intrinsecamente à oferta para um pensamento direcionado à maior eficiência na cadeia energética e nos usos finais e à melhor estruturação dos intercâmbios de energia e substituição de energéticos.
- O tratamento mais adequado da questão ambiental por meio do estabelecimento de uma cultura multi e interdisciplinar e da elaboração de modelos mais aptos a tratar de custos e benefícios intangíveis, externalidades e aspectos qualitativos.
- A implementação de um processo participativo e descentralizado de decisão, no qual atuam os diversos atores que poderão ser afetados pelo(s) projeto(s) ou plano sob avaliação.

Cada um desses aspectos é tratado separadamente a seguir.

A evolução de um pensamento voltado intrinsecamente à oferta para um pensamento direcionado a maior eficiência e melhor estruturação originou-se de avaliação crítica do processo tradicional (convencional) de planejamento, da qual podem ser destacados alguns aspectos principais:

- A necessidade de abandono da hipótese de correspondência direta do consumo de energia com os índices de desenvolvimento socioeconômico de uma região.

- A consciência de que a garantia de suprimento em médio e longo prazo exige um contínuo e coordenado esforço de planejamento e, portanto, de previsão e programação.
- As constatações de que os pesados investimentos necessários à produção, ao transporte e ao suprimento da energia representam uma parcela significativa do investimento global na região econômica servida; de que os objetivos de adequada confiabilidade e baixo custo levam à interligação de sistemas, ao gigantismo das instalações, às economias de escala; e de que o serviço de energia é uma atividade de caráter essencialmente estratégico.

A metodologia do planejamento voltado intrinsecamente à oferta assentava-se, de certa forma, na crença de que, para garantir o crescimento econômico, era necessário um aumento contínuo da oferta de energia, cujo uso inevitavelmente ocorreria na busca do desenvolvimento. Essa metodologia, em princípio, ajustava-se ao desenvolvimento dentro dos padrões tradicionais (nos quais, embora existam diversos penduricalhos econômicos, o prioritário, no fundo, é o crescimento, medido pelo Produto Interno Bruto – PIB), sem dar ênfase à eficiência e, no caso do Brasil, também ao combate à cultura de desperdício.

Neste capítulo, porém, projetando-se as tendências do uso da energia do passado para o futuro, pode-se perceber que um crescimento continuado da oferta de energia e o consequente consumo não seriam sustentáveis ao longo do tempo por causa das limitações reais dos recursos energéticos e econômicos e, sobretudo, em razão dos reflexos desse procedimento sobre o meio ambiente. Tornou-se evidente, então, a necessidade de uma estratégia dirigida ao desenvolvimento sustentável.

Isso implicou considerar com seriedade as questões relativas ao uso que se faz da energia para satisfação das necessidades humanas e propor uma expansão energética racional que considere a energia apenas como instrumento para o desenvolvimento sustentado, tanto global como local, ou seja, uma estratégia energética orientada ao uso final.

Quanto ao planejamento setorial, a situação apresenta alto grau de heterogeneidade em razão das diferentes posturas dos responsáveis pelos principais setores: energia elétrica, petróleo e gás natural, carvão mineral, biomassa, energia nuclear. O planejamento do setor elétrico, por exemplo, vem sendo feito há muitos anos de forma evolutiva e atualizada, com significativo grau de transparência e participação, mantendo um padrão reconhecido internacionalmente. Nesse contexto, o maior reparo que pode ser colocado é quanto ao tratamento da questão ambiental, como comentado em diversas partes deste livro. Esse assunto será abordado sucintamente mais adiante, com o objetivo de introduzir ao leitor não especializado conceitos básicos de planejamento, assim como de montar uma base para melhor entendimento do restante do texto.

Com relação ao meio ambiente, ao ajustar-se aos novos requisitos, o setor elétrico tendeu a incluir a questão ambiental de forma compartimentada, não sendo incomum, no início desta inclusão e até muito depois, a apresentação de queixas de profissionais da área ambiental sobre a forma como eram vistos e considerados nas empresas, uma situação muito parecida com os primeiros grupos de gestão da qualidade industrial, que chegaram a ser considerados até mesmo como inimigos em diversas indústrias.

O tratamento da questão ambiental vem se tornando cada vez mais importante na avaliação dos projetos, seja por força da legislação, pelo aumento da consciência ambiental e das ações multi e interdisciplinares, ou pelo crescente poder de pressão da sociedade civil organizada. Essa importância reflete-se no aumento da introdução de métodos e modelos mais adequados que permitem uma avaliação mais apropriada da complexidade da questão ambiental. Técnicas como a análise de custos completos (ACC), análise de ciclo de vida (ACV), sistemas nebulosos (FUZZY), redes neurais, entre outras, têm permitido uma modelagem mais adequada de problemas, tais como a avaliação dos custos e benefícios intangíveis, o tratamento das externalidades e a decisão com base em sistemas de equações com variáveis quantitativas e qualitativas.

Apesar disso, há ainda grande predominância da mentalidade calcada na supervalorização da análise final técnico-econômica usual. Há ainda a necessidade de valorizar e fortalecer a visão integrada, o trabalho multi e interdisciplinar e um processo mais aberto e participativo de decisão, o que certamente incorporará o conhecimento e a implementação prática da metodologia aqui abordada.

Finalmente, a decisão participativa surge naturalmente no contexto da descentralização do planejamento energético (associada ao enfoque dos usos finais) e encontra força também no crescente poder de pressão da sociedade civil organizada.

Nesse amplo cenário, o planejamento energético baseado no respeito ao meio ambiente, na conservação e no uso racional terá parte importante na resposta aos desafios de promover um modelo de desenvolvimento que proporcione, ao mesmo tempo, crescimento econômico e erradicação da pobreza e da fome, sem colocar maiores pressões sobre o ecossistema do planeta, e que permita garantir o abastecimento energético das gerações futuras, configurando assim um planejamento energético para o desenvolvimento sustentável.

É importante lembrar que, como já apresentado, além da energia, outros fatores devem ser considerados para criar uma infraestrutura adequada ao desenvolvimento de determinada região, tais como telecomunicações, transporte, água e saneamento básico, e também tratamento de resíduos (lixo).

Esses fatores são responsáveis por mais de 90% dos investimentos anuais em infraestrutura informados pelos países em desenvolvimento. Os resultados são duvidosos, uma vez que, apesar desses investimentos e do esperado aumento da oferta de infraestrutura, o mundo apresenta hoje aproximadamente um bilhão de pessoas sem acesso à água limpa e dois bilhões sem acesso à eletricidade, além dos problemas cada vez maiores relacionados com a disposição dos resíduos em geral e do lixo domiciliar. Há certamente necessidade de mudanças nesse processo e de melhor acompanhamento das verbas aplicadas.

As fortes relações entre os componentes da infraestrutura, dentre elas a energia, recomendam um enfoque integrado e inter e multidisciplinar para obter melhores resultados ambientais, sociais e energéticos. Por exemplo, a energia elétrica pode ser produzida em estações de tratamento de esgoto e aterros sanitários, por meio do aproveitamento do gás metano gerado nessas estações e aterros.

Outro exemplo: a arquitetura ecologicamente orientada pode contribuir para a economia de materiais de construção e água, além de proporcionar melhoria na iluminação e ventilação naturais dos ambientes, oferecendo conforto a seus usuários, com menor consumo de energia.

Essas, entre outras, são iniciativas viáveis para o desenvolvimento sustentável, que dependem de decisões políticas e de condições técnicas.

O cenário evolutivo do planejamento energético apresenta diversos aperfeiçoamentos, não só no processo do próprio planejamento em si, como também no da tomada de decisões, enfatizando a influência dos aspectos ambientais, sociais e políticos e buscando maior transparência e participação dos envolvidos.

A orientação da energia para o desenvolvimento sustentável deverá, então, estar no âmago dos processos de planejamento, que definem estratégias, e dos processos de gestão, que estabelecem as táticas que construirão e consolidarão as estratégias.

Para atingirem seus objetivos, esses processos deverão apresentar a possibilidade de abraçar todos os aspectos citados anteriormente, assim como utilizar meios que permitam "medir", de certa forma, o encaminhamento para uma situação mais sustentável.

Conforme apresentado, essa possibilidade encontra-se disponível hoje, desde que haja interesse em utilizá-la, pois o planejamento energético dispõe de flexibilidade suficiente para abraçar todos os aspectos necessários, assim como há sugestões de um grande número de variáveis de medição da sustentabilidade, os indicadores de sustentabilidade.

É nesse cenário que se destaca o planejamento (e a gestão) integrado de recursos, assim como os métodos para a avaliação de custos completos e inserção de externalidades, enfocados mais adiante neste capítulo.

O planejamento integrado de recursos (assim como a gestão) representa um processo que permite não só a avaliação holística da questão energética, englobando os aspectos técnicos, econômicos, ambientais, sociais e políticos envolvidos, mas também a descentralização e a decisão participativa, características desejáveis quando se buscam soluções sustentáveis. De forma geral, o planejamento (e a gestão) integrado de recursos assentou seu desenvolvimento sobre a mesma base conceitual e teórica. Há uma forte relação intrínseca entre essas metodologias, pois o planejamento (estratégias) estrutura-se com visões e possibilidades alternativas do futuro, e a gestão (táticas) apresenta-se como algo presente, relacionado com a operação e a viabilização do negócio.

Os métodos para avaliação de custos completos e inserção de externalidades configuram procedimentos que permitem identificar e "quantificar" os denominados custos intangíveis e sua integração aos processos de planejamento e gestão integrada.

No contexto do planejamento energético com as políticas e a matriz energéticas e com os objetivos de introduzir o leitor não especializado e de facilitar o entendimento de assuntos que hão de vir, apresenta-se a seguir uma macrovisão do planejamento do setor de energia elétrica no Brasil.

MACROVISÃO DO PLANEJAMENTO DO SETOR ELÉTRICO BRASILEIRO

De forma simples, pode-se entender planejamento como o processo de estabelecer estratégias para atingir determinados objetivos, considerando as diversas alternativas possíveis para as variáveis que possam afetar as condições nas quais as decisões são baseadas.

No caso do setor elétrico, as estratégias referem-se a projetos de geração, transmissão e distribuição de energia elétrica para atender às necessidades de consumo desse tipo de energia. Diversas são as variáveis que afetam as condições influentes nas decisões: a própria evolução do consumo, as variações dos custos das tecnologias disponíveis, as tendências e políticas internacionais e locais, a disponibilidade dos recursos naturais básicos para geração de eletricidade, entre outras.

Nesse contexto, a análise de viabilidade econômica de um projeto compreende, em geral, os seguintes passos:

- Identificação dos custos do projeto, que incluem todos os custos ocorridos durante a construção (investimentos, administração, estudos, projetos e outros) e os custos operacionais, que afetarão o projeto durante sua vida útil (custos de operação, manutenção e combustíveis – que muitas vezes são embutidos como custos de operação etc.).
- Identificação dos benefícios do projeto, que incluem a venda de energia durante o período de operação e outros tipos de benefícios que possam ser associados ao projeto.

A viabilidade econômica do projeto resulta do balanço entre os custos e benefícios, a qual considera os aspectos econômicos e financeiros, incluindo, entre os benefícios, o que seria o lucro, associado às tarifas de venda da energia, cujos objetivos básicos são garantir a saúde financeira da empresa e a continuidade do fornecimento, assim como manter atratividade aos investimentos no setor elétrico. As agências reguladoras, no caso da energia elétrica, responsáveis pela definição das tarifas, devem considerar os aspectos citados e arcar com a responsabilidade relativa à evolução adequada do sistema elétrico.

Para facilitar o entendimento, pode-se considerar uma hidrelétrica de porte médio, que levou aproximadamente oito anos para ser construída e cuja vida útil é de trinta anos. De uma forma simplificada, a análise de viabilidade econômica pode ser vista como apresentada a seguir.

- Ao iniciar sua operação, essa usina apresenta certo custo de investimento que agrega todos os custos incorridos durante a construção, inclusive juros e taxas, relacionados a seu valor presente (valor corrigido pela taxa de atualização de capital), no instante inicial de operação do projeto.

- Esse custo de investimento, a ser recuperado durante os trinta anos de operação da usina, corresponde (para certa taxa de atualização de capital) a uma determinada parcela anual.
- O custo total anual será a soma da parcela anual correspondente ao custo de investimento com os custos anuais de operação e manutenção.
- Por sua vez, a previsão de operação da usina permite que se determine a energia que será vendida a cada ano.
- O produto da energia vendida pela tarifa anual indicará o faturamento bruto da empresa (anual), ou seja, o benefício.
- A diferença entre o faturamento bruto e o custo total anual (acrescido de impostos, taxas e outros encargos) determinará o lucro anual.

Nesse contexto, para cálculo de valores presentes e valores anuais, costuma-se considerar a taxa de atualização média internacional de 12% ao ano ou alguma outra, específica para cada projeto, determinada por meio de análises econômicas e financeiras mais aprofundadas. Variações internas de inflação ou outros impactos econômicos e financeiros são considerados na determinação mais detalhada dos diversos componentes dos custos e benefícios do projeto, o que não será aprofundado aqui, pois o objetivo é apenas apresentar os aspectos básicos necessários para um bom entendimento das questões fundamentais do planejamento.

Tendo como base o que foi apresentado, é possível concluir que, se um projeto tem duas alternativas, a melhor delas é a que apresenta menor relação custo/benefício.

O mesmo tipo de raciocínio pode ser utilizado se forem incluídos custos e benefícios sociais e ambientais, desde que estes possam ser "medidos" em grandezas monetárias. Neste ponto, a análise sofre algumas modificações, uma vez que não há condições (ao menos no momento, em razão do desequilíbrio das contas e da má distribuição da renda, entre outros motivos) de repassar esses custos para as tarifas: as questões ambientais são ou podem ser tratadas à parte, refletindo-se em ações de prevenção, mitigação ou compensação, a serem tomadas pela(s) empresa(s) responsável(is) pelo projeto. Nesse contexto, durante um certo período de transição para um modelo sustentável, o governo também poderia implementar políticas de incentivo às soluções melhores dos pontos de vista ambientais e sociais, como, por exemplo, benefícios tributários para quem economizasse energia.

No entanto, quando aparecem custos e benefícios não monetarizáveis, entra o aspecto subjetivo, e a solução já não é mais tão linear ou simples como apresentada até o momento. A tomada de decisão, então, apresenta forte dependência de políticas, enfatizando a importância de uma decisão participativa.

Não se pretende alongar quanto à análise econômica, mas é importante lembrar que o período de análise de um projeto (vida útil) e a taxa de retorno do capital variam largamente em função do tipo de projeto e de quem efetua a análise. Os valores de trinta anos para hidrelétricas e de 12% para a taxa média de retorno, aqui apresentados, são bastante específicos, sendo clássicos do planejamento anterior do setor elétrico, eminentemente hidrelétrico e de característica estatal (planejamento centralizado). Em um mercado aberto e competitivo, a tendência é buscar a recuperação do capital em período bem menor que trinta anos e com taxa de retorno maior que 12%, uma vez que há um vasto leque de oportunidades para os investidores.

Quando se considera o sistema elétrico como um todo, a questão torna-se mais complexa, por causa, entre outros motivos, das incertezas relacionadas com o consumo e o comportamento de outras variáveis importantes, já citadas no início deste item. Isso requer o uso de diversas técnicas de planejamento, que permitam uma abordagem mais adequada das incertezas e que serão enfocadas logo adiante.

Antes disso, é importante citar que o planejamento é dividido em diversos tipos de planejamento, em razão do período da análise, o qual tem grande influência no grau de incerteza dos dados.

Assim, podem ser citados como de grande importância no cenário atual do setor elétrico:

- Planejamento de longo prazo (para 25 a 30 anos).
- Planejamento de médio prazo (para dez anos).
- Planejamento de curto prazo (para cinco anos).
- Planejamento da operação (chegando a planejamento semanal e diário).

Esses estudos de planejamento apresentam características bastante específicas que não serão tratadas aqui, mas que podem ser encontradas na vasta bibliografia disponível sobre o assunto, da qual parte é referenciada neste livro.

É importante salientar que quanto mais longo for o período enfocado pelo planejamento, maiores serão as incertezas. Busca-se assim, no planejamento de longo prazo, considerar principalmente as variáveis que podem influenciar estratégias de longo prazo e, como logo será visto, orientar políticas. No planejamento de curto prazo, no qual as incertezas são bem menores, a análise precisa ser mais detalhada, pois as decisões de construir ou não deverão ser tomadas com base nos estudos efetuados, uma vez que qualquer projeto de porte, significativo para o sistema elétrico, leva, no mínimo, cerca de três anos para ser colocado em operação.

Isso ressalta a importância de considerar o planejamento como um processo no qual o curto prazo realimenta e interage com o longo: estratégias de longo prazo orientam táticas de curto prazo, as quais, por sua vez, reforçam ou alertam para modificações nas estratégias iniciais. Assim, por exemplo, o planejamento de longo prazo é revisto anualmente.

Sob esse aspecto, ainda resta uma coisa importante para ser entendida: como garantir que a oferta de energia elétrica (conjunto de projetos de geração, transmissão e distribuição) possa atender a um determinado consumo (estimado para certo ano, por exemplo)?

Trata-se de uma questão importante, pois permite o entendimento das limitações e dos processos associados à garantia do suprimento de energia, além de apresentar um esclarecimento necessário das diferenças conceituais entre o que é o racionamento e o que é o apagão (blecaute).

Como já apresentado, o sistema elétrico é formado pela geração, transmissão e distribuição. A geração é constituída pelas usinas elétricas, que podem ser dos mais diversos tipos e apresentam diferenças significativas quanto à sua localização relativamente às cargas (consumidores). A transmissão é encarregada de transportar a energia em grandes blocos, na maioria das vezes a grande distância. A distribuição faz o papel de direcionar a energia elétrica para os diversos tipos de consumidores, de grande ou pequeno porte.

Nesse cenário, o consumo, em sua evolução do tempo, é determinado de diversas maneiras com base em levantamentos locais efetuados pelas empresas de distribuição e pela utilização de técnicas de prospecção, que permitem a aferição dos valores levantados e a determinação do consumo agregado nos pontos em que a transmissão entrega energia para distribuição. Dentre as variáveis mais importantes consideradas nas modelagens para prospecção das cargas (consumo) em nível macro, salientam-se o PIB *per capita* e o crescimento populacional, que, para lembrar, não medem necessariamente o bem-estar da população.

A determinação do consumo agregado nos pontos de interconexão entre transmissão e distribuição é fundamental para analisar a adequação dos sistemas elétricos ao atendimento da carga em um determinado momento. Isso porque, para viabilizar a análise, no que refere a técnicas e números de variáveis, é efetuada uma separação entre a distribuição e a geração/transmissão. Ao se trabalhar com o consumo agregado no planejamento da geração e transmissão, pressupõe-se que a distribuição garante o atendimento individual das cargas, dentro de critérios aceitos de desempenho.

Tem-se então de verificar se a geração, no momento analisado, supre as cargas e as perdas do sistema em sua totalidade, e se a transmissão apresenta capacidade suficiente para direcionar a energia gerada de uma forma adequada aos diversos pontos de entrega para o sistema de distribuição.

A Figura 4.1 apresenta um esquema simplificado do problema, salientando a geração (usinas GX e GY), a transmissão (linhas entre as barras verticais que representam as subestações) e a carga (representada pelas setas saindo das subestações).

Com base no que foi exposto, a geração representa usinas já existentes e usinas (ou unidades geradoras de usinas) que estão entrando em operação no momento sob a análise (em geral, um determinado ano, no planejamento de longo prazo).

A determinação dessas novas usinas ou unidades foi efetuada por análises anteriores, que consideram principalmente o balanço entre geração e carga, a lista de usinas (ou suas unidades) disponíveis no momento e uma ordenação de custos unitários dessas usinas (ou suas unidades). Essa ordenação de custos unitários permite que sejam escolhidas, para instalação no

Figura 4.1 – Sistema ilustrativo do transporte de energia.

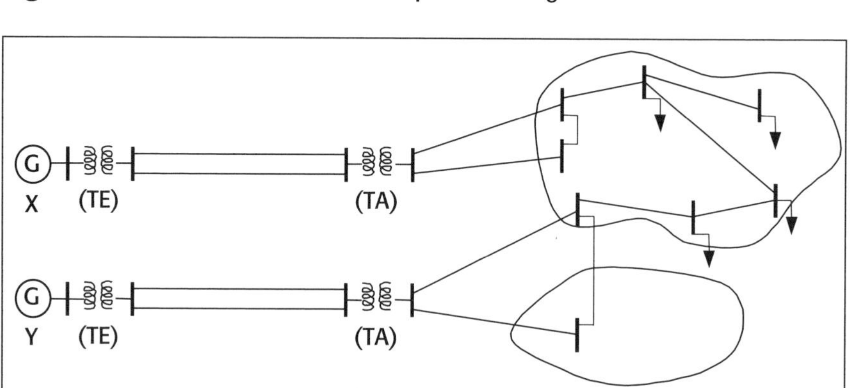

referido ano, as unidades de geração mais baratas, garantindo assim a evolução mais econômica do sistema.

Uma vez determinada a geração, o próximo passo é verificar se a transmissão existente é suficiente para garantir o trânsito da energia necessária ou se há necessidade de novas linhas. Esse procedimento é efetuado por meio de estudos de sistemas de potência, que não serão detalhados aqui, pois fogem ao escopo deste livro.

Ao término desse processo, tem-se a nova geração a ser colocada no sistema, assim como as obras de transmissão necessárias no ano em análise.

Por esse processo, garante-se que a carga seja atendida a maior parte do tempo, só não sendo integralmente por causa de riscos associados a emergências em unidades geradoras e equipamentos do sistema e à operação das linhas, os quais podem causar algumas perdas de capacidade de atendimento à carga, em geral transitórias, que conduzem ao que pode ser corretamente denominado apagão.

O apagão é resultado transitório de fenômenos que estão associados à confiabilidade de componentes do sistema e que podem ser superados por meio de ações protetivas de isolamento do problema e de restauração do equilíbrio do sistema. Existem diversas causas desse fenômeno, sendo uma das mais comuns os surtos atmosféricos (raios) que, muitas vezes, causam curto-circuito nas linhas, as quais são então abertas por disjuntores comandados por proteção adequada. O projeto do sistema elétrico considera uma série de critérios, utilizados para reduzir os riscos de apagões, devendo-se notar que sua redução, a partir de certo ponto, torna-se fortemente antieconômica e que sua eliminação total é praticamente impossível. Do exposto, fica claro que o apagão é uma questão conjuntural.

O racionamento, por sua vez, é uma questão estrutural: acontece quando, por algum motivo, não se dispõe de energia suficiente para atender às cargas por falta de geração ou por insuficiência (gargalo) de transmissão. Isso pode ocorrer, por exemplo, por falta de investimentos no setor elétrico e pela ocorrência de situações que resultem em menor disponibilidade da geração existente.

Por exemplo: uma ocorrência de embargo de petróleo em um sistema fortemente dependente de termoelétricas a óleo pode provocar um racionamento. Além disso, a ocorrência de efeitos sazonais pode diminuir a disponibilidade de energia de usinas baseadas na utilização de fontes renováveis, como no caso da seca que afeta a capacidade de usinas hidrelétricas.

Para minimizar o risco de racionamento, criam-se condições para sempre viabilizar os investimentos necessários e utilizar critérios de projeto adequados e consistentes com a evolução econômica do sistema. Mas, assim como para o caso do apagão, a diminuição de risco de racionamento significa maior custo do sistema e a eliminação total do risco é impossível.

Em síntese, o racionamento é resultado de uma questão estrutural, que pode ser prevista e que permite a adoção de medidas prévias para o seu gerenciamento. O apagão é resultado de uma questão conjuntural, inerente à operação do sistema, e pode ocorrer a qualquer momento; por isso, deve-se atuar rapidamente para eliminação de sua causa e reestruturação do sistema elétrico. Os riscos de ocorrência desses fenômenos fazem parte das incertezas inerentes à própria dinâmica da vida e podem ser controlados em níveis consistentes com a evolução mais econômica de um sistema de energia elétrica, mas nunca serão eliminados totalmente.

Conforme adiantado, a macrovisão do planejamento de sistemas de potências apresentada teve por principal objetivo introduzir aspectos conceituais básicos para leitores não afeitos aos fundamentos da eletricidade.

Na prática, o planejamento dos sistemas elétricos apresenta diversos outros níveis de complexidade, associados com aspectos técnicos de energia elétrica, os quais também são tratados por meio das diversas técnicas e metodologias hoje disponíveis para o planejamento, tais como a técnica de cenários, o planejamento com incertezas, o planejamento com restrições financeiras, o planejamento com variáveis quantitativas e qualitativas, entre outras. Essas técnicas e metodologias utilizam ferramentas de análise de ponta, tais como métodos de otimização multicriterial, simulações estatísticas e estocásticas e técnicas de inteligência artificial.

Esse cenário encontra-se hoje plenamente desenvolvido e preparado para a introdução do planejamento que considere as questões socioambientais e políticas e se ajuste a um processo participativo de decisão, o que permitirá a orientação da energia elétrica para o desenvolvimento sustentável, como será visto adiante.

POLÍTICAS ENERGÉTICAS

O planejamento energético de longo prazo, ao estabelecer estratégias para o futuro, traz consigo forte ligação com as políticas energéticas.

As estratégias do planejamento podem ser utilizadas para o estabelecimento de políticas energéticas, e aquelas que estão em andamento devem ser adequadamente consideradas nos estudos de planejamento.

O ideal é que tudo isso ocorra de uma forma integrada e organizada, de forma que o planejamento e as políticas se relacionem harmonicamente, formando um todo coeso e administrado que poderá, facilmente, ser orientado para o desenvolvimento sustentável, utilizando para isso indicadores de sustentabilidade adequados.

Não é o que ocorre atualmente no Brasil. No cenário energético do país, podem ser distinguidas diversas políticas energéticas, que têm sido consideradas no planejamento do setor, mas de forma esparsa e desorganizada, uma vez que tais políticas têm se voltado muito mais a atender necessidades locais ou momentâneas dos mais diversos tipos e desencontros ou interesses políticos. No primeiro caso, a mudança de governo acaba por inviabilizar planejamentos anteriores, e, no segundo, interesses partidários perseguem soluções desencontradas. Tudo isso em desalinhamento para o ideal de Estado, e não de governo. Muitas dessas políticas apresentam alto grau de descontinuidade, enquanto outras permanecem muito mais no campo das ideias, nem sempre com resultados práticos.

De qualquer forma, podem-se reconhecer, no cenário energético atual do país, diversas políticas em andamento, que, de certa forma, vêm sendo consideradas no planejamento, mesmo que marginalmente e a partir de uma visão fragmentada. Entre elas, ressaltam-se:

- Políticas voltadas a uma melhor integração entre órgãos e instituições do setor energético com aqueles do setor ambiental e hídrico (considerando a matriz energética).
- Políticas voltadas à busca da autossuficiência na produção de petróleo.
- Políticas voltadas ao aumento da utilização do gás natural, tanto na produção de energia elétrica e térmica como no transporte veicular.
- Políticas voltadas à maior utilização de fontes renováveis no setor de transportes, para redução de poluição atmosférica.
- Políticas associadas ao Protocolo de Kyoto: créditos de carbono e mecanismos de desenvolvimento limpo (MDL).
- Políticas voltadas ao aperfeiçoamento da regulação e governança.
- Políticas de Pesquisa e Desenvolvimento (P&D), com ênfase àquelas coordenadas pela Agência Nacional de Energia Elétrica (Aneel) e Agência Nacional do Petróleo (ANP).

- Políticas de universalização do atendimento, combate ao desperdício e à conservação de energia, e de incentivo a fontes alternativas de energia. O setor energético desenvolve diversos programas voltados a resolver esses problemas do setor. Os mais importantes são: programas voltados à universalização do atendimento no Brasil como um todo, incluindo sistemas solares fotovoltaicos e eletrificação rural (que, em geral, mudam de nome e têm modificações de rumos e ritmos conforme mudam os governos); Programas de Incentivo às Fontes Alternativas (Proinfa e, mais recentemente, leilões específicos), que têm como objetivo aumentar a geração por meio de fontes renováveis, especificamente Pequenas Centrais Hidrelétricas (PCHs), usinas eólicas e usinas a biomassa; Programa Nacional do Uso dos Derivados do Petróleo e do Gás Natural (Conpet); e Programa Nacional de Conservação de Energia Elétrica (Procel). Importantes também são os projetos de P&D, gerenciados pela Aneel, nos quais as empresas do setor elétrico são obrigadas a investir, e uma parcela é destinada a projetos de conservação de energia.
- Políticas de formação e capacitação de pessoal.

No contexto da eficiência energética, isto é, nos rumos do desenvolvimento sustentável no âmbito do setor elétrico, é importante salientar o papel do Procel, que também desenvolve trabalhos de educação e divulgação.

Desde sua criação, em 1985, o Procel vem desenvolvendo a conservação e o uso racional da eletricidade, assentado no combate ao desperdício de energia, considerando duas linhas básicas: uma associada à mudança de hábitos e outra ao aumento de eficiência na cadeia da eletricidade em geral.

Esse programa realiza trabalhos educativos, promove o desenvolvimento de tecnologia, participa na elaboração de leis e financia outros projetos de combate ao desperdício. Além disso, fornece informação, promove seminários, repassa dados às escolas, cria softwares e incentiva pesquisas, além de estimular a montagem de laboratórios e definir padrões de eficiência para equipamentos.

As principais áreas de atuação e ações do Procel são:

- Área educacional, por meio de capacitação de educadores e do Procel nas escolas. Atua no ensino básico (educação infantil, ensino fundamental e médio), com foco nas mudanças de hábitos, e, nas escolas técnicas e universidades, com foco na eficiência energética.

- Serviços públicos, na iluminação pública, em prédios públicos, no saneamento e em gestão energética municipal.
- Etiquetagem de equipamento eficientes, por meio do selo Procel.
- Prêmio Procel para projetos e ações de combate ao desperdício e de uso racional da eletricidade.
- Setor residencial.
- Setor comercial e de serviços.
- Setor industrial.

Como exemplo didático, para que se possa ter noção dos resultados da conservação de energia, há a informação de que, de 1986 a 1994, o Procel conseguiu evitar um gasto equivalente a US$ 600 milhões em geração de eletricidade. Para tanto, precisou aplicar apenas US$ 33,5 milhões no combate ao desperdício de energia elétrica. Em outras palavras, economizou quase 18 vezes mais do que o capital que investiu em conservação de energia, tanto em mudanças de hábitos como em processos tecnológicos.

O Procel, entretanto, é também um exemplo do imediatismo e da fragmentação que caracterizam as políticas energéticas em nosso país. Sua trajetória é cheia de idas e vindas, ficando fortemente à mercê de interesses momentâneos. Um exemplo muito claro disso é a falta de ênfase que se nota no Procel Educação, muito fragilizado nesse momento, apesar dos bons resultados alcançados, até mesmo porque a educação, fundamental para a sustentabilidade, não tem sido prioridade há muito tempo no Brasil.

MATRIZ ENERGÉTICA

As fontes de energia são submetidas a transformações para produzir as formas de energia utilizadas no dia a dia. Contudo, a grande maioria dessas fontes, os recursos naturais, encontra-se longe dos centros consumidores, requerendo, na verdade, todo um conjunto de atividades para que a energia possa chegar da forma desejada no local onde será usada. Esse conjunto de atividades forma o que pode ser chamado de cadeia energética. Normalmente, a cadeia energética é formada por atividades associadas à produção, ao transporte e à transformação.

Os principais componentes das cadeias energéticas são as diversas formas de transporte, as fontes primárias, os centros de transformação, a energia secundária e o consumo final.

As fontes primárias, associadas ao que se chama de energia primária, são os recursos naturais utilizados para produção de energia. Por exemplo: o petróleo, o gás natural, o carvão mineral, a energia hidráulica, a solar, a dos ventos (eólica), a lenha etc. Tais fontes podem ser não renováveis e renováveis.

Os centros de transformação são os locais onde a maior parcela da energia primária é transformada, como as refinarias de petróleo, as usinas termoelétricas, as hidrelétricas etc.

A energia secundária é a energia convertida nos centros de transformação, como a gasolina, a eletricidade, o óleo diesel etc. A eletricidade é uma forma secundária de energia, pois só pode ser obtida após transformação.

O consumo final corresponde à outra parcela de energia primária ou à energia secundária, que é consumida diretamente nos diversos setores da economia. Exemplos: consumo de lenha para cocção de alimentos, consumo de carvão para produção de vapor em fornos e caldeiras na indústria etc. Esse consumo pode ser não energético ou energético. O consumo final energético pode ocorrer em diversos setores da economia, como no próprio setor energético, no residencial, comercial, público, agropecuário, no de transporte e também no industrial.

Com base nas cadeias energéticas, é construída a visão mais completa do panorama energético: a matriz energética. Trata-se de uma representação integrada e quantitativa da energia no mundo, em um país ou uma região. No Brasil, a matriz energética é apresentada na forma do Balanço Energético Nacional (BEN) apresentado anualmente no site do Ministério de Minas e Energia (www.mme.gov.br).

A matriz energética do mundo ou de um país em particular permite o conhecimento das fontes primárias e secundárias de energia utilizadas, dos diversos fluxos energéticos, assim como o consumo final dos produtos resultantes dos centros de transformação dessas fontes nos diferentes setores da economia do mundo ou do país considerado.

Um bom conhecimento das tendências futuras da matriz energética permite que sejam extraídas as informações necessárias para que se possa executar melhor o planejamento energético integrado e estabelecer, com maior segurança, os mais diversos tipos de políticas e estratégias para os usos da energia. Se essas políticas e estratégias forem orientadas para a eficiência e flexibilidade energéticas, para a equidade e a universalização do atendimento e para o aumento da utilização das fontes renováveis, terão papel fundamental na construção de um modelo sustentável de desenvolvimento.

Uma informação importante, entre as diversas que podem ser obtidas da matriz energética, é a quantidade de recursos naturais utilizada para produção de energia. Essa informação permite avaliar como se está tratando a energia com relação à construção do desenvolvimento sustentável, além de calcular o impacto do combate ao desperdício e do uso racional da energia na utilização dos recursos naturais. A Figura 4.2 mostra a informação da participação dos diversos recursos naturais energéticos no mundo em 2010.

Se for feita a comparação entre a participação dos recursos naturais energéticos da matriz energética brasileira com a matriz mundial, verifica-se uma grande diferença, principalmente no que se refere à energia hidráulica e ao carvão mineral. A matriz energética brasileira tem uma grande participação da energia hidráulica, por causa da geração hidrelétrica, e uma participação reduzida do carvão mineral, como se pode constatar na Figura 4.3, que apresenta resultados para o país em 2011.

Apresentando, de forma simples e objetiva, todas as relações energéticas de uma nação (ou região), desde a captura dos recursos naturais até as diversas formas de usos finais, a matriz energética contém informações preciosas tanto para o planejamento energético quanto para o estabelecimento de políticas dos mais diferentes tipos.

Figura 4.2 – Oferta mundial de energia em 2010.

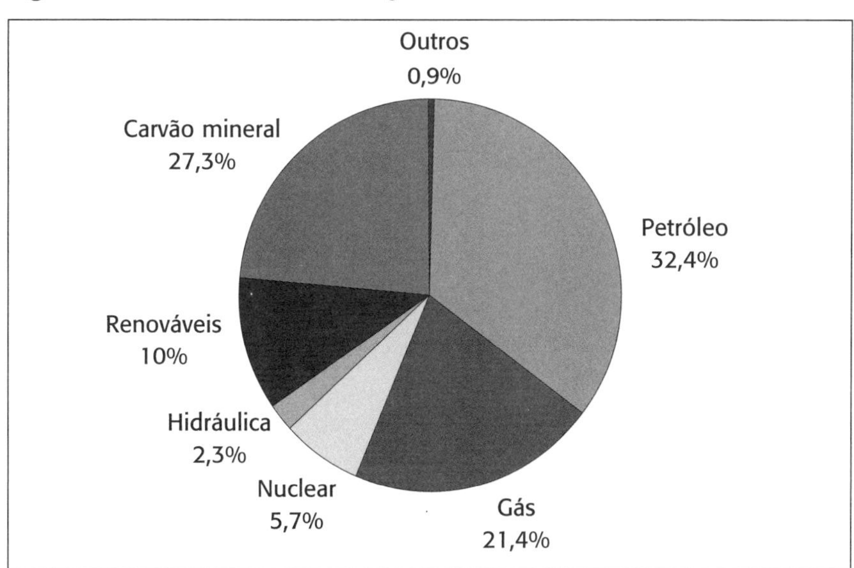

Fonte: IEA 2012.

Figura 4.3 – Oferta interna de energia em 2011.

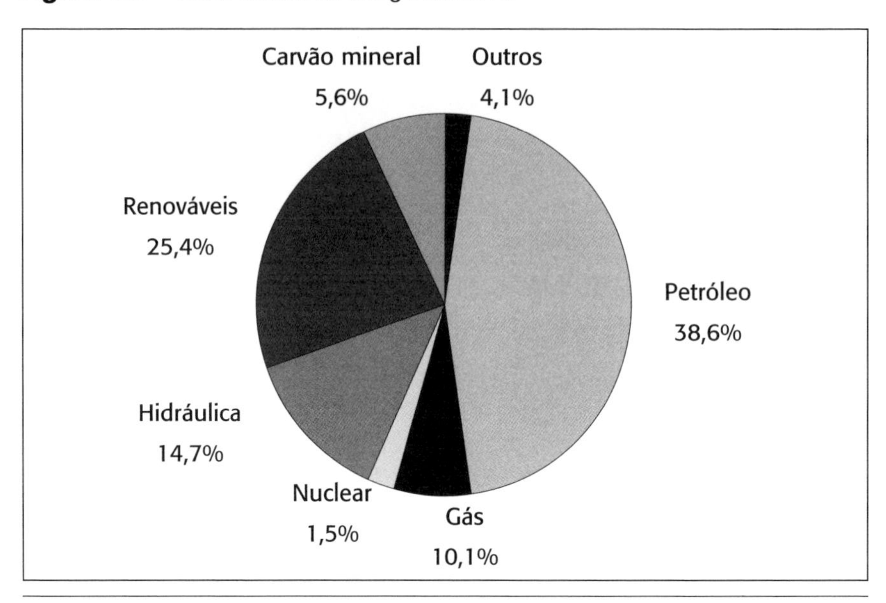

Fonte: BEN 2012.

A fim de apresentar uma ideia dessa amplidão, apresenta-se, a seguir, uma lista dos principais recursos naturais, formas de energia e setores de usos finais do BEN, que é a principal base a ser considerada para a prospecção da matriz energética.

Do lado da oferta, têm-se: petróleo, gás natural, biomassa, carvão mineral, energia hidráulica e nuclear; e como energia secundária, em sua maior parte, obtida a partir da energia hídrica, a eletricidade.

Do lado dos usos finais, têm-se: consumo residencial, consumo agropecuário e rural, consumo industrial dividido em setores (papel e celulose, cimento, bebidas e petroquímica, cerâmica, dentre outros), iluminação e setores públicos.

A simples consideração das informações alistadas já permite reconher diversos usos da prospecção da matriz energética em suas interações com o planejamento e estabelecimento de políticas em geral, já que as informações obtidas na matriz extrapolam o cenário energético e podem ser usadas também para outros fins, como planejamento e políticas industriais.

Ao consolidar informações de interesse de diversos setores industriais, como já apontado, a matriz permite monitorar os mesmos setores e criar indicadores que poderão servir não somente para medir o desempenho energético do setor e orientar para o desenvolvimento sustentável, mas também para medir a capacidade de competição no mercado globalizado, a importância no cenário econômico do país, entre outros aspectos. Esses indicadores poderão ser utilizados para o estabelecimento de políticas industriais, setoriais etc.

Como exemplo, pode-se considerar, genericamente, um setor industrial cuja produção é medida em toneladas. Um indicador a ser obtido refere-se, por exemplo, à eficiência energética desse setor: energia consumida (em todas as formas) por tonelada produzida. Poderia também ser energia elétrica consumida por tonelada produzida, tonelada de certo recurso natural por tonelada produzida ou, ainda, no caso em que seu recurso natural ocupe espaço, a área utilizada pelo recurso natural por tonelada produzida. Tais indicadores poderiam ser comparados com referências (*benchmarking*) internacionais, por exemplo, e dar origem, se necessário, a políticas para tornar o setor mais competitivo. Dentro de mesmo setor, por exemplo, indicadores de empresas mais eficientes poderiam servir de referência para outras menos eficientes.

ÍNDICES E INDICADORES REPRESENTATIVOS DA EVOLUÇÃO PARA O DESENVOLVIMENTO SUSTENTÁVEL

Como já visto, a boa estruturação de processos que permitam o adequado planejamento energético e, consequentemente, o estabelecimento consistente da matriz e de políticas energéticas, não só facilitará a identificação de índices e indicadores associados ao uso de energia e ao desenvolvimento sustentável, como também dará maior segurança e credibilidade a eles.

Para encaminhar o setor energético aos rumos do desenvolvimento sustentável, devem-se explicitar índices e indicadores representativos da evolução energética que não são considerados na maior parte das análises atuais. Tais índices permitirão avaliar (ou simular, dependendo do caso) de forma quantitativa os resultados de estratégias e políticas voltadas à área energética e sua adesão a um modelo sustentável de desenvolvimento.

Por exemplo, o cálculo da intensidade energética (energia/PIB) ou do índice equivalente setorial (energia por unidade de produção de um setor) ou de comércio exterior (energia por unidade de exportação; energia por unidade de importação) poderá estar associado a políticas voltadas à eficiência energética, nos dois primeiros casos, e a políticas comerciais, nos outros casos.

Inúmeros indicadores e índices poderão ser implementados para avaliar os mais diversos aspectos, como sociais, ambientais, econômicos, tecnológicos, índices de universalização do atendimento, energia disponibilizada *per capita*, intensidade energética, utilização de recursos renováveis, qualidade ambiental da produção e uso da energia. A regionalização dos índices permitirá a avaliação das disparidades regionais e o estabelecimento de políticas distributivas. Diversos livros e trabalhos tratam da discussão desses indicadores, como alguns apresentados na bibliografia.

Para referência mais direta, apresentam-se a seguir, no Quadro 4.1, os indicadores de sustentabilidade propostos pela Comissão de Desenvolvimento Sustentável (*Commission on Sustainable Development* – CSD) da Organização das Nações Unidas (ONU).

Quadro 4.1 – Indicadores de sustentabilidade propostos pela CSD.

Social	
Tema	**Indicador**
Combate à pobreza	• Taxa de desemprego • Índice principal de contagem da pobreza • Índice do *gap* da pobreza • Índice esquadrado do *gap* da pobreza • Índice de Gini de desigualdade de renda • Salário médio feminino em relação ao masculino
Dinâmica demográfica e sustentabilidade	• Taxa de crescimento populacional • Taxa líquida de migração • Taxa total de fertilidade • Densidade demográfica
Promoção do ensino, da conscientização e do treinamento	• Taxa de mudança da idade escolar da população • Taxa de matrícula na escola primária da população • Taxa de matrícula líquida na escola primária • Taxa de matrícula na escola secundária da população • Taxa de alfabetização de adultos • Crianças que alcançaram o 5º grau da escola primária • Expectativa de vida escolar • Diferença entre escola masculina e feminina • Mulher para cada mil homens na força de trabalho

(continua)

Quadro 4.1 – Indicadores de sustentabilidade propostos pela CSD. (*continuação*)

Proteção e promoção das condições de saúde humana	• Condições sanitárias básicas • Acesso à água potável • Expectativa de vida e de nascimentos • Crianças com peso inadequado ao nascer • Taxa de mortalidade infantil • Taxa de mortalidade materna • Estado nutricional de crianças • Imunização de crianças contra doenças infecciosas • Prevalência de contraceptivos • Monitoração de alimentos enriquecidos quimicamente • Despesa com saúde • Despesa com saúde como percentual do PIB
Promoção do desenvolvimento sustentável dos assentamentos humanos	• Taxa de crescimento da população urbana • Consumo de combustível por veículo de transporte • Perdas humanas e econômicas decorrentes de desastres naturais • Porcentual da população em áreas urbanas • Área e população de assentamentos urbanos formais e informais • Área de chão por pessoa • Preço da casa em relação à renda familiar • Despesa *per capita* com infraestrutura
Ambiental	
Tema	**Indicador**
Combate ao desflorestamento	• Intensidade de corte de madeira • Mudança em área de floresta • Área florestal de gerenciamento controlado • Área de floresta protegida como porcentual do total • Área florestal
Conservação da diversidade biológica	• Espécies ameaçadas como porcentual do total de espécies nativas • Área protegida como porcentual da área total
Manejo ambiental saudável da biotecnologia	• Despesas em pesquisa e desenvolvimento para biotecnologia • Existência de regulação ou diretrizes nacionais de biossegurança
Proteção da atmosfera	• Emissão de gases do efeito estufa • Emissão de óxido de enxofre • Emissão de óxido de nitrogênio • Consumo de substâncias que destroem a camada de ozônio • Concentração de poluentes ambientais em área urbana • Despesas com redução da poluição do ar

(*continua*)

Quadro 4.1 – Indicadores de sustentabilidade propostos pela CSD. (*continuação*)

Manejo ambientalmente saudável dos resíduos sólidos e questões relacionadas aos esgotos	• Geração de resíduos sólidos industriais e domésticos • Lixo doméstico *per capita* • Despesas com gerenciamento do lixo • Reciclagem de lixo • Desperdício total
Manejo ecologicamente saudável das substâncias químicas	• Produtos químicos agudamente nocivos • Número de produtos químicos proibidos ou severamente restritos
Manejo ambientalmente saudável dos resíduos perigosos	• Geração de resíduos perigosos • Importação e exportação de resíduos perigosos
Manejo seguro e ambientalmente saudável dos resíduos radioativos	• Geração de lixo radioativo
Proteção da qualidade e do abastecimento dos recursos hídricos	• Retiradas anuais de água e terra da superfície • Consumo doméstico de água *per capita* • Reservas de lençol de água • Concentração de coliformes fecais em água doce • Demanda de oxigênio bioquímico em corpo de água • Perda de água na cobertura de tratamento • Densidade da rede hidrológica
Proteção dos oceanos e de todas as classes de mar e áreas costeiras	• Crescimento da população em áreas costeiras • Descarga de óleos dentro de águas costeiras • Liberação de nitrogênio e fósforo para águas costeiras • Produção máxima sustentada de peixes • Índice de algas
Abordagem integrada do planejamento e gerenciamento dos recursos da terra	• Mudança de uso da terra • Mudança em condições da terra • Gerenciamento descentralizado de recursos naturais no nível local
Gerenciamento de ecossistemas frágeis: combate à desertificação e à seca	• População que vive abaixo da linha da pobreza em área de seca • Índice nacional mensal de chuvas • Índice de vegetação derivado de satélite • Terra afetada por desertificação

(*continua*)

Quadro 4.1 – Indicadores de sustentabilidade propostos pela CSD. (*continuação*)

Gerenciamento de ecossistemas frágeis: desenvolvimento sustentável de montanhas	• Mudança de população em áreas de montanhas • Uso sustentável de recursos naturais em áreas de montanhas • Bem-estar de populações de montanhas
Promoção do desenvolvimento rural e agrícola sustentável	• Uso de pesticidas agrícolas • Uso de fertilizante • Porcentual de terra arável irrigada • Uso de energia na agricultura • Terra arável *per capita* • Área afetada por salinização registrada na água • Educação agrícola
Econômico	
Tema	**Indicador**
Cooperação internacional para acelerar o desenvolvimento sustentável dos países em desenvolvimento e políticas correlatas	• PIB *per capita* • Investimentos líquidos compartilhados no PIB local • Soma de importações e exportações como porcentual do PIB local • PIB local ajustado ambientalmente • Compartilhamento dos bens manufaturados no total da mercadoria exportada
Mudanças dos padrões de consumo	• Consumo anual de energia • Compartilhamento da indústria intensiva de recursos naturais em valores adicionais na manufatura • Prova de reservas minerais • Prova de reservas de energia de óleo fóssil • Tempo de vida das reservas de energia • Intensidade de uso de material • Compartilhamento de valores adicionais de manufatura do PIB local • Compartilhamento de consumo de recursos energéticos renováveis
Recursos e mecanismo de financiamento	• Transferência de recursos líquidos do PIB • Total da assistência oficial ao desenvolvimento ou recebido como porcentagem do PIB • Débito do PIB local • Débito de serviço de exportação • Despesas com proteção ambiental como percentual do PIB local • Total de novos ou adicionais fundos para o desenvolvimento sustentável

(continua)

Quadro 4.1 – Indicadores de sustentabilidade propostos pela CSD. (*continuação*)

Transferência de tecnologia ambiental saudável, cooperação e fortalecimento institucional	• Bons capitais importados de investimento do estrangeiro • Compartilhamento ambiental de bons capitais importados • Parte de importações de bens importantes, ambientalmente sadios • Concessão de cooperação técnica
Institucional	
Tema	**Indicador**
Integração entre meio ambiente e desenvolvimento na tomada de decisão	• Estratégia de desenvolvimento sustentável • Programa para integrar contabilidade ambiental e econômica • Mandado de avaliação de impacto ambiental • Conselho para desenvolvimento sustentável
Ciência para o desenvolvimento sustentável	• Cientistas e engenheiros por milhões de habitantes • Cientistas e engenheiros engajados em pesquisa e desenvolvimento por milhões de habitantes • Despesas em pesquisa e desenvolvimento como porcentual do PIB
Instrumentos e mecanismos jurídicos internacionais	• Retificação de concordância global • Implementação de concordância global ratificada
Informação para a tomada de decisão	• Linhas telefônicas por mil habitantes • Acesso à informação • Programas governamentais para estatística ambiental nacional
Fortalecimento dos papéis dos grupos principais	• Representação do grupo maior em conselhos nacionais para desenvolvimento sustentável • Representação de minorias étnicas e povos indígenas em conselhos nacionais para desenvolvimento sustentável • Contribuição das organizações não governamentais (ONGs) para o desenvolvimento sustentável

PLANEJAMENTO INTEGRADO DE RECURSOS: VISÃO INTEGRADA E DECISÃO PARTICIPATIVA

A metodologia do Planejamento Integrado de Recursos (PIR), em sua aplicação ao setor elétrico, teve como maior motivação inicial o uso eficiente da energia e a ênfase nos usos finais. Seu objetivo básico foi expandir o cenário de planejamento para que ele contivesse e avaliasse, de forma integrada com os projetos focalizados na oferta, ações de aumento da eficiência e conservação da energia.

Assim, o leque de projetos a ser analisado em um estudo de planejamento incluiria, além daqueles de oferta (geração, transmissão e distribuição) de energia, os de eficiência e de gerenciamento do consumo. Considerando que projetos de conservação de energia, por exemplo, apresentam custos unitários bem menores que os de geração, eles seriam mais interessantes economicamente para o sistema e para os consumidores, além de apresentarem adicionalmente benefícios ambientais e sociais.

Esse enfoque certamente já incluía a necessidade de um processo decisório mais aberto do que o usual, uma vez que, do ponto de vista apenas da concessionária de energia elétrica, não haveria interesse em diminuir as vendas e, consequentemente, o faturamento.

Diversos trabalhos e aplicações foram desenvolvidos com esse enfoque do PIR, alguns com sucesso, outros não; neste caso, principalmente pela dificuldade de balancear os interesses conflitantes. De qualquer forma, algumas concessionárias, em certos países do mundo, adaptaram o processo do PIR e continuam utilizando variações dele em seus procedimentos de planejamento e decisão.

A metodologia do PIR que se apresenta aqui, no entanto, é bem mais ampla, pois transcende a simples aplicação a empresas de energia elétrica e apresenta características de ampla aplicação ao setor energético como um todo e, mais além, à infraestrutura para o desenvolvimento.

Nesse cenário amplificado, o PIR pode ser entendido como o processo que permite o exame de todas as opções possíveis, no tempo e no espaço, para prover as necessidades energéticas (ou, em um sentido mais amplo, as necessidades da infraestrutura para o desenvolvimento) de forma orientada ao desenvolvimento sustentável.

Para isso, a metodologia, pode-se dizer assim, inicial do PIR passa por uma expansão em praticamente todos os sentidos: desde a ampliação do leque de recursos a serem considerados até o conjunto final de objetivos a serem alcançados, incluindo, nesse caminho, maior ênfase à decisão participativa.

O leque de recursos vai muito além da consideração de eficiência energética e de projetos de conservação de energia. Um conjunto adicional de recursos, com ênfase aos recursos locais (para orientar a análise ao desenvolvimento sustentável), pode ser incorporado ao PIR, compreendendo, por exemplo, fontes energéticas, alternativas ou não; ações educacionais com vistas ao uso eficiente da energia e combate ao desperdício; treinamento e capacitação de pessoal local para construção, manutenção e operação dos projetos energéticos; e facilitação de parcerias entre produtores e usuários voltadas ao melhor uso dos recursos naturais. Note-se que há a introdução de variáveis qualitativas, o que requer um tratamento da questão bastante diferenciado com relação ao modelo original do PIR.

Quanto aos objetivos a serem alcançados, também há a inclusão de diversos outros, além daqueles usuais, como indicadores relacionados com o desenvolvimento sustentável: universalização do atendimento energético, atendimento a necessidades energéticas básicas, geração de empregos, possibilidades de industrialização de produção local e aumento do PIB *per capita* local ou regional.

No que se refere à ênfase na decisão participativa, são previstas audiências públicas e interação com especialistas e discussão com atores envolvidos e afetados pelos projetos. Isso já ocorre nas fases intermediárias do processo, principalmente naquelas voltadas à determinação de critérios e objetivos, o que facilitará bastante o futuro encaminhamento do projeto. Nesse aspecto, para gerir o processo, é importante a participação de um ente facilitador e isento, o qual poderia ser representado por universidades e centros de pesquisa, por exemplo.

Essa metodologia abrangente do PIR, se convenientemente aplicada, proporcionará diversos benefícios aos participantes do processo, dentre os quais podem ser ressaltados:

- Do ponto de vista social, sob o enfoque do governo, podem ser considerados, por exemplo, benefícios relacionados com criação de fontes de trabalho, preservação, conservação e proteção do meio ambiente, reconhecimento internacional (em âmbito global do uso racional da energia e do meio ambiente), absorção de novas técnicas e tecnologias, e possibilidade de orientação ao modelo de desenvolvimento sustentável.
- Para a concessionária, pública ou privada, o PIR significa, em todos os sentidos, escolha de opções de baixo custo, (oferta de) tarifas mais baixas, adiamento de gastos de capital e, o mais importante, satisfação do consumidor.

- Para o consumidor, haverá, entre outros, benefícios relacionados com construções (em todos os sentidos) mais baratas ou de custo menor, maior disponibilidade de renda (mais opções), melhoria do ambiente vivencial e, também, segurança e conforto fartamente melhorados.
- Para os empreendedores e parceiros nos projetos, poderão surgir benefícios decorrentes da capacidade potencial de usar o conhecimento e a habilidade desenvolvidos para a implementação dos conceitos do PIR, para, por exemplo, aumentar a competitividade e a participação no mercado.

Para uma descrição mais objetiva do PIR, o caso do setor elétrico é apresentado a seguir. Depois, como exemplo da possibilidade e facilidade da expansão da metodologia para acolher um cenário mais amplo, é apresentado o PIR de bacias hidrográficas, de grande importância para o Brasil, dada a grande participação da energia hidrelétrica em sua matriz energética.

CARACTERÍSTICAS BÁSICAS DO PLANEJAMENTO INTEGRADO DE RECURSOS: CASO DO SETOR ELÉTRICO

O PIR, no âmbito do setor elétrico, consiste na seleção da melhor alternativa para expansão de um sistema de energia elétrica, por meio de processos que avaliem um conjunto de alternativas que inclui não somente o aumento da capacidade instalada, como também a conservação e a eficiência energética, produção própria e fontes renováveis. O objetivo é garantir que, considerados os aspectos técnicos, econômico-financeiros e socioambientais, os usuários do sistema recebam energia elétrica contínua e de boa qualidade, da melhor forma possível.

Orientado a estabelecer a melhor alocação de recursos, o PIR implica principalmente as seguintes ações:

- Procurar o uso racional dos serviços de energia.
- Considerar a conservação de energia como recurso energético.
- Utilizar o enfoque dos usos finais para determinar o potencial de conservação e os custos e benefícios envolvidos na sua implementação.
- Promover o planejamento com maior eficiência energética e adequação ambiental.

- Realizar a análise de incertezas associadas aos diferentes fatores externos e as opções de recursos.
- Orientar a uma decisão participativa de todos os envolvidos e afetados pelo(s) projeto(s).

Para melhor descrição, apresenta-se, na Figura 4.4, um diagrama esquemático do processo do PIR. São partes construtivas desse diagrama elementos como:

- Metas: serviço aos consumidores, retorno aos investidores, manutenção dos baixos níveis de preços, menores impactos ao meio ambiente, flexibilidade para enfrentar os riscos e as incertezas.
- Previsões: demanda, energia, capacidade disponível etc.
- Recursos disponíveis: recursos de oferta, como fontes energéticas, e de demanda, como tecnologia de eficiência energética, projetos de conservação de energia etc.

Figura 4.4 – Diagrama ilustrativo do processo do planejamento integrado de recursos.

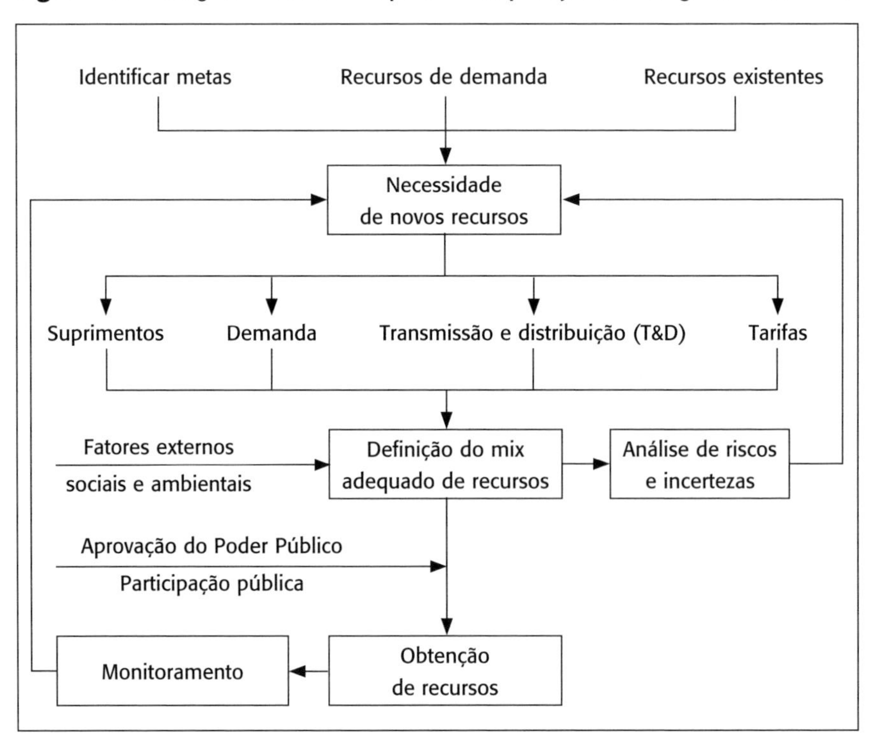

- Determinação da necessidade de novos recursos: análises e estudos visando à integração de interesses do lado da oferta e da demanda, com a utilização das mais variadas técnicas: elaboração de cenários com as possíveis fontes, análises de dimensionamento e desempenho, confiabilidade, análise de incertezas futuras do plano e testes de alternativas com ópticas diferentes – da concessionária, do consumidor, do não consumidor. Aspectos fundamentais a serem considerados nessa etapa são: suprimento, demanda, T&D e tarifas.
- Introdução da análise de fatores externos: sociais, ambientais e políticos. Essa introdução, associada ao uso de indicadores relacionados com esses mesmos fatores e outros escolhidos convenientemente, permitirá que o processo seja direcionado ao desenvolvimento sustentável. Além disso, permitirá a definição do mix adequado de recursos (carteira de recursos, portfólio de alternativas). Nesse estágio, um aprofundamento da análise de riscos e incertezas pode causar a necessidade de nova(s) interação(ões) do processo, até a definição do mix de recursos (na verdade, alternativas) que será encaminhado para o processo de decisão. Até esse estágio, ressalta-se a importância das diversas metodologias e modelos de análise voltados à solução de problemas desse tipo: análise multicriterial, técnicas de otimização, de inteligência artificial, de tratamento de incertezas, entre outras. De forma geral, a aplicação dessas técnicas auxiliará na solução do problema.
- Aprovação do Poder Público e participação pública: decisão participativa.
- Obtenção dos recursos: pode variar ao longo do tempo, por exemplo, causando a necessidade de retomada do processo.
- Monitoramento: para avaliar o desempenho de todo o conjunto ao longo do tempo, podendo causar a necessidade de retomada do processo.

Deve-se acrescentar, como já adiantado, que a adoção de um processo participativo adequado e bem balanceado na definição das metas e critérios, por exemplo, facilitará o andamento do processo, uma vez que o mix de recursos já estará orientado por objetivos e anseios dos participantes/envolvidos.

Estrutura do planejamento integrado de recursos

O processo de PIR deve seguir essencialmente algumas etapas ou componentes básicos, mas sempre com o objetivo de captar as particularidades locais e regionais e do tipo e da organização das entidades que assumem o PIR. De forma geral, os pontos principais a serem considerados são:

- Identificação dos objetivos do plano: oferecimento de serviço confiável e adequado, busca de eficiência econômica, manutenção da saúde financeira dos investidores parceiros, estabelecimento de formas de avaliação e ponderação dos recursos de suprimento e demanda, minimização de riscos, tratamento das formas de considerar os impactos ambientais, as questões sociais (níveis de aceitação, empregos, geração de renda), critérios e procedimentos da análise, determinação de indicadores significativos para mensuração dos resultados do projeto, entre outros. Uma determinação participativa desses objetivos, incluindo os critérios e procedimentos de análise e considerando os envolvidos e afetados pelo PIR, conforme já visto, facilitará o encaminhamento geral do processo.
- Estabelecimento da previsão da demanda: distinguir os fatores (tecnológicos, econômicos, ambientais e sociais) que influenciam ou não a demanda, elaborar diversas previsões relacionando-as com a incerteza acerca do futuro e compatibilizar os usos finais considerados nos programas de gerenciamento pelo lado da demanda com aqueles da previsão da demanda.
- Identificação dos recursos de suprimento e demanda: deve-se levantar separadamente cada um dos recursos possíveis, tanto aqueles já estabelecidos no plano de obras quanto os que mais poderão influenciar a potência e/ou energia não só no lado da oferta, mas também no da demanda.
- Valoração dos recursos de suprimento e demanda: cada recurso deve ter atributos (quantitativos e/ou qualitativos) coerentes com os objetivos já estabelecidos. A avaliação e a medição dos recursos devem ser multicriteriais, considerando custos e benefícios, tangíveis ou não. Atributos quantitativos e qualitativos podem ser utilizados. Devem também ser utilizadas figuras de mérito, como gráficos, para mostrar custos unitários em função de magnitudes do recurso etc.
- Desenvolvimento de carteiras de recursos integrados (portfólio de alternativas): para cada previsão (total) da demanda, devem ser propostas carteiras constituídas pela combinação de recursos de suprimento e demanda (MW). Ambos – previsão e carteiras – devem cobrir o mesmo período no futuro (de 15 a 20 anos).

- Avaliação e seleção das carteiras de recursos: as alternativas de carteiras de recursos devem ser comparadas na base de atributo por atributo, em razão dos objetivos definidos pelo PIR. Se houver um mínimo de recursos presente em todas as carteiras de recursos, ele poderá ser incluído no PIR sem análise adicional.
- Plano de ação: deve fazer parte desse plano o detalhamento dos passos para aquisição dos recursos que entrarão no curto prazo. Deve-se também especificar o modo de ajuste à evolução da demanda (se está ou não dentro da previsão). Por fim, devem-se mostrar também os critérios projetados e de monitoração dos recursos de considerável incerteza (impactos de mercado e custos totais).
- Interação público-privada: a sociedade deve ser envolvida no processo de PIR para escolha da(s) alternativa(s) mais adequada(s). A colaboração direta dos interessados pode ocorrer por meio de fóruns informativos, *workshops*, audiências públicas etc. Também são benéficas as interações com outras entidades envolvidas em projetos similares.
- Introdução e participação de instituições governamentais e reguladoras: o PIR deverá ser desenvolvido em concordância com a legislação e as políticas de Estado, normas de eficiência, controle de poluentes, fatores de risco etc. Durante a elaboração do PIR, deverão ser abertas, ao ente regulador, oportunidades para revisão e comentários.
- Revisões: o processo de revisões deve ser implementado junto ao plano de ação, de forma periódica (por exemplo, dois anos), para permitir resposta oral e/ou escrita da sociedade.

Planejamento integrado de recursos para bacias hidrográficas

Ao se visualizar a construção de um PIR para bacias hidrográficas, constata-se, de início, um conjunto de similaridades entre o processo do PIR expandido para considerar a utilização adequada de recursos naturais em certa região e o Plano de Bacias.

Na verdade, as diversas áreas e setores do conhecimento, em sua evolução mais recente, buscando capturar formas de tratar incertezas, custos e benefícios tangíveis e não tangíveis, incluir as externalidades e implementar processos decisórios participativos, apresentam forte convergência.

Convergência que, no cenário atual, acaba por tornar-se frágil e oculta em razão principalmente do processo fragmentado de pensamento e atuação por setores, em vez da atuação coletiva multi e interdisciplinar, assim como da priorização da especialização ante a visão geral integrada.

Quando se constatam as similaridades entre o PIR e o Plano de Bacias, que permitem integração quase automática entre estes dois processos, desde que os atores do cenário aceitem a maior importância da visão coletiva, cabe a pergunta: por que demora tanto para que se busque a integração? A resposta deve ser procurada por e em cada um: até que ponto se está preparado para realmente trabalhar em equipe, entender razões que não as suas, aceitar decisões trabalhadas de forma participativa?

Quais são essas similaridades? Praticamente todos os passos do PIR apresentados anteriormente devem ser considerados (com as diferenças específicas dos tipos de recursos, objetivos, tecnologias e atores envolvidos) no Plano de Bacias, no qual a decisão participativa assenta-se nas audiências públicas, talvez a melhor forma para isso, se adequadamente conduzidas.

Dessa forma, para quem está afeito ao PIR e ao Plano de Bacias, não deverá haver grandes dificuldades em entender as etapas sugeridas a seguir para o PIR de bacias hidrográficas.

- Expansão dos planos de recursos hídricos das bacias hidrográficas para os planos integrados de recursos, envolvendo, como principais recursos, a água, a energia elétrica e o gás canalizado.
- Análise e projeções das demandas de água, energia elétrica e gás.
- Tratamento integrado de programas de eficiência energética (eletricidade e combustíveis) e de conservação de água.
- Análise das alternativas de geração hidrelétrica, com ênfase nos aproveitamentos de uso múltiplo e nas PCHs (estudos de inventários e viabilidade).
- Geração distribuída de energia elétrica, com ênfase nas fontes renováveis alternativas e cogeração.
- Análise de alternativas de geração termelétrica, com ênfase na sua localização, em razão das tecnologias envolvidas, porte etc.
- Análise de alternativas de suprimentos de gás natural e das necessidades de expansão das redes de transporte e distribuição.
- Análise das necessidades de reforços das redes de transmissão e distribuição.

- Tratamento das questões ambientais: análise ambiental estratégica, zoneamento ambiental, licenças ambientais, interface com a área de saneamento etc.
- Tratamento das incertezas na elaboração do plano.
- Interações com a sociedade local.
- Produtos para os planos indicativos de expansão.

Nesse contexto, também ressalta-se a possibilidade de utilização de técnicas avançadas de análise ambiental, tais como a Avaliação Ambiental Integrada (AAI) e a Avaliação Ambiental Estratégica (AAE).

INCLUSÃO DE CUSTOS E BENEFÍCIOS SOCIOAMBIENTAIS: AVALIAÇÃO DOS CUSTOS COMPLETOS E MENSURAÇÃO DE EXTERNALIDADES

Avaliação dos custos completos

A avaliação de custos completos (ACC) propõe considerar, na avaliação de um determinado empreendimento, todos os custos envolvidos na realização deste, o que significa considerar os custos internos e externos.

Pode-se entender a ACC como um meio pelo qual considerações ambientais podem ser integradas nas decisões de um determinado negócio. Ela é uma ferramenta que incorpora custos ambientais e custos internos, com dados de impactos externos e custos/benefícios de atividades sobre o meio ambiente e na saúde humana. Nos casos em que os impactos não podem ser monetarizados, são usadas avaliações qualitativas.

A abordagem da ACC tem dois componentes: definir e alocar os custos ambientais internos, e definir e avaliar as externalidades associadas com as atividades.

Nas avaliações tradicionais, faz-se uma avaliação econômica (considerando basicamente os custos internos), em que os custos ambientais, sociais, culturais etc. não são considerados ou são relegados a segundo plano.

Essa forma de avaliação é inconsistente, por exemplo, no contexto de um PIR, pois, ao desconsiderar os custos externos, pode privilegiar a decisão pelo uso do recurso menos adequado.

Esse é o diferencial da ACC, pois sua aplicação busca minimizar as possibilidades de erros na escolha e classificação dos recursos energéticos (ou carteiras de recursos), permitindo que as externalidades possam ser um fator decisivo na avaliação.

A grande dificuldade nesse tipo de avaliação está no levantamento dos custos externos, ou seja, na valoração das externalidades. Muitas vezes, isso é praticamente impossível e, nesse caso, as externalidades devem ser consideradas de forma qualitativa, mas nunca desprezadas. Uma forma de contornar essa questão é pela decisão participativa, como a prevista no PIR.

Por sua vez, assumindo que as externalidades sejam avaliadas, o resultado pode ser bastante interessante: uma vez que as externalidades ambientais tenham sido identificadas e monetarizadas, os danos e prejuízos provocados por elas podem ser corrigidos por meio da internalização dos custos, seja pela taxação compensatória (gerando receita fiscal por taxação de atividades poluidoras para cobrir gastos públicos corretivos) ou pela internalização dos custos adicionais a fim de evitar os efeitos deletérios.

RELAÇÕES ENTRE DESENVOLVIMENTO SUSTENTÁVEL, ACC E ESTUDO PRÉVIO DE IMPACTO AMBIENTAL (EPIA)

A relação existente entre a avaliação ambiental (que contém o Estudo Prévio de Impacto Ambiental – Epia) e o desenvolvimento sustentável é bastante evidente. Um dos princípios da Declaração da Rio-92 sobre meio ambiente e desenvolvimento, resultado da Conferência das Nações Unidas sobre Meio Ambiente e Desenvolvimento, realizada no Rio de Janeiro em 1992, foi que o Epia seria um compromisso para todos os projetos que tenham prováveis impactos adversos sobre o meio ambiente. Os Epias são requeridos na maioria dos países desenvolvidos antes da aprovação do projeto e fazem parte, muitas vezes, das condições impostas por instituições de financiamento para projetos de desenvolvimento globais.

Mesmo em bancos privados, o Epia é solicitado como parte dos requisitos para a aprovação de empréstimos.

A relação entre avaliação ambiental e ACC pode não ser óbvia à primeira vista. Metodologicamente, são paralelas. Ambas consideram as consequências de uma ação sobre o meio natural e social. A ACC fundamenta-se na avaliação ambiental e desenvolve uma análise um pouco mais além, por meio da consideração de alguns fatores adicionais.

- Os danos ambientais associados à ação. Como exemplo, é possível citar a construção de uma linha de transmissão. Um Epia típico dessas linhas tende a abordar as implicações da via de passagem a ser criada, focalizando a vegetação. As análises seriam limitadas às estimativas do número de hectares de terra que teriam de ser devastados, dos tipos de árvores em risco e da quantidade que seria derrubada. No caso de uma ACC, baseando-se em uma análise de externalidades, tenta-se ir adiante pelo apontamento das implicações, por exemplo, para o ecossistema natural e o aquático (espécies etc.) que poderiam ocorrer como resultado da derrubada das árvores.
- Quantificação dos danos ambientais e, quando possível, determinação de um valor monetário para o dano, muitas vezes considerando seu efeito no meio, tendo como referências situações similares, cujos efeitos foram obtidos em outras pesquisas ambientais. Por exemplo, alguns poderiam considerar não somente a emissão de gases de uma estação de geração termoelétrica a carvão e medidas de mitigação necessárias para controle dessa emissão (uso de purificadores, por exemplo), como também os efeitos e custos das emissões de gás "residual" que acarretariam danos à safra ou colheita local, à saúde humana, além de acidificação de lagos.

A ACC é também uma efetiva ferramenta de análise, uma vez que possui o potencial de transladar os danos ambientais para quantidades ou valores monetários, o que permite uma avaliação mais efetiva dos responsáveis pelo planejamento macroeconômico. Embora nem todos os impactos ambientais possam ser quantificados monetariamente, a ACC permite que tais impactos se tornem mais explícitos, de modo que os responsáveis estejam cientes de suas escolhas.

ABORDAGEM DA AVALIAÇÃO DE CUSTOS COMPLETOS

Critérios para aplicação da avaliação

A ACC, quando aplicada ao planejamento energético, está baseada em cinco premissas, das quais decorre toda a metodologia de avaliação. Essas premissas são:

- Consideração de recursos e usos de energia eficientes.
- Impactos ambientais.
- Impactos sociais.
- Emprego de fontes de energia renováveis e não convencionais.
- Integridade financeira.

De acordo com esses critérios, a avaliação deverá considerar:

- Impactos no ciclo de vida onde for possível, mas, no mínimo, no projeto, na construção, na operação, na manutenção, na desmontagem e no descarte.
- Danos previstos a ecossistemas, comunidades e saúde humana.
- Impactos potenciais positivos e negativos, incluindo os que podem ser comuns a todas as alternativas de projetos consideradas.
- Quantificação e monetarização dos impactos potenciais, quando possível, mas, no mínimo, uma descrição qualitativa.
- Trocas e compensações feitas entre alternativas selecionadas.

A ACC incorpora os conceitos de custo do ciclo de vida no desenvolvimento de sua metodologia. Assim, para os custos internos, a ACC considera o ciclo de vida completo, inventariando requisitos de energia e geração de resíduos/poluição. Para os custos externos, envolvendo a consideração de danos à saúde humana e ao meio ambiente, a ACC considera o ciclo de vida completo quando possível, mas enfatiza, no mínimo, os estágios do ciclo de vida sobre os quais a entidade (concessionária, governo, empresa etc.) tem responsabilidade e controle direto durante o projeto, a construção, a operação, a manutenção e a desmontagem/disposição-descarte.

Incorporação das externalidades

O que diferencia fundamentalmente a ACC de outras avaliações é, sem dúvida, a incorporação das externalidades no seu escopo de custos.

Existem, no entanto, três passos a serem percorridos para a incorporação das externalidades:

- Identificação e estimativa dos impactos socioambientais.
- Quantificação das externalidades.
- Monetarização das externalidades (sempre que possível).

Muitas vezes, consegue-se apenas atingir os dois primeiros passos, sendo o terceiro de maior dificuldade metodológica e até mesmo política. Uma vez atingido o terceiro passo, pode-se então internalizar ou incorporar as externalidades aos custos, passando a ser custos internos. O objetivo de longo prazo, então, consiste em internalizar as externalidades.

Pode-se visualizar essa estrutura de internalização dos custos externos pelo diagrama esquemático apresentado na Figura 4.5.

Figura 4.5 – Abordagem da avaliação dos custos completos.

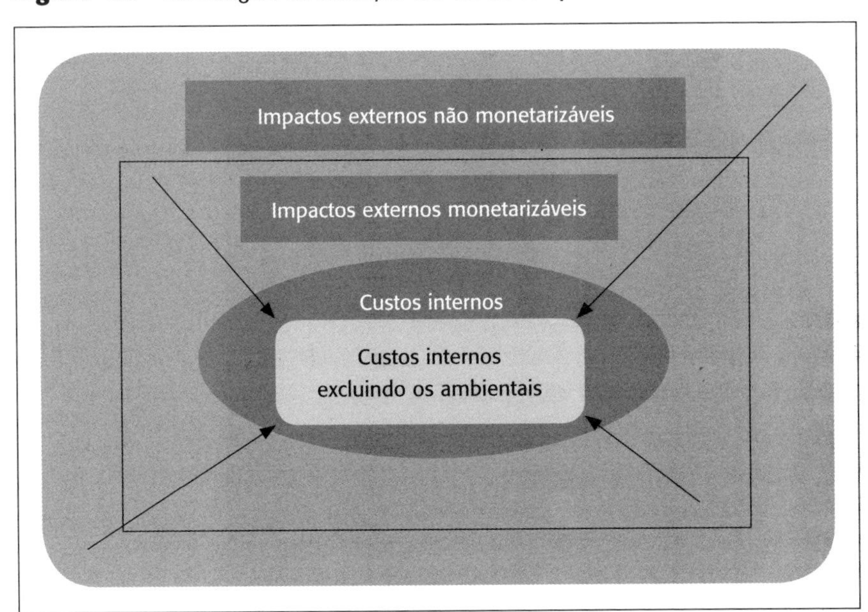

Inventário de custos

A seguir, descreve-se o inventário de custos internos que representam todos aqueles comumente considerados na avaliação de um determinado negócio.

Enquanto as práticas de análise de custos convencionais geralmente incluem apenas os custos de capital associados diretamente com o investimento, os operacionais e, eventualmente, os benefícios, como o descarte de resíduos, a ACC considera uma escala mais ampla, incluindo certos custos e benefícios probabilísticos. Estes incluem quatro categorias de custos, que são: custos diretos, indiretos, de contingência e menos tangíveis.

No que se refere ao setor elétrico, alguns exemplos dos custos internos mais comuns são:

- Custos diretos (ou convencionais): gastos de capital, construções, aquisição de equipamentos, projetos de engenharia, despesas operacionais e de manutenção, insumos e mão de obra, disposição de rejeitos, utilidades, entre outros.
- Custos indiretos (ou ocultos): permissões, relatórios, monitoramentos, manifestos, treinamentos, manuseio e estocagem de rejeitos, custos de insumos não convertidos em produtos finais mas em rejeitos, operação de equipamentos de controle dentro da planta e outros equivalentes.
- Custos de contingência: penalidades, danos físicos ou materiais, aumento de produtividade a partir da melhoria das condições de trabalho, aumento do retorno proveniente da divisão de mercado de produtos verdes e afins.
- Custos menos tangíveis (ou probabilísticos): relações comunitárias, imagem da corporação, boa vontade, aprovação e satisfação do cliente.

Mensuração das externalidades

A crescente importância de papel da questão socioambiental nos empreendimentos elétricos trouxe destaque à discussão sobre a incorporação das externalidades socioambientais nos processos de planejamento, implementação e operação dos diversos projetos.

Tal incorporação permitirá a montagem de uma estrutura que, associada à análise de custos completos, resultará em uma fonte de dados e informações para os métodos e metodologias de planejamento (e gestão) integrados apresentadas anteriormente.

Os principais aspectos relativos à inserção das externalidades nas análises de projetos de energia elétrica são abordados a seguir.

Conceito de externalidades

O termo externalidade é uma forma abreviada do que os economistas chamam de economia externa.

Em linhas gerais, o termo genérico externalidade inclui os custos ou danos e benefícios resultantes como produtos não intencionais de uma atividade econômica. Em relação aos recursos energéticos, subentende-se por externalidades ou impactos externos os impactos negativos ou positivos derivados de uma tecnologia de energia, cujos custos não são incorporados ao preço da eletricidade e, consequentemente, não são repassados aos consumidores, sendo arcados por uma terceira parte ou pela sociedade como um todo.

As externalidades englobam ainda impactos sociais, políticos, macroeconômicos etc. Os impactos mais relevantes e que afetam diretamente o ser humano são aqueles que recaem sobre a saúde humana e o meio ambiente natural, além dos globais, como o buraco na camada de ozônio e o efeito estufa.

As externalidades decorrem de imperfeições do mercado, pelas quais as empresas poluidoras, em sua análise de viabilidade, atribuem valor reduzido, se não nulo, aos recursos ambientais. Entretanto, além de servir de destino final à poluição, o meio ambiente oferece múltiplos serviços, incluindo a sustentação da vida humana, recreação, valor estético etc. Todos esses serviços têm valor econômico, uma vez que os indivíduos estão dispostos a pagar para ter mais acesso a eles ou para evitar a redução de sua quantidade ou qualidade.

Classificação das externalidades

As externalidades podem ser classificadas da seguinte maneira:

- Quanto à natureza das interações:

- entre produtores: uma indústria afeta outra com sua atividade;
- entre produtor(es) e consumidor(es): a poluição do ar provocada por uma indústria afeta a população circunvizinha;
- entre consumidores: a fossa séptica de uma residência contamina o poço d'água da residência vizinha;
- entre consumidor(es) e produtor(es): os despejos sanitários de uma localidade poluem a água utilizada por uma indústria.

- Quanto ao número de agentes envolvidos nas interações:
  - agente poluidor: um ou mais;
  - agente que sofre com a poluição: um ou mais.
- Quanto à poluição envolvida: poluição do ar, da água, sonora, visual etc.
- Quanto à escala espacial e temporal: essa classificação está relacionada ao tipo de poluição, e os efeitos poluidores podem ser combinados entre si: efeitos localizados, impactos globais, incidência em um curto período e efeitos de longa duração.

DEFINIÇÃO DE CUSTOS INTERNOS, CUSTOS EXTERNOS E IMPACTOS

Custos internos

Os custos internos ou privados são aqueles explicitamente avaliados em uma transação de mercado. Eles são os recursos pagos diretamente para atingir um objetivo específico, como é o caso de adquirir combustível, custear operações, manutenção, atividades administrativas, encargos financeiros, custos das instalações, equipamentos, obras civis e outros. Podem ser entendidos ainda como custos incorridos na concretização de um determinado negócio.

Há ainda custos internos indiretos, ocultos ou menos tangíveis, incluindo os custos ambientais, que costumam não ser identificados separadamente ou são alocados, de modo errado, como despesas gerais em determinada unidade de negócios.

Assim, uma unidade de negócios que não considera esses custos não estará avaliando corretamente os custos reais de seus produtos ou serviços, o que pode até levar a uma decisão inapropriada no negócio.

Custos externos

São custos não diretamente arcados pelos usuários dos recursos, mas impostos aos outros e/ou a eles mesmos pelas consequências da degradação, principalmente ambiental, decorrente da utilização dos recursos.

Podem-se definir ainda os custos externos como a valoração de uma externalidade.

Definição de monetarização

O termo monetarizável é normalmente empregado nos estudos sobre externalidades por expressar bem a ideia de avaliar, em termos monetários, algum bem que não costuma apresentar valor monetário.

Monetarização envolve a avaliação, em moeda, dos custos e benefícios ambientais associados a várias opções de recursos. Estudos de monetarização definem tipicamente unidades de valores para cada tipo de poluição, por exemplo, permitindo a estimativa dos custos ambientais de cada recurso.

Monetarizar as externalidades ambientais é expressar os custos ambientais na mesma unidade (monetária) usada para os custos internos.

Impactos externos monetarizáveis

São impactos externos que podem ser traduzidos em valores monetários.

Deve-se notar que há diversos tipos de incertezas associados a essa quantificação e monetarização das externalidades. Tais incertezas, no entanto, devem ser tratadas no contexto de outras (por exemplo, demanda futura, crescimento de carga, preços dos combustíveis, novas tecnologias), que são consideradas em um processo de tomada de decisão.

Além disso, incluem-se aí a identificação, a quantificação e, quando for possível, a monetarização dos impactos externos do ciclo de vida integral dessas atividades.

Impactos externos não monetarizáveis

São impactos externos que podem apenas ser descritos qualitativamente por causa das limitações científicas na descrição das extensões totais dos impactos ambientais e da saúde humana. Em outros casos, esses impactos podem ser quantificados, mas há limitações para determinar valores monetários apropriados (por exemplo, impactos no ecossistema, no padrão de vida, na cultura etc.).

Custos socioambientais

Os custos socioambientais podem ser entendidos como decorrentes dos impactos socioambientais. Tais custos podem incorrer antes do impacto (custo de controle) ou após (custo de degradação). Os custos de controle e de degradação, definidos a seguir, servem como referência para os custos socioambientais.

Custos de controle

São custos incorridos para evitar a ocorrência (total ou parcial) dos impactos socioambientais de um empreendimento. No caso de uma hidrelétrica, por exemplo, seriam os custos adicionais da construção de uma escada de peixes.

Custos de degradação

São os custos externos provocados pelos impactos socioambientais de um empreendimento quando não há controle, ou pelos impactos ambientais residuais quando há controle, mitigação e compensação.

O custo de degradação é provavelmente aquele que melhor representa o custo real dos danos ambientais enfrentados pela sociedade e deve, portanto, ser internalizado nos projetos. Esse é, no entanto, o grande desafio, visto que existem muitas dificuldades para estimar esses custos que, muitas vezes, se referem a impactos não quantificáveis e que, portanto, não possuem preço de mercado.

No exemplo da hidrelétrica, seriam, por exemplo, os custos correspondentes à alteração da estrutura das comunidades aquáticas do rio a jusante da barragem e também a montante.

É possível, em certos casos, quantificar as necessidades associadas à mitigação ou à compensação dos impactos, determinando os tipos de custos, definidos a seguir.

Custos de mitigação

São os custos incorridos nas ações para reduzir consequências dos impactos socioambientais provocados por um empreendimento. No caso da hidrelétrica, seriam, por exemplo, os custos incorridos na abertura de poços para fornecer água potável à população ribeirinha a jusante.

Custos de compensação

São os custos incorridos nas ações que compensam os impactos socioambientais provocados por um empreendimento nas situações em que a reparação é impossível. No caso da hidrelétrica, seriam os custos incorridos, por exemplo, na construção de um clube para a população ribeirinha a jusante.

Custos de monitoramento

São os custos incorridos nas ações de acompanhamento e avaliação dos impactos e programas socioambientais.

Como exemplo, citam-se os custos de medição periódica do teor de oxigênio na água do reservatório e a jusante da barragem.

Por fim, em relação aos impactos socioambientais, vale ressaltar que nem sempre um impacto dessa natureza, ocasionado por um empreendimento, é passível de mitigação e/ou compensação por meio de dispêndios monetários incorporados ao projeto. Dá-se, então, origem aos custos de degradação.

INCORPORAÇÃO DE EXTERNALIDADES AMBIENTAIS

Os impactos ambientais de uma central de produção de energia têm um efeito significativo na sociedade. Um exemplo disso pode ser encontrado nos Estados Unidos, onde se dispõe de dados e medições confiáveis que revelam que dois terços do SO_2, um terço do NO_x e um terço do CO_2 emitidos provêm das centrais de energia elétrica.

Esses poluentes aéreos estão relacionados a efeitos secundários, como a chuva ácida e o aquecimento global, que, por sua vez, reduzem a produção de florestas, causam danos ao solo e podem produzir outras mudanças que afetam a sociedade. Esses efeitos decorrentes da produção de eletricidade são externalidades que representam custos não refletidos no preço pago pelos consumidores de eletricidade.

Um efeito externo deixa de ser uma externalidade quando seus custos são pagos pela entidade responsável por sua produção e são refletidos no preço do produto. Nota-se, porém, que esses custos podem ser considerados como custos externos que foram incorporados e, por isso, não são mais externalidades. Um exemplo são os custos ambientais associados com a produção de eletricidade; eles são internalizados por regulações estaduais ou federais que requerem a mitigação de impactos negativos.

Assim, é importante enfatizar a necessidade da internalização ou incorporação desses custos externos em orçamentos ambientais de empreendimentos no setor elétrico, ainda que seja notória a dificuldade existente em considerar os custos socioambientais na definição da competitividade econômico-energética de um projeto e na sua própria viabilidade de implementação.

No que se refere à avaliação das externalidades, embora as bases teóricas para incluir os custos externos na análise econômica sejam conhecidas na economia neoclássica, uma metodologia aceitável para o seu cálculo ainda não foi estabelecida. Isso ocorre porque diversos problemas dificultam a quantificação das externalidades: dependência da tecnologia, dependência da localização, incertezas nas causas, natureza dos impactos sobre a saúde e o meio, falta de estudos apropriados de avaliação econômica e questões metodológicas envolvendo o uso de resultados ambientais e econômicos para essa aplicação.

Em uma análise de externalidades, a primeira questão que surge é: quais devem ser incluídas no planejamento? Essa é uma questão que certamente gera infindáveis discussões. Para facilitar e orientar discussões necessárias, apresentam-se a seguir as formas e os meios pelos quais se podem avaliar externalidades.

MÉTODOS DE QUANTIFICAÇÃO E AVALIAÇÃO DE EXTERNALIDADES

No cálculo dos custos externos, deve ser escolhido o método mais apropriado a usar, de acordo com os objetivos do planejamento.

Em geral, quatro métodos básicos têm sido usados para estimar valores para externalidades ambientais:

- Estimativa do potencial físico, químico ou toxicológico relativo de vários poluentes.
- Opinião e parecer de especialistas ou outras pessoas.
- Estimativa direta dos efeitos ambientais e os custos desses efeitos.
- Determinação do custo marginal de controle dos poluentes e estimativa do custo máximo que a sociedade tem disposição de aceitar a fim de evitar esses poluentes.

A seguir, descreve-se mais detalhadamente cada um desses métodos.

Potencial relativo

Essa primeira abordagem é muito adequada para estimar a importância relativa ou o valor da redução de emissões dos principais gases de efeito estufa relacionados à energia, como o CO_2, CH_4, N_2O e CO.

Um exemplo é o potencial de aquecimento global (*global warming potential*), que é estimado para diversos "gases estufa" em relação ao CO_2. Assim, o valor de redução das emissões dos "gases estufa" pode ser comparado ao valor de redução do dióxido de carbono. Tem-se, assim, uma importância relativa entre os gases.

O potencial relativo pode também ser usado para estimar a importância relativa de outras externalidades. O valor de redução de emissões de poluentes aéreos tóxicos (como dos metais pesados), pode ser estimado pela toxidade relativa desses poluentes perigosos e, às vezes, carcinogênicos.

Consulta

Essa abordagem pode ser empregada na avaliação de externalidades se os instrumentos para preenchimento da consulta ou enquete forem desenvolvidos cuidadosamente e se os responsáveis pela votação, os respondentes, forem especialistas no campo em questão, além de serem informados da intenção de uso dos resultados da consulta. Isso é necessário para que os resultados da consulta sejam os mais fiéis possíveis à realidade, e não manipulados.

Assim, uma boa consulta deve atentar para os seguintes procedimentos:

- Eleger uma amostra representativa de especialistas no campo de interesse e tornar públicos os nomes e credenciais dos respondentes.
- Prover sentenças claras para as questões a serem respondidas na consulta, incluindo a base específica para a resposta requerida e a intenção de uso das respostas.
- Desenvolver um bom instrumento de consulta e disponibilizar ao público as respostas dos respondentes.

É improvável que a consulta forneça uma informação melhor que os outros métodos de estimativa de externalidades aqui apresentados e, certamente, a sua utilidade e confiabilidade são fortemente dependentes da qualidade do instrumento de consulta e credenciais dos respondentes. No entanto, essa é uma abordagem que pode ser útil em um esforço inicial de avaliação das externalidades e, mais ainda, de verificação da valoração das externalidades.

Custo de estimativa direta – custo de danos

Essa abordagem calcula (estima) os custos dos danos impostos à sociedade pelos impactos de certa tecnologia por meio de cada passo de seu ciclo de combustível (emissões, transporte de poluentes, efeitos desses poluentes nas plantas, nos animais, nas pessoas e assim por diante) e, a seguir, a extensão de cada impacto, avaliando o valor a ele associado. Para as externalidades ambientais, como poluição do ar e da água, os efeitos relevantes devem incluir impactos:

- Na função vital do planeta como um todo (como aquecimento global e buracos na camada de ozônio).
- Na saúde humana.
- No conforto e lazer humano (os impactos devem incluir níveis altos de ruídos, visibilidade alterada, odores etc.).
- Nos animais domésticos e na vegetação urbana, como árvores, criações, plantações, gramados etc.
- Na vegetação rural e nos animais silvestres em sua variedade de hábitats.

- Em materiais sem vida, como superfícies de edifícios (especialmente em pedras e tinta), em lugares arqueológicos e históricos, monumentos, veículos etc.

Em geral, cada um desses efeitos deve ser quantificado e, então, devem-se estabelecer os custos unitários para cada um deles. Esse procedimento é geralmente tratado como se fosse um exercício técnico, mas a definição de externalidades relevantes, a seleção de efeitos importantes e a escolha de técnicas de quantificação e mensuração, além da determinação de custos unitários, são processos altamente subjetivos.

A determinação de pelo menos alguns dos custos sociais de algumas externalidades ambientais é factível, embora seja um processo complexo. Para exemplificar essa metodologia, pode-se considerar a estimativa direta dos custos relacionados a um poluente aéreo, a qual requer uma pesquisa e um modelo detalhado dos passos entre a emissão do poluente e os efeitos resultantes. Esses passos são:

- No movimento do poluente através da atmosfera, a modelagem deve levar em conta os efeitos da altura e temperatura dos dispersores, a direção e a velocidade do vento, além da umidade e temperatura ambientes.
- As mudanças químicas a que o poluente – especialmente o ozônio, os sulfatos e nitratos – se submete na atmosfera.
- A deposição do poluente em várias superfícies, incluindo pulmão, solo, água e materiais como metais e borrachas expostas.
- A relação dose-resposta entre o poluente e cada sistema, incluindo impactos na saúde humana, visibilidade, safra, materiais e vida silvestre.
- A unidade de valor dos efeitos em cada sistema, por exemplo, $/vida perdida ou $/km-ano de visibilidade reduzida.

De fato, os cálculos de transporte de poluentes são bastante complicados, a química atmosférica e as relações dose-resposta podem ser altamente incertas e a composição da população exposta é muito específica de cada lugar. Mesmo quando essas questões técnicas difíceis são resolvidas, ainda surgem questões políticas na avaliação dos efeitos.

A avaliação dos custos de bens com valor de mercado, como produção agrícola e obras de arte, pode até ser relativamente bem aceita, mas a designação de valores para a mortalidade e morbidade humanas, impactos na visibilidade, em monumentos históricos, florestas e ecossistemas (incluindo a biosfera como um todo) pode ser muito controversa.

Pelo exposto até aqui, a principal vantagem desse método é o fato de que os custos de danos correspondem aos custos relevantes a serem considerados. No entanto, a principal desvantagem de usar os custos de danos é a dificuldade em efetuar os cálculos e defendê-los tecnicamente.

Custos de controle

Uma quarta abordagem baseia o custo de redução da poluição no custo de controlar ou mitigar os poluentes emitidos pela tecnologia de geração.

Nesse método, os valores de externalidades são expressos em termos como $/kg emitido ou $/unidade de externalidade. O valor combinado de todas as externalidades de uma fonte de energia é dado então por $/kWh gerado = Soma (unidade de externalidade/kWh x $/unidade), para todas unidades de externalidade.

Esse método é também referenciado como preço refletido, preferência revelada e custo marginal de abatimento, e tem sido usado por vários analistas para estimar o valor social de redução das emissões residuais.

Derivar o valor da externalidade do custo de controle da poluição é, às vezes, descrito como se o resultado fosse equivalente ao custo direto de emissões. De fato, a técnica de custo de controle provê uma informação direta do valor social de redução das emissões, por duas razões principais:

- O custo do controle requerido serve como uma estimativa do preço pelo qual a sociedade está disposta a pagar para reduzir o poluente.
- Os custos de controles requeridos podem estabelecer diretamente os benefícios sociais de reduzir as emissões. Por exemplo, o benefício de um programa de gerenciamento pelo lado da demanda (GLD), em $/kWh evitado, é exatamente igual ao de emissões evitadas (kg/kWh), multiplicado pelo custo unitário do equipamento de controle que deveria ser instalado ($/kg poluente controlado).

No método do custo de controle, somente o custo marginal de controle é importante. Da perspectiva da preferência revelada, o fato de que muitos custos requeridos são baratos é irrelevante para a determinação do preço pelo qual a sociedade está disposta a pagar para reduzir as emissões. No entanto, determinar a unidade marginal de controle de externalidade é difícil por pelo menos três razões:

- Os requerimentos legislativos e regulatórios para o controle de externalidades costumam ser mutuamente inconsistentes, apresentando discrepância, como o fato de algumas medidas requeridas apresentarem custos mais elevados que outras menos dispendiosas e que não são requeridas.
- O fato de a margem estar constantemente em mudança, como no caso da chuva ácida. A complexidade de controle da poluição complica a computação dos custos de controle de uma externalidade ambiental.
- Por fim, outra dificuldade encontrada por esse método deve-se aos múltiplos efeitos das externalidades. Um poluente simples pode ter vários efeitos finais, cada qual impondo seu próprio custo à sociedade. Como resultado disso, o mesmo poluente pode ser regulado por meio de diferentes regras. Por exemplo, os óxidos de nitrogênio são regulados como um poluente respiratório e como um precursor do *smog*, mas a legislação sobre chuva ácida está para considerá-lo como precursor também dela. Além disso, evidências indicam que os óxidos de nitrogênio causam câncer; eles também podem contribuir para a liberação de metano do solo, um efeito que tornaria esses óxidos um candidato à regulação como um gás de efeito estufa.

Esses efeitos múltiplos podem confundir a avaliação das externalidades pela necessidade de distinguir entre os controles adicionais e cumulativos.

Do exposto até aqui, verifica-se que a principal vantagem em usar os custos de controle é que, uma vez tendo os dados disponíveis, torna-se fácil determinar os custos e, por isso, são mais defensáveis do ponto de vista técnico. A desvantagem em usar os custos de controle para calcular custos de externalidades ambientais, no entanto, é que eles tipicamente guardam pouca relação com os danos atuais impostos à sociedade pelas emissões de uma central energética, por exemplo.

Como conclusão acerca do uso dos métodos aqui expostos, tem-se que, onde existir estudos adequados, devem-se usar os custos de danos; porém, onde tais estudos são inadequados ou insuficientes, como no caso do aquecimento global, devem-se usar os custos de controle como o melhor substituto disponível.

ABORDAGENS PARA INCORPORAÇÃO DAS EXTERNALIDADES

Diversas têm sido as experiências, sobretudo nos Estados Unidos e na Europa, para considerar as externalidades no planejamento energético, utilizando vários procedimentos e abordagens.

De modo geral, esses procedimentos procuram influenciar na escolha de recursos, e não simplesmente incrementar os custos dos recursos já escolhidos. No entanto, o custo final da eletricidade pode aumentar, caso os melhores recursos de caráter ambiental sejam mais dispendiosos.

A seguir, são descritas sucintamente algumas das abordagens mais utilizadas para considerar as externalidades no planejamento.

Adicionais/descontos

A abordagem por meio de adicionais de custo geralmente toma a forma de simples incrementos ou descontos percentuais aplicados aos custos dos recursos. Outra forma é aplicar um desconto de não combustão aos recursos de gerenciamento pelo lado da demanda e recursos renováveis ou um adicional de combustão às alternativas fósseis. Assim, esse procedimento pode incrementar os custos de recursos de suprimento ou diminuir os custos de recursos pelo lado da demanda.

Essa abordagem tem sido usada, por exemplo, pela *New England Electric System* (Nees) e pelo *Northwest Power Planning Council.*

Sistema de pontuação e classificação

A abordagem baseada em um sistema de pontuação e classificação é usada para avaliar os recursos potenciais pela atribuição de pontos ou classificação para vários atributos associados com cada recurso. O peso conferido a cada atributo determina a importância do impacto ambiental relativo a outros fatores.

Monetarização

A monetarização envolve a avaliação, em moeda, dos custos e benefícios associados com várias opções de recursos. Os estudos de monetarização atribuem tipicamente uma unidade de valor para cada tipo de poluição e, então, calculam os custos ambientais de cada recurso. Até hoje, a maioria dos estudos de monetarização tem se concentrado nas alternativas pelo lado da oferta.

Formas de internalização dos custos ambientais

Estimados os custos ambientais, principalmente os de danos, os tomadores de decisões podem usar essa informação para desenvolver políticas ambientais a fim de reduzir os danos ambientais. Dessa forma, vários meios têm sido propostos para internalizar os custos ambientais.

Regulação

Normalmente, esse tipo de abordagem ocorre pela definição de padrões, seja na base de tecnologia ou de desempenho. Padrões tecnológicos podem especificar, por exemplo, o uso da melhor tecnologia de controle disponível para limitar as emissões de poluentes como o SO_2. Já padrões baseados no desempenho especificam níveis de emissões e deixam a escolha da tecnologia a critério do usuário.

Taxas corretivas

Essa abordagem permite a internalização dos custos sociais de poluentes no custo total, da seguinte forma:

Taxa = custo social – custo de suprimento

Idealmente, a regulação e as taxas deveriam conduzir a resultados similares. Quando, investindo no controle da poluição, se alcança a solução socialmente eficiente, então, o custo marginal de controle da poluição é igual ao custo marginal social da poluição.

Quando não há tecnologia de controle disponível, como no caso do CO_2, o uso de taxas de carbono parece ser apropriado para internalizar os custos ambientais.

Licenças negociáveis

Essa forma permite a uma concessionária vender/comprar cotas de emissões para/de outra concessionária, criando assim um mercado competitivo em emissões ambientais.

Trata-se de uma abordagem flexível que encoraja o desenvolvimento e a melhoria nas tecnologias de controle das emissões e pode ainda reduzir os custos totais se alcançar certo nível de redução das emissões.

ARMAZENAMENTO DE RECURSOS ENERGÉTICOS E O MEIO AMBIENTE

A ACC associada à análise de ciclo de vida (ACV), ao enfocar toda a cadeia de um processo energético, do berço ao túmulo, engloba aspectos normalmente não considerados ou tratados separadamente nos procedimentos do planejamento energético.

Um deles é o impacto socioambiental da própria utilização e adequação dos recursos para proporcionar, mais além na cadeia, os usos finais desejados. É muito comum a avaliação de certos recursos energéticos considerando apenas parte da cadeia necessária para seu aproveitamento final desejado. Defensores da solução solar, por exemplo, buscam diminuir ou mesmo ignorar o impacto ambiental e na saúde de uma produção maciça de painéis fotovoltaicos. A tecnologia do hidrogênio também apresenta aspectos importantes, até mesmo energéticos, relacionados com sua produção, muitas vezes inadequadamente considerada como de prioridade secundária. O que se quer salientar aqui não é uma crítica direta a esses casos, pois situações similares ocorrem para todos os tipos de recursos, com as especificidades de cada caso. O que se quer é alertar sobre a importância de um enfoque mais amplo, o qual a ACV pode facilitar, uma vez resolvidos seus problemas de bases de dados e modelação específica.

Outro aspecto, da maior importância, está relacionado com o armazenamento dos recursos energéticos, renováveis ou não. Os impactos ambientais dos reservatórios das grandes usinas hidrelétricas, enfocados no Capítulo 2, são exemplo significativo, sobretudo neste país, cujo sistema de geração de energia elétrica é predominantemente hidrelétrico. Nesse sentido, o Brasil apresenta significativa experiência de erros e acertos, que vem até mesmo de antes da legislação ambiental e que tem sido incorporada, talvez em velocidade menor que a desejável, nas práticas do setor energético. Dessa forma, é importante ressaltar o conceito de passivo ambiental, que procura englobar – de forma organizada e, se possível, quantificável – os impactos ambientais resultantes de um reservatório, que deverão ser mitigados, controlados ou até mesmo revertidos ao longo do tempo e do espaço.

Esses passivos ambientais têm grande importância na determinação dos denominados custos ambientais de novos projetos, assim como para exigências de adequação ambiental de projetos já existentes. Para esses últimos, há a previsão de assinatura do termo de ajustamento de conduta (TAC), um compromisso do causador do passivo com os órgãos ambientais, para efetuar ações de mitigação, controle e, eventualmente, reversão em prazos estipulados de acordo com cada caso.

Esse procedimento não é específico das hidrelétricas. Pode também ser usado para outras tecnologias energéticas, especialmente para aquelas que utilizam recursos não renováveis, nos quais o armazenamento ocupa posição de destaque na logística de distribuição. É o caso, por exemplo, dos derivados do petróleo, cujos problemas ambientais de armazenamento, assim como de disposição final de resíduos, têm sido cada vez mais enfocados pela mídia, por causa dos impactos desastrosos ao ambiente ao seu redor, incluindo a saúde das populações vizinhas. São problemas que podem ser encontrados não só nas grandes unidades de processamento ou produção, como também nas pequenas unidades, como postos de gasolina e óleo diesel que, mais recentemente, foram bastante cobrados pelos órgãos ambientais no Brasil. É também o caso do combustível nuclear e outros, cujo detalhamento não está entre os objetivos deste livro.

O importante é ressaltar que esses passivos ambientais, cuja determinação estaria no contexto da ACV, deveriam refletir-se em custos, tangíveis ou não, que deveriam ser internalizados em uma análise mais adequada ao planejamento do setor energético, encaminhando-o para o desenvolvimento sustentável.

Energia elétrica para o desenvolvimento sustentável | 5

A energia, e, em seu bojo, a energia elétrica, têm participação preponderante na organização da vida do ser humano. Ela é uma das bases do denominado desenvolvimento, principalmente após a Revolução Industrial. As cadeias energéticas, da produção ao consumo, envolvem transformações de recursos naturais e tecnologias de transporte e utilização que interagem dos mais diversos modos com o meio ambiente, resultando em impactos socioambientais.

Como consequência, a energia é um dos principais vetores influentes na questão ambiental e está no cerne das discussões globais que originaram o conceito de desenvolvimento sustentável, cuja implementação tem sido talvez o maior desafio atual da humanidade.

As estreitas relações da energia com o meio ambiente e o desenvolvimento foram apresentadas no início deste livro, onde se enfatizou sua influência em diversos problemas que indicaram a necessidade da mudança de paradigma de progresso, dentre os quais se pode ressaltar:

- A energia teve papel preponderante em vários desastres ecológicos e humanos das últimas décadas, em especial naqueles relacionados a aquecimento global, uso e degradação do solo e da terra, chuva ácida, poluição de águas subterrâneas e de superfície, produção de resíduos sólidos e perigosos, poluição atmosférica urbana, desflorestamento e desertificação, degradação marinha e costeira, e alagamento de áreas terrestres. No âmbito do aquecimento global, a energia apresenta papel de destaque nas ações associadas ao Protocolo de Kyoto.

- O modelo de planejamento energético mundial adotado até a década de 1980, orientado pela disponibilidade crescente da oferta para satisfazer e incentivar a demanda por energia, resultou em aumento acelerado das questões ambientais e sociais correlatas, assim como do esgotamento dos recursos naturais.
- O enfoque a partir da oferta ocasionou a implantação de grandes projetos de "desenvolvimento", fortemente intensivos em capital e, na maioria das vezes, causadores de significativos problemas ambientais e sociais. O uso ilimitado e desordenado dos recursos energéticos implicou um "crescimento" econômico muito mais voltado aos interesses das elites que às necessidades da população em geral, ampliando as disparidades econômicas entre nações e entre regiões de uma mesma nação, além de deixar grande parcela da população mundial sem acesso à energia.

Também foi apresentado o importante papel da energia na construção de um modelo sustentável de desenvolvimento e o estabelecimento de algumas diretrizes para o tratamento da questão energética no contexto da sustentabilidade, dentre as quais se ressaltam:

- A não disponibilidade de um recurso energético e a falta de domínio tecnológico e condições financeiras para utilizar um recurso energético existente em um determinado país causam dependência energética e tecnológica. Isso resulta, via de regra, em uso não eficiente e distribuição inadequada da energia entre a população como um todo. Uma reorganização institucional, voltada a estabelecer maior cooperação entre as nações e a criar um processo efetivo de transferência de tecnologia dos países desenvolvidos para os demais, tem sido uma solução visualizada e debatida para essas questões. Contudo, essa reorganização e muitos outros acordos e sugestões resultantes de reuniões internacionais (e mesmo nas nacionais), cujo objetivo é tentar reverter os problemas e caminhar para a sustentabilidade, sobrevivem mais no mundo das palavras e intenções do que em ações efetivas, e apresentam, no global, resultados pouco ou nada animadores.
- A ênfase unicamente na oferta relegou a segundo plano questões essenciais para o pleno desenvolvimento social e econômico de uma nação, como a distribuição da energia a preços justos para toda a população. No atual cenário mundial, a energia é considerada bem

fundamental para a integração do ser humano à sociedade, pois provê, ao indivíduo e à comunidade, o acesso a serviços essenciais para o aumento da qualidade de vida, como educação, saneamento, saúde pessoal, lazer e oportunidades de emprego e renda. O acesso à energia, em quantidade e qualidade consistentes com um padrão de vida digno e decente, é condição básica de cidadania.

- Nesse contexto, dois requisitos fundamentais devem ser atendidos quanto ao impacto social da energia elétrica, do ponto de vista da sustentabilidade:
  - o suprimento eficiente e universal de energia;
  - o fornecimento para cada ser humano de uma quantidade mínima de bens energéticos adequados para atender às suas necessidades básicas.
- Políticas energéticas voltadas ao desenvolvimento sustentável devem considerar:
  - diminuição do uso de combustíveis fósseis (carvão, óleo e gás) e aumento do uso de tecnologias, combustíveis e recursos renováveis;
  - aumento da eficiência do setor energético em todo seu ciclo de vida, o que envolve atividades que vão desde a prospecção e a utilização dos recursos naturais até a desmontagem dos projetos e seu impacto ao meio ambiente;
  - desenvolvimento tecnológico do setor energético a fim de buscar maior eficiência e, principalmente, encontrar alternativas ambientalmente benéficas ou menos agressoras;
  - mudanças nos setores produtivos como um todo, em especial nos que estão relacionados com o setor da energia;
  - estabelecimento de políticas energéticas para favorecer tecnologias com melhor desempenho ambiental;
  - obediência a normas jurídicas e princípios ambientais nacionais e internacionais (notadamente a Constituição Federal, no caso do Brasil).

Em seguida, já com foco específico no setor elétrico, abordaram-se os pontos tecnológicos e socioambientais das áreas de geração, transmissão e distribuição de energia elétrica. Foram mostradas as principais características específicas de cada área, assim como uma análise bem detalhada de seus impactos socioambientais, com referências a exemplos e documentos importantes disponíveis e indicados na bibliografia.

Posteriormente, apresentou-se a legislação ambiental relacionada com o setor energético, dando ênfase ao setor elétrico e aos documentos e procedimentos para licenciamento ambiental dos projetos.

O cenário exposto demonstrou que já existe um conjunto básico de informações, legislação e práticas adequado, capaz de orientar o sistema brasileiro de energia elétrica a um modelo sustentável de desenvolvimento. Indicou ainda as dificuldades que têm sido encontradas, inerentes a qualquer processo de mudança de paradigma, além de apontar alguns recursos e rumos para sua solução.

Em seguida, o foco foi o planejamento energético em suas relações com o desenvolvimento sustentável, a fim de verificar, sobretudo, quais as limitações e necessidades do país nesse sentido, assim como se já se dispõe de arcabouço metodológico adequado para tratar a questão energética de forma integrada, multidisciplinar e participativa, o que é exigido pela sustentabilidade.

O planejamento energético foi abordado com destaque em suas relações com a matriz e as políticas energéticas, sempre com a apresentação de indicadores de desenvolvimento sustentável que poderão ser utilizados no processo de planejamento, por exemplo, para "medir" o grau de sustentabilidade atingido. Apresentaram-se ainda métodos e metodologias de análise que se mostram apropriados aos problemas em questão: o Planejamento Integrado de Recursos (PIR), que considera a visão integrada e a decisão participativa, e a Avaliação dos Custos Completos (ACC), que, em conjunto com métodos de mensuração das externalidades, facilita a inclusão de custos e benefícios socioambientais nas análises de projetos.

Dentre as diversas constatações obtidas na abordagem dos aspectos tecnológicos e socioambientais, da legislação e do planejamento energético, deve-se ressaltar que:

- A relação socioambiental da energia também ocorre por meio da amplitude de sua indústria, que engloba vários atores e componentes, em uma cadeia que vai desde a captura dos recursos naturais necessários para sua produção até a destinação final dos diversos componentes, equipamentos e eletrodomésticos que fornecem os serviços elétricos. É uma enorme cadeia que gera empregos e desenvolvimento, mas que afeta o meio ambiente das mais variadas formas.
- O cenário tecnológico e socioambiental, assim como a legislação ambiental referente às áreas de geração, transmissão e distribuição de ener-

gia elétrica, indica a existência de todo um conjunto básico de informações e legislação suficiente para que se possa orientar o sistema de energia elétrica brasileiro a um modelo sustentável de desenvolvimento.

- O setor de energia como um todo, inclusive a energia elétrica, dispõe e domina o ferramental necessário para criar os processos de planejamento e gestão adequados, com utilização dos métodos e metodologias já disponíveis para elaboração de estudos e simulações para desenvolvimento de avaliações integradas, para análise multicriterial, para orientação da tomada de decisão e análise de riscos, entre outros pontos importantes.

As limitações atualmente encontradas na prática ao se utilizar desse ferramental devem-se às mais diversas razões, entre as quais se salientam:

- A grande ênfase aos aspectos técnicos e econômicos em detrimento dos demais.
- A situação atual do processo de licenciamento ambiental no país, que ainda encontra dificuldades na implementação prática, consubstanciando um cenário de transição sujeito a pressões e ajustamentos transitórios.
- A falta de tradição e hábito em trabalhos multi e interdisciplinares e, principalmente, em um processo de decisão participativo.
- A limitada divulgação dos conceitos e práticas relacionados com a análise integrada dos projetos.
- A dificuldade, no cenário atual, da obtenção confiável de diversos dados e informações para utilização na análise, uma vez que não há tradição nesse sentido.

Com base nessas constatações principais e em outros aspectos enfocados ao longo de todo o livro, é possível estabelecer um conjunto de posturas e ações que pode servir de base para orientar a um modelo sustentável de desenvolvimento não só do sistema brasileiro de energia elétrica, como também do setor de energia e da infraestrutura como um todo.

As linhas estratégicas de planejamento e operação da energia elétrica devem, certamente, considerar as constatações e recomendações voltadas à construção de um modelo sustentável de desenvolvimento para o setor da energia apresentadas anteriormente, com relação ao impacto social e às políticas energéticas.

Para que o setor energético torne-se sustentável, é necessária uma abordagem holística e com tratamento integrado das questões técnicas, econômicas, ambientais, sociais e políticas. A implementação de planejamento energético de longo prazo assentado na matriz energética é um passo fundamental até mesmo para permitir o estabelecimento de políticas e estratégias consistentes de longo prazo. Trata-se de procedimentos que nortearão a evolução do setor energético ao longo do tempo e que, convenientemente monitoradas, permitirão ajustes táticos necessários associados a modificações no cenário global ou a emergências em prazos médios e curtos. É importante lembrar que o estabelecimento e o seguimento de estratégias de longo prazo, mantidos independentes do governo do momento, é um grande desafio, pois vai contra as práticas correntes no país desde há muito tempo. Atuar para modificar esse estado é essencial para a construção de um modelo sustentável de desenvolvimento.

A energia elétrica deve ser preferencialmente, considerada no contexto maior da energia, de forma integrada e sinérgica, e como um dos componentes da infraestrutura, em conjunto com água e saneamento, transporte e telecomunicações, entre outros aspectos. É imprescindível entender que levar água tratada a cerca de um bilhão de pessoas e eletricidade a dois bilhões de pessoas, que ainda não têm acesso a esses itens, está entre os maiores desafios globais do século XXI, o que demonstra uma distância ainda enorme desse modelo em questão. No caso específico do Brasil, embora a proporção da população não atendida seja menor, ainda há muito a fazer com relação à universalização do acesso à energia, à água tratada e ao saneamento. Além disso, a grande participação da geração hidrelétrica na matriz energética brasileira enfatiza os problemas associados aos conflitos dos usos múltiplos da água. O tratamento integrado dos componentes da infraestrutura pode levar a soluções mais econômicas e adequadas do ponto de vista socioambiental e orientadas para a sustentabilidade. Nesse contexto, a aplicação de processos de planejamento (e gestão) integrado pode permitir o desenho de projetos ajustados à legislação e aos mecanismos das parcerias público-privadas (PPP), ainda pouco utilizadas no país, principalmente do ponto de vista de realizações eficazes com resultados práticos.

A implementação efetiva do Protocolo de Kyoto poderia ser uma importante fonte de financiamento para projetos energéticos no Brasil, principalmente no âmbito dos mecanismos de desenvolvimento limpo (MDL), o que ocorreu durante certo tempo recente, mas que atualmente está quase desativado. Discussões em nível global envolvendo o assunto ainda ocorrem, mas sua reativação aos níveis do que já ocorreu não será tão simples e imediata, além de talvez não acontecer.

No enfoque do desenvolvimento sustentável, é importante que todos os projetos submetidos estejam alinhados com as políticas de longo prazo no país, o que enfatiza ainda mais a necessidade de se estabelecer o planejamento energético de longo prazo assentado na matriz energética. No contexto do Protocolo de Kyoto, no entanto, é preciso não esquecer que o Brasil também tem apresentado seu lado vilão, um argumento que tem sido usado para enfraquecer a posição do país nas discussões: a substituição "abrupta e irreversível" da floresta por savanas na Amazônia foi incluída recentemente, pelo Painel Intergovernamental sobre Mudanças Climáticas (IPCC) e pela Organização Meteorológica Mundial, como um dos desastres climáticos de alto risco das próximas décadas. Além disso, o Brasil ocupa lugar proeminente entre os maiores emissores de dióxido de carbono. A causa principal está no desmatamento, nas queimadas e nas mudanças no uso do solo na Amazônia. Não haverá solução sustentável para esses problemas se esses dois lados da moeda não forem considerados de forma adequada e integrada.

A orientação da energia elétrica para o desenvolvimento sustentável, ao indicar a necessidade de visão integrada multi e interdisciplinar, impõe um desafio adicional ao setor energético, que ainda tem muito a fazer nesse aspecto, pois precisa aperfeiçoar as ações que vêm sendo desenvolvidas mais recentemente pela legislação ambiental. Isso envolve também todos os outros setores que participam da questão, como o ambiental, o econômico, o judiciário, o político e o social, pois apenas a visão integrada não basta; há de se partir para a ação integrada, fundamental para o encaminhamento prático da questão. Nesse sentido, é necessário quebrar paradigmas de fragmentação do saber e de ação isolada, que têm raízes até mesmo culturais e educacionais. Maior ênfase às questões ambientais, sociais e políticas, maior eficiência na aplicação da legislação ambiental e aprimoramento do processo da decisão participativa irão requerer grandes mudanças em formas de pensar tradicionais e setoriais. Isso exigirá um grande esforço educacional, de formação, (re)capacitação e treinamento, que deve ser priorizado e, certamente, será acelerado com a implementação de visão integrada e análises com enfoque multi e interdisciplinar no dia a dia dos projetos de energia e energia elétrica.

Toda e qualquer solução energética ou de infraestrutura que almeje o desenvolvimento sustentável deve também procurar considerar outros aspectos relacionados à sustentabilidade como um todo, inclusive adotando princípios reconhecidos internacionalmente, como é o caso da precaução (Princípio 15 da Declaração do Rio), cuja base é a não execução do empreendimento diante de incertezas científicas. No âmbito da energia, o acesso universal e o atendimento às necessidades básicas devem ser considerados como metas prioritárias. Os indicadores de sustentabilidade apresentados neste livro podem servir de referência para a escolha de índices adicionais que, convenientemente tratados e interpretados, permitirão estabelecer conexões entre a energia e infraestrutura e outros aspectos da questão, a fim de formar políticas de longo prazo. É importante ressaltar a importância da escolha dos procedimentos, critérios e indicadores nas análises, que deve resultar também de ação multidisciplinar participativa e de postura realista, para que os aspectos enfocados sejam tratados objetivamente, com prioridades e períodos adequados, uma vez que muitos deles podem extrapolar decisões do setor energético (ou de infraestrutura) ou mesmo nacionais.

A utilização da matriz energética com diferentes cenários alternativos prospectivos de longo prazo é fundamental para qualquer processo que vise à sustentabilidade. Ao delinear alternativas energéticas para diferentes cenários que incorporam a influência das principais variáveis locais e globais sobre energia, em suas relações com meio ambiente e desenvolvimento, ela aponta rumos de longo prazo que nortearão as decisões a serem tomadas. Por isso, em sua aplicação como base do planejamento energético, é muito importante estabelecer claramente a diferença entre os critérios e os indicadores básicos que orientarão as decisões de curto prazo (que serão executadas) e os critérios e os indicadores de longo prazo que poderão afetar mais indiretamente ou servir de balizadores para as referidas decisões. Isso pode ser feito com ênfase na mesma diferença que existe entre estratégias (planejamento) e táticas (gestão): estratégias são de longo prazo, mais sensíveis a incertezas e riscos, e servem para nortear as táticas; estas são de curto prazo e associadas a decisões que, de uma forma ou de outra, consideraram as incertezas e os riscos.

Nesse contexto, determinações tomadas em uma dada ocasião também afetarão os próximos momentos, e o conjunto todo forma um processo dinâmico, no qual o sistema deve ser monitorado em períodos convenientes, e o planejamento (estratégias) revisado para levar em conta as decisões tomadas e as modificações que possam ter ocorrido no cenário global que afeta a prospecção. O fundamental é que tudo isto (cenários, critérios, indicadores, variáveis prioritárias ou não etc.) seja estabelecido de forma integrada, multidisciplinar, participativa e transparente, para garantir continuidade após o início do processo e permitir uma discussão aberta e honesta dos resultados obtidos, com a grande vantagem de que o debate ocorrerá sobre proposições realistas, o que diminui a possibilidade do uso de argumentos vazios e posturas voltadas a adiar decisões em prol da sustentabilidade.

É importante sempre considerar que a construção de um modelo sustentável de desenvolvimento é um processo de longo prazo não apenas nas análises de alternativas, mas também com relação à sua disseminação entre os atores do setor energético e na sociedade em geral. Como ficou claro ao longo do livro, o maior desafio a ser enfrentado é o da mudança de paradigma. Como seres humanos e cidadãos, devemos sempre lembrar que a sustentabilidade é de interesse de todos nós, e que ética, seriedade e honestidade estão entre os requisitos fundamentais da construção de um modelo sustentável de vida no planeta.

Para finalizar, considera-se importante repetir que o objetivo maior deste livro é contribuir para a construção de um modelo sustentável de desenvolvimento, apresentando a questão sob o ponto de vista da energia elétrica, mas, ao mesmo tempo, atuando como catalisador: se conseguir causar as devidas reflexões e a busca por maior aprofundamento e espírito de trabalho em grupo multi e interdisciplinar, no mínimo, já terá cumprido seu papel. Também é objetivo deste livro buscar informar e orientar o público em geral sobre questões que a organização fragmentada da sociedade teima em separar, mas que devem ser consideradas como um todo pelo indivíduo consciente de sua cidadania e de seus direitos e deveres de ser humano, que é o que todos somos antes de qualquer profissão ou espírito de grupo.

Bibliografia

ALMEIDA A.T. et al. *Integrated electricity resource planning*. Austrália: Klumer Academic Publishers, 1994.

[BEN] BALANÇO ENERGÉTICO NACIONAL 2002. Ministério de Minas e Energia. DNPE/SEM/MME.

CARVALHO C.E.; REIS L.B.; UDAETA M.E.M. Inserção dos custos completos através de um estudo de caso. In: Anais do VIII Congresso Brasileiro de Energia. 1999, Rio de Janeiro.

CHERNICK P.; CAVERHILL E. *The valuation of externalities from energy production, delivery and use*. Boston: PLC Inc. Photocopy, 1989.

COMASE. Custos socioambientais do setor elétrico: formulação de conceitos e proposição de instrumentos. In: XII SNPTEE. 1995, Florianópolis.

COMASE – ELETROBRÁS. *Referencial para orçamentação dos programas socioambientais*. v. 1, 2, 3, 1984, Rio de Janeiro.

COUTRIM G.V. *Direito e legislação*. São Paulo: Saraiva, 1992.

DELUCHI A.A. Emissions of greenhouse gases from the use of transportation fuels and eletricity. In: *Center for transportation research, Argonne National Laboratory*. Report number ANL/ESD/TM , 22, v. 1 & 2, 1991. Argonne IL, USA.

Electricity, Health and the Environment. Comparative Assessment in Support of Decision Making. In: International Symposium. 1995, Viena, p. 16-9.

ELETROBRÁS. Plano 2015. *Estudos básicos*. v. 1, 2, 3 e 4. 1994, Rio de Janeiro.

[EIA] ENERGY INFORMATION ADMINISTRATION. *International Energy Annual 2002*. Disponível em: http://www.eia.doe.gov/emeu/international/total.html. Acesso em: 10 dez. 2013.

[EPA] ENVIRONMENTAL PROTECTION AGENCY. *An introduction to environmental accouting as a business management tool: key concepts and terms*. Washington, 1995. EPA 724-R-95-0012.

______. *Full cost accouting resource guide*. Washington, 1996. EPA 530-R-95-077.

______. *Profile of the fossil fuel eletric power generation industry*. Washington, 1997. EPA 310-R-97-007.

FIORILLO C. *Curso de direito ambiental*. São Paulo: Saraiva, 2000.

FREITAS M.A.V. de (org.). *O estado das águas no Brasil – 1999. Perspectivas de gestão e informação de recursos hídricos*. Brasília: Agência Nacional de Energia Elétrica (Aneel)/Ministério do Meio Ambiente/Organização Meteorológica Mundial, 1999.

Full Cost Accounting for Decision Making at Ontario Hydro. Environmental accounting case. Washington, 1996.

GELLER H. *Efficient electricity use: a development strategy for Brazil*. Washington: American Council for an Energy Efficient Economy (Aceee), 1991.

HINRICHS R.A.; KLEIBACH M.; REIS L.B. *Energia e meio ambiente*. São Paulo: Cencage Learning, 2010.

HOUGHTON J. *Global warming – the complete briefing*. Cambridge: Cambridge University Press, 1997.

[IPCC] INTERGOVERNMENTAL PANEL ON CLIMATE CHANGE. *Scientific assessment of climate change*. United Nations Environmental Programme and the World Meteorological Organization, 1992.

JARDIM A.; YOSHIDA C.; MACHADO FILHO J.V. *Política nacional, gestão e gerenciamento de resíduos sólidos*. Barueri: Manole, 2012.

LAZARUS M. et al. *A guide to environmental analysis for energy planners*. Boston: Stockholm Environment Institute, 1995.

LEITE J.R.M. *Dano ambiental: do coletivo ao individual extrapatrimonial*. São Paulo: RT, 2000.

MILARÉ E. *Direito do ambiente*. São Paulo: RT, 2001.

MILARÉ E.; BENJAMIN A. *Estudo de impacto ambiental*. São Paulo: RT, 1993.

MOREIRA Y. (org.). *Vocabulário básico de meio ambiente*. Rio de Janeiro: Feema, 1990.

MULLER A.C. *Hidrelétricas, meio ambiente e desenvolvimento*. Curitiba: Makron Books, 1996.

NETTO P.S. *Curso de teoria do Estado*. São Paulo: Saraiva, 1979.

[OLADE] ORGANIZAÇÃO LATINO AMERICANA DE ENERGIA. Energia Y derecho ambiental en America Latina y el Caribe: inventario y analises de legislación. Equador, 2000.

OLIVEIRA A. *O licenciamento ambiental*. São Paulo: Iglu, 1999.

OTTINGER R. et al. *Environmental costs of electricity*. Dobbs Ferry. New York: Oceana Publications, 1990.

[PNUD] PROGRAMA DAS NAÇÕES UNIDAS PARA O DESENVOLVIMENTO. Projeto BRA/94/016 – Área temática: agricultura sustentável. Consórcio Museu Emílio Goeldi, MPEG, USP-Procam, Atech. Texto para workshop de janeiro de 1999.

PROJETO TRANSMITIR. Alternativas não convencionais para transmissão de energia elétrica – Estado da Arte. Brasília: Goya, 2011

REBOUÇAS A.C. et al. *Águas doces no Brasil: capital ecológico, uso e conservação*. São Paulo: Escrituras, 1999.

REIS L.B. *Oportunidades de geração termelétrica no setor elétrico brasileiro e metodologia para avaliação de viabilidade*. São Paulo, 1998. (Apostila).

______. *Geração de energia elétrica*. Barueri: Manole, 2004, 2011.

______. *Matrizes energéticas*. Barueri: Manole, 2011.

REIS L.B.; FADIGAS E.F.A.; CARVALHO C.E. *Energia, recursos naturais e a prática do desenvolvimento sustentável*. Barueri: Manole, 2005, 2012.

REIS L.B.; SILVEIRA S. *Energia elétrica para o desenvolvimento sustentável*. São Paulo: Edusp, 2000, 2012.

SHECHTMAN R. Metodologia para avaliação dos custos ambientais da geração termelétrica a carvão. In: XII SNPTEE. 1995, Florianópolis.

SILVA J.A. *Curso de direito constitucional*. São Paulo: Malheiros, 2000.

SOUZA Z.; FUCHS R.D.; SANTOS A.H.M. *Centrais hidro e termelétricas*. São Paulo: Edgar Blucher/Eletrobrás – Efei, 1983.

UDAETA M.E.M. *Planejamento integrado de recursos (PIR) para o setor elétrico (pensando o desenvolvimento sustentável)*. São Paulo, 1997. (Tese de Doutorado) Escola Politécnica da USP.

VINE E.; CRAWLEY D.; CENTOLELLA P. *Energy efficiency and the environment – forging the link*. Washington: ACEEE, 1991.

World Resources 1992-1993. A guide to the global environment. New York: Oxford/World Resources Institute/Oxford University Press, 1992.

WYLEN G.J.; VAN & SONNTAG R.E. *Fundamentos da termodinâmica clássica*. São Paulo: Edgar Blucher, 1986.

Índice remissivo

A

B

C

D

E

F

G

N

O

P

Q

R

S

T

Dos autores

Lineu Belico dos Reis – Engenheiro eletricista. Doutor em engenharia elétrica e Livre Docente pela Escola Politécnica da Universidade de São Paulo. Professor de Engenharia Elétrica e Engenharia Ambiental. Consultor no setor energético brasileiro e internacional desde 1968, com mais de cem artigos técnicos apresentados e publicados em congressos e eventos nacionais e internacionais. Atua como consultor, coordena e dá aulas em cursos multidisciplinares de especialização e extensão e educação à distância (USP, FAAP e outras instituições), nas áreas de energia, meio ambiente, desenvolvimento sustentável e infraestrutura. Organizador, com Semida Silveira, do livro *Energia elétrica para o desenvolvimento sustentável*, (EDUSP – 2000 e 2012), prêmio Jabuti 2000 em Ciências Exatas, Tecnologia e Informática. É autor dos livros *Geração de Energia Elétrica* (2003 e 2011), *Matrizes Energéticas* (2011), coautor dos livros *Energia, Recursos Naturais e a Prática do Desenvolvimento Sustentável* (2005, 2009 e 2012), *Energia Elétrica e Sustentabilidade* (2006) *e Eficiência Energética em Edifícios* (2012) e colaborador nos livros *Gestão ambiental e Sustentabilidade no Turismo* (2010) e *Indicadores de Sustentabilidade e Gestão Ambiental* (2012), da Editora Manole. É cotradutor e coautor do livro *Energia e Meio Ambiente* (2011) e consultor técnico da tradução do livro *Introdução a Engenharia Ambiental* (2011), da Cencage Learning e consultor técnico e científico de Coleção Ddática do Procel Educação – Ensino Infantil, Básico e Médio, MME-Eletrobrás (2006) e MME-Eletrobrás-Elektro (2014).

Eldis Camargo Santos – Advogada, especialista em Educação Ambiental pela Universidade da Fundação Santo André e Derecho del Ambiente pela Universidad de Salamanca; mestre em Direito das Relações Sociais – Subárea: Direito Ambiental – PUC/SP. Doutora em Energia Elétrica pela Escola Politécnica da Universidade de São Paulo. Pós-doutora em Democracia e Direitos Humanos pela Universidade de Coimbra. Atualmente exerce o cargo de assessora do Procurador-geral da Agência Nacional de Águas. Professora de Direito Ambiental.

Títulos Coleção Ambiental

Energia Elétrica e Sustentabilidade: Aspectos Tecnológicos, Socioambientais e Legais (2.ed. revisada e atualizada)
Lineu Belico dos Reis e Eldis Camargo Santos

Educação Ambiental e Sustentabilidade (2.ed. revisada e atualizada)
Arlindo Philippi Jr e Maria Cecília Focesi Pelicioni

Curso de Gestão Ambiental (2.ed. atualizada e ampliada)
Arlindo Philippi Jr, Marcelo de Andrade Roméro e Gilda Collet Bruna

Indicadores de Sustentabilidade e Gestão Ambiental
Arlindo Philippi Jr e Tadeu Fabrício Malheiros

Gestão de Natureza Pública e Sustentabilidade
Arlindo Philippi Jr, Carlos Alberto Cioce Sampaio e Valdir Fernandes

Política Nacional, Gestão e Gerenciamento de Resíduos Sólidos
Arnaldo Jardim, Consuelo Yoshida, José Valverde Machado Filho

Gestão do Saneamento Básico: Abastecimento de Água e Esgotamento Sanitário
Arlindo Philippi Jr, Alceu de Castro Galvão Jr

Energia, Recursos Naturais e a Prática do Desenvolvimento Sustentável (2.ed. revisada e atualizada)
Lineu Belico dos Reis, Eliane A. F. Amaral Fadigas, Cláudio Elias Carvalho

Curso Interdisciplinar de Direito Ambiental
Arlindo Philippi Jr e Alaôr Caffé Alves

Saneamento, Saúde e Ambiente: Fundamentos para um Desenvolvimento Sustentável
Arlindo Philippi Jr

Reúso de Água
Pedro Caetano Sanches Mancuso e Hilton Felício dos Santos

Empresa, Desenvolvimento e Ambiente: Diagnóstico e Diretrizes de Sustentabilidade
Gilberto Montibeller F.

Gestão Ambiental e Sustentabilidade no Turismo
Arlindo Philippi Jr e Doris van de Meene Ruschmann